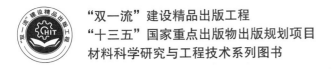

"双一流"建设精品出版工程

"十三五"国家重点出版物出版规划项目

材料科学研究与工程技术系列图书

材料腐蚀与防护

MATERIAL CORROSION AND ITS PROTECTION

胡　津　唐莎巍　编著

哈尔滨工业大学出版社

HARBIN INSTITUTE OF TECHNOLOGY PRESS

内 容 提 要

本书较全面系统地介绍了金属材料的腐蚀机理和腐蚀控制方法,对金属材料腐蚀的基本原理以及发生腐蚀的热力学和动力学理论进行了较详细的阐述,同时对材料在各种条件下产生局部腐蚀、应力腐蚀和氢脆的现象、特征、过程、机制及试验方法进行了描述,讨论了发生腐蚀的影响因素及防护措施。本书注重理论与应用的统一,呈现了作者多年的一些科研成果以反映近年来在腐蚀与防护方面研究的新进展。

本书可作为高等学校材料科学与工程专业的本科生和研究生教材,也可作为相关专业研究生、教师及工程技术人员的参考书。

图书在版编目(CIP)数据

材料腐蚀与防护/胡津,唐莎巍编著. —哈尔滨:哈尔滨工业大学出版社,2021.1

ISBN 978 - 7 - 5603 - 8652 - 2

Ⅰ.①材… Ⅱ.①胡… ②唐… Ⅲ.①工程材料-腐蚀②工程材料-防腐 Ⅳ.①TB304

中国版本图书馆 CIP 数据核字(2020)第 017707 号

材料科学与工程
图书工作室

策划编辑	许雅莹 杨 桦
责任编辑	庞 雪 杨 硕 李青晏
封面设计	屈 佳
出版发行	哈尔滨工业大学出版社
社　　址	哈尔滨市南岗区复华四道街 10 号　邮编 150006
传　　真	0451 - 86414749
网　　址	http://hitpress.hit.edu.cn
印　　刷	哈尔滨市博奇印刷有限公司
开　　本	787 mm×1 092 mm　1/16　印张 14.5　字数 350 千字
版　　次	2021 年 1 月第 1 版　2021 年 1 月第 1 次印刷
书　　号	ISBN 978 - 7 - 5603 - 8652 - 2
定　　价	32.00 元

前　言

众所周知,腐蚀是世界各国共同面临的问题。材料特别是金属材料的广泛应用,导致腐蚀问题涉及众多行业。材料在使用过程中发生腐蚀是不可避免的,而腐蚀造成了大量自然资源的浪费,给国民经济带来了巨大的损失。大量事实表明,尽管材料的腐蚀不可避免,但可以通过不同的手段加以控制。因此了解腐蚀发生的原因以及研究在不同环境中的腐蚀特性、规律和控制腐蚀的方法十分必要。

本书包括9章内容:第1章对材料腐蚀的基本概念、研究材料腐蚀的意义、腐蚀科学技术发展简史及腐蚀的分类等做了简单的介绍;第2章对腐蚀过程的热力学判据进行了阐述,并通过电位-pH图理论描述了该图在金属腐蚀中的作用;第3章对金属腐蚀的电化学腐蚀动力学理论和方程进行了详细的阐述,重点分析了腐蚀极化图;第4章分析了析氢腐蚀与吸氧腐蚀的过程与特点;第5章论述了金属的钝化现象与理论;第6章论述了金属材料的局部腐蚀行为,对各种局部腐蚀特征、影响因素及防护措施做了系统概述;第7章论述了应力作用下材料的腐蚀行为;第8章介绍了自然环境中金属的腐蚀特征;第9章阐述了材料腐蚀的控制方法及表面保护在金属腐蚀中的应用。

本书是在材料科学与工程丛书《金属腐蚀与控制》(孙跃、胡津编著)的基础上,根据哈尔滨工业大学材料科学与工程专业"材料腐蚀及防护"课程的教学大纲,通过历届教学实践,经过不断总结、修改、补充编写而成。本书既可作为高等学校材料科学与工程专业的本科生和研究生教材,也可作为相关专业研究生、教师及工程技术人员的参考书。

本书的编写得到了课题组周莹、孙星卉、匡慧敏、张洪佳、华碧莹、韩阿润、王雪等同学(以上排名不分先后)的帮助,对他们付出的辛勤劳动致以诚挚的谢意。本书在编写过程中参考和借鉴了许多国内外腐蚀科学方面的专家、教授以及学者发表的著作、论文及网络资料,在此表示衷心的感谢。

由于编者学识和水平有限,书中疏漏在所难免,敬请读者批评指正。

编　者

2020 年 11 月

目　　录

第1章　绪论 ··· 1

　1.1　概述 ··· 1

　1.2　材料腐蚀的基本概念 ··· 1

　1.3　研究金属腐蚀的重要意义 ··· 2

　1.4　腐蚀科学技术发展简史 ··· 2

　1.5　腐蚀的分类 ··· 3

　1.6　腐蚀速度 ··· 8

第2章　材料腐蚀过程中的不可逆热力学 ·· 12

　2.1　腐蚀过程的热力学判据 ··· 12

　2.2　腐蚀电动势 ··· 15

　2.3　电位–pH 图 ··· 20

　2.4　腐蚀电池 ··· 26

第3章　电化学腐蚀动力学 ··· 33

　3.1　腐蚀电池的电极过程 ··· 33

　3.2　腐蚀速度与极化作用 ··· 35

　3.3　腐蚀极化图及混合电位理论 ··· 38

　3.4　活化极化控制下的腐蚀动力学方程式 ··· 44

　3.5　浓差极化控制下的腐蚀动力学方程式 ··· 49

　3.6　腐蚀速度的电化学测定方法 ··· 52

　3.7　混合电位理论的应用 ··· 61

第4章　析氢腐蚀与吸氧腐蚀 ··· 67

　4.1　析氢腐蚀 ··· 68

　4.2　吸氧腐蚀 ··· 73

第5章　金属的钝化 ··· 81

　5.1　钝化现象与阳极钝化 ··· 81

　5.2　金属的自钝化 ··· 84

　5.3　钝化理论 ··· 87

第 6 章　局部腐蚀 ··· 90

　6.1　局部腐蚀与全面腐蚀的比较 ·· 90

　6.2　电偶腐蚀 ·· 91

　6.3　点蚀 ··· 97

　6.4　缝隙腐蚀 ·· 103

　6.5　丝状腐蚀 ·· 105

　6.6　晶间腐蚀 ·· 107

　6.7　选择性腐蚀 ·· 112

第 7 章　应力作用下的腐蚀 ··· 114

　7.1　应力腐蚀断裂 ·· 114

　7.2　金属的氢脆和氢损伤 ··· 125

　7.3　腐蚀疲劳 ·· 132

　7.4　磨损腐蚀 ·· 134

　7.5　铝基复合材料应力腐蚀特征 ·· 137

第 8 章　金属在自然环境中的腐蚀 ·· 142

　8.1　大气腐蚀 ·· 142

　8.2　海水腐蚀 ·· 156

　8.3　土壤腐蚀 ·· 161

第 9 章　腐蚀控制方法 ·· 165

　9.1　正确选用金属材料和合理设计金属结构 ···························· 165

　9.2　缓蚀剂 ·· 166

　9.3　电化学保护 ·· 175

　9.4　表面保护覆盖层 ·· 180

　9.5　表面保护在金属腐蚀中的应用 ·· 185

附表 ·· 207

附图 ·· 219

参考文献 ·· 222

第1章 绪 论

1.1 概 述

材料是人类从事生产和生活的物质基础,是人类文明的重要支柱,但材料及其制品在使用过程中由于周围环境的影响会遭受不同形式的破坏,其中最常见最重要的破坏形式是断裂、磨损和腐蚀。这三种主要的破坏形式已分别发展成为三个独立的边缘性学科。从热力学角度出发,材料(极少数贵金属除外)发生腐蚀是一个自发过程,腐蚀现象十分普遍,因此在材料的各种破坏形式中,腐蚀得到了人们的特别关注。

在实际工程应用中常发生由材料腐蚀造成的设备失效和事故,腐蚀通常伴随其他形式的破坏(如磨损),造成的损失非常严重。因此,必须清晰地了解腐蚀产生的原因和腐蚀发生的机理,进而研制满足使用需求的耐蚀材料或采取适宜的防护措施,如此才能达到控制腐蚀的目的。材料腐蚀学已经成为材料科学的重要内容之一。

腐蚀是一门综合了材料学、电化学、力学、机械工程学、生物学等的交叉性学科,虽然腐蚀随处可见,但由于涉及科学定义,因而要回答"什么是腐蚀"这个问题并不容易。历经多年,材料腐蚀仍然是科学研究者关注的问题。

1.2 材料腐蚀的基本概念

腐蚀(Corrosion)是指材料在其周围环境的作用下产生的破坏或变质的现象。迄今为止,科学工作者从不同角度对腐蚀进行了不同的定义。例如,当强调腐蚀与单纯的机械破坏具有本质上的区别时,将腐蚀定义为"材料因与环境反应而产生的损坏或变质的现象""除了单纯机械破坏之外的一切破坏";当指明腐蚀取决于材料和环境这两个因素时,将腐蚀定义为"材料与环境的有害反应";当为了阐明金属腐蚀过程在热力学上具有自发性及腐蚀产物类似于相应的天然矿石时,将腐蚀定义为"冶金的逆过程"。

这些定义,除"冶金的逆过程"外,实际上包括了金属和非金属在内的所有材料。20世纪50年代以来,随着非金属尤其是合成材料的大量应用,非金属材料的腐蚀失效现象也日益严重,如油漆、塑料和橡胶的老化等,同样需要研究和解决。因此,腐蚀科学家们主张把腐蚀的定义扩展。目前,人们广泛理解和接受的材料腐蚀的定义为:材料腐蚀是材料受环境介质的化学、电化学和物理溶解作用而产生的破坏或变质的现象。按照该定义,紫外线导致聚合物的老化、热能导致材料的分解破坏、液态金属从热端将固态金属溶解,均可认为是材料的腐蚀。

本书重点研究金属腐蚀问题。在此,采用已被广泛接受的腐蚀定义:金属与周围环境

（介质）之间发生化学或电化学作用而产生的破坏或变质的现象。

金属腐蚀发生在金属与介质间的界面上。由于金属与介质间发生化学或电化学反应，金属转变为氧化（离子）状态。因此，金属及其所处环境构成的腐蚀体系以及体系中发生的化学和电化学反应就是金属腐蚀学的主要研究对象。

金属腐蚀学是一门综合性边缘学科，学习和研究金属腐蚀学需要具备相关的金属学、金属物理、物理化学、电化学、力学等学科方面的知识。

金属腐蚀学的主要内容包括以下几方面：

（1）金属材料与环境介质作用的普遍规律。

（2）在一些典型环境下发生金属腐蚀的原因及控制措施。

（3）金属腐蚀动力学参数的测量原理及方法。

1.3　　研究金属腐蚀的重要意义

金属腐蚀现象遍及国民经济和国防建设的各个领域，危害十分严重。首先，腐蚀会造成重大的直接或间接的经济损失。据工业发达国家的统计，因腐蚀造成的经济损失约占当年国民经济生产总值的 4.7%。其次，金属腐蚀特别是应力腐蚀和腐蚀疲劳，会在无任何预兆下发生并危及人身安全。如 1965 年 3 月，美国某输油管线因应力腐蚀破裂而失火，致使 17 人丧生；1980 年，北海油田的采油平台发生腐蚀疲劳破坏，致使 123 人丧生；1985 年 8 月 12 日，日本一架波音 747 客机因应力腐蚀断裂而坠毁，500 余人丧生。

腐蚀不仅损耗大量金属，而且浪费能源。石油、化工、农药等工业生产中，因腐蚀造成设备的跑冒滴漏，不但造成经济损失，还可能使有毒物质泄漏，导致环境污染，危及人身安全。

腐蚀还可能成为生产发展和科技进步的障碍。例如，1951 年法国的拉克气田因设备发生应力腐蚀开裂得不到解决，于 1957 年才进行全面开发；美国的阿波罗登月飞船贮存 N_2O_4 的高压容器曾发生应力腐蚀破裂，若不是及时研究出加入体积分数为 0.6% 的 NO 来解决这一问题，登月计划将会推迟若干年。

1.4　　腐蚀科学技术发展简史

可以说，人类有效利用金属的历史，就是与金属腐蚀做斗争的历史。我国早在商代就冶炼出了青铜，即用锡改善了铜的耐蚀性。从出土的春秋战国时代的武器、秦朝的青铜剑和大量的箭镞来看，有的毫无锈蚀，经鉴定，这些箭镞表面有一层含铬的氧化物层，而基体中并不含铬。很可能这种表面保护层是用铬的化合物人工氧化并经高温处理得到的。这种两千年前创造的与现代铬酸盐钝化相似的防护技术，是中国文明史上的一个奇迹。

金属腐蚀防护的历史虽然悠久，但长期处于经验性阶段。到了 18 世纪中叶，研究者们才开始对腐蚀现象做系统的解释和研究。其中，罗蒙诺索夫（Ломоносов）于 1748 年解释了金属的氧化现象。1790 年凯依尔（Keir）描述了铁在硝酸中的钝化现象。1830 年德拉里夫（De La Rive）提出了金属腐蚀的微电池概念。1833—1834 年间法拉第（Faraday）提出了电解定律。这些理论研究对腐蚀科学的进一步发展具有重要意义。

　　金属腐蚀作为一门独立的学科则是在 20 世纪初才逐渐形成的。20 世纪以来,石油、化工等工业的高速发展,促进了腐蚀理论和耐蚀材料的研究和应用。经过电化学家和金属学家深入而系统的大量研究之后,人们逐步了解了金属腐蚀和氧化的基本规律,为提出腐蚀理论奠定了基础。其中做出重大贡献的科学家有:英国的埃文思(U. R. Evans)、霍尔(T. P. Hoar),美国的尤利格(H. H. Uhlig)、方塔纳(M. G. Fontana)、德国的豪飞(K. Hauffe)、瓦格纳(C. Wagner),比利时的布拜(M. Pourbaix),苏联的阿基莫夫(Г. В. Акимов)、弗鲁姆金(А. Н. Фрумкин)和托马晓夫(Н. Д. Томщов)等。

　　近 50 年来,金属腐蚀已基本发展成为一门独立的综合性边缘学科。随着现代工业的迅速发展,原来大量使用的高强度钢和高强度合金构件不断暴露出严重的腐蚀问题,引起许多相关学科的关注,包括现代电化学、固体物理学、断裂力学、材料科学、工程学、微生物学等。这些学科对腐蚀问题进行了综合研究,形成了许多腐蚀学科分支,如腐蚀电化学、腐蚀金属学、腐蚀工程力学、生物腐蚀学和防护系统工程等。

　　自 1979 年 12 月中国腐蚀与防护学会成立以来,我国的腐蚀与防护科学工作走上了发展的新历程。现在我国已初步解决了在石油天然气开发、石油化工、化学工业、船舶制造、航空航天、核能等现代工业中的腐蚀问题,研制出了许多耐蚀金属和非金属材料,基本上满足了工业生产发展的需要,为发展国民经济和国防建设做出了贡献。

1.5　腐蚀的分类

1.5.1　腐蚀的分类方法

　　由于腐蚀领域涉及的范围极为广泛,发生腐蚀的规律及特点受多方面因素的影响,腐蚀材料、腐蚀环境、腐蚀机制也是多种多样,因此其分类方法也是多样的,至今尚未有统一的分类标准。最常见的是从下列不同角度分类:

　　① 腐蚀环境;

　　② 腐蚀机理;

　　③ 腐蚀形态类型;

　　④ 金属材料种类;

　　⑤ 应用范围或工业部门;

　　⑥ 防护方法。

　　从分类学观点看,按腐蚀环境分类最适宜,可分为潮湿环境、干燥气体、熔融盐等。也可将其视为按腐蚀机理分类:潮湿环境下为电化学腐蚀机理;干燥气体中为化学腐蚀机理。而且,各种腐蚀研究方法主要取决于腐蚀环境。不同的腐蚀形态类型,如点蚀、应力腐蚀开裂等则属于进一步的分类。按各种金属材料分类,在手册中是常见和实用的,但从分类学观点来看,效果不佳。按应用范围或工业部门分类,实际上为按腐蚀环境分类的特殊应用。按防护方法分类,从防腐蚀出发,依采取措施的性质和限制进行分类为:

　　① 改善金属材料,通过改变材料的成分或组织结构,研制耐蚀合金。

　　② 改变腐蚀介质,如加入缓蚀剂,改变介质的 pH 等。

③ 改变金属／介质体系的电极电位,如阴极保护和阳极保护等。

④ 借助表面涂层把金属与腐蚀介质分开。

1.5.2　根据腐蚀环境分类

根据腐蚀环境,可将腐蚀分为下列几类:

1. 干腐蚀(Dry Corrosion)

干腐蚀又可分为失泽和高温氧化,其腐蚀机理为化学腐蚀机理。

(1) 失泽(Tarnish)。

失泽是指金属在露点以上的常温干燥气体中发生腐蚀(氧化),表面生成很薄的腐蚀产物,使金属失去光泽。干腐蚀为化学腐蚀机理。

(2) 高温氧化(High Temperature Oxidation)。

金属在高温气体中腐蚀(氧化),有时生成很厚的氧化皮,在热应力或机械应力下可引起氧化皮剥落,属于高温腐蚀。

2. 湿腐蚀(Wet Corrosion)

湿腐蚀主要是指在潮湿环境和含水介质中的腐蚀。绝大部分的常温腐蚀(Ordinary Temperature Corrosion)属于这一种,其腐蚀机理为电化学腐蚀机理。湿腐蚀又可分为自然环境下的腐蚀和工业介质中的腐蚀。

(1) 自然环境下的腐蚀。

① 大气腐蚀(Atmospheric Corrosion);

② 土壤腐蚀(Soil Corrosion);

③ 海水腐蚀(Corrosion in Sea Water);

④ 微生物腐蚀(Microbial Corrosion)。

(2) 工业介质中的腐蚀。

① 酸、碱、盐溶液中的腐蚀;

② 工业水中的腐蚀;

③ 高温高压水中的腐蚀。

3. 无水有机液体和气体中的腐蚀

无水有机液体和气体中的腐蚀属于化学腐蚀。

(1) 卤代烃中的腐蚀。

如 Al 在 CCl_4 和 $CHCl_3$ 中的腐蚀。

(2) 醇中的腐蚀。

如 Al 在乙醇中、Mg 和 Ti 在甲醇中的腐蚀。

这类腐蚀介质均为非电解质,不管是液体还是气体,腐蚀反应都是相同的。在这些反应中,水起缓蚀剂(Inhibitor)的作用。但在油这类有机液体中的腐蚀,绝大多数情况是由于痕量水的存在,而水中常含有盐和酸,因而在有机液体中的腐蚀属于电化学腐蚀。

4. 熔盐和熔渣中的腐蚀

熔盐和熔渣中的腐蚀属于电化学腐蚀。

5.熔融金属中的腐蚀

熔融金属中的腐蚀属于物理腐蚀。

1.5.3　按腐蚀机理分类

1.化学腐蚀（Chemical Corrosion）

化学腐蚀是指金属与腐蚀介质直接发生反应,在反应过程中没有电流产生。这类腐蚀过程是一种氧化还原的纯化学反应,带有价电子的金属原子直接与反应物（如氧）的分子相互作用。因此,金属转变为离子状态和介质中氧化剂组分的还原是在同时、同一位置发生的。最重要的化学腐蚀形式是气体腐蚀,如金属的氧化过程或金属在高温下与 SO_2、水蒸气等的化学作用。

化学腐蚀的腐蚀产物在金属表面形成表面膜,表面膜的性质决定了化学腐蚀速度。如果膜的完整性、强度、塑性都较好,若在膜的膨胀系数与金属接近、膜与金属的亲和力较强等情况下,则有利于保护金属、降低腐蚀速度。化学腐蚀可分为在干燥气体中的腐蚀和在非电解质溶液中的腐蚀。

（1）在干燥气体中的腐蚀。

在干燥气体中的腐蚀通常指金属在高温气体作用下的腐蚀。例如,轧钢时生成厚的氧化铁皮、燃气轮机叶片在工作状态下的腐蚀。

（2）在非电解质溶液中的腐蚀。

在非电解质溶液中的腐蚀指金属在不导电的液体中发生的腐蚀。例如 Al 在 CCl_4、$CHCl_3$ 或 CH_3CH_2OH 中的腐蚀,Mg 和 Ti 在 CH_3OH 中的腐蚀等。

实际上,单纯的化学腐蚀是很少见的,更为常见的是电化学腐蚀。

2.电化学腐蚀（Electrochemical Corrosion）

电化学腐蚀是指金属与电解质溶液（大多数为水溶液）发生了电化学反应而发生的腐蚀。其特点是:在腐蚀过程中同时存在两个相对独立的反应过程 —— 阳极反应和阴极反应,在反应过程中伴有电流产生。金属在酸、碱、盐中的腐蚀就是电化学腐蚀。电化学腐蚀机理与化学腐蚀机理有本质上的差别,但是进一步研究表明,有些腐蚀常常由化学腐蚀逐渐过渡为电化学腐蚀。电化学腐蚀是最常见的腐蚀形式。自然条件下,如潮湿大气、海水、土壤、地下水以及化工、冶金生产里绝大多数介质中金属的腐蚀通常具有电化学性质。

一般来说,电化学腐蚀比化学腐蚀强烈得多,金属的电化学腐蚀是普遍的腐蚀现象,它所造成的危害和损失也是极为严重的,本书将重点讨论。

3.物理腐蚀（Physical Corrosion）

物理腐蚀是指金属由于单纯的物理溶解作用引起的破坏。熔融金属中的腐蚀就是固态金属与熔融液态金属（如铅、铂、钠、汞等）相接融引起的金属溶解或开裂。这种腐蚀是由于物理溶解作用形成合金,或液态金属渗入晶界造成的。例如用来盛放熔融锌的钢容器,由于铁被液态锌所溶解,钢容器逐渐被腐蚀而变薄。

4.生物腐蚀（Biological Corrosion）

生物腐蚀指金属表面在某些微生物生命活动产物的影响下所发生的腐蚀。这类腐蚀很难单独进行,但它能为化学腐蚀、电化学腐蚀创造必要的条件,促进金属的腐蚀。微生物进行生命代谢活动时会产生各种化学物质。如含硫细菌在有氧条件下能使硫或硫化物氧化,反应最终将产生硫酸,这种细菌代谢活动所产生的酸会造成水泵等机械设备的严重腐蚀。

1.5.4 根据腐蚀形态分类

1. 全面腐蚀(General Corrosion) 或均匀腐蚀(Uniform Corrosion)

全面腐蚀是指腐蚀发生在整个金属表面上,可以是均匀性的,也可以是不均匀性的。发生全面腐蚀时金属表面上各部分的腐蚀速率基本相同。碳钢在强酸、强碱溶液中发生的腐蚀,钢材在大气中的锈蚀等均属于全面腐蚀(图1.1(a))。

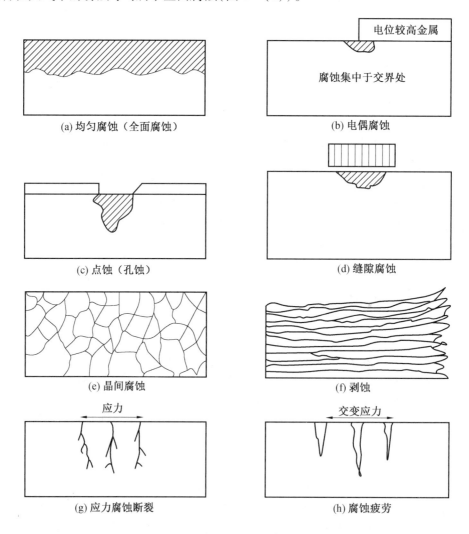

(a) 均匀腐蚀(全面腐蚀)

(b) 电偶腐蚀

(c) 点蚀(孔蚀)

(d) 缝隙腐蚀

(e) 晶间腐蚀

(f) 剥蚀

(g) 应力腐蚀断裂

(h) 腐蚀疲劳

图 1.1　腐蚀形态示意图

2. 局部腐蚀(Localized Corrosion)

局部腐蚀是相对于全面腐蚀而言的,其特点是腐蚀主要集中在或局限在金属的某一特定部位,而其他部位几乎未被腐蚀。局部腐蚀的破坏形态较多,对金属结构的危害性也比全面腐蚀大得多,主要有以下几种类型。

(1) 电偶腐蚀(Galvanic Corrosion)。

两种电极电位不同的金属或合金相在电解质溶液中接触时,电位较低的金属腐蚀加速,而电位较高的金属腐蚀反而减慢(得到了保护)。这种在一定条件下(如电解质溶液或大气)产生的电化学腐蚀,即一种金属或合金由于同电极电位较高的另一种金属接触而引起腐蚀速度增大的现象,称为电偶腐蚀或双金属腐蚀,也称为接触腐蚀(图 1.1(b))。

(2) 点蚀(Pitting Corrosion)。

点蚀又称孔蚀,是指金属表面上极为个别的区域被腐蚀成一些小而深的圆孔,而且蚀孔的深度一般大于孔的直径,严重的点蚀可以将设备蚀穿(图 1.1(c))。蚀孔的分布情况是不一样的,有些孤立地存在,有些则紧凑在一起。在蚀孔的上部往往都有腐蚀产物覆盖。点蚀是不锈钢和铝合金在海水中典型的腐蚀方式。

(3) 缝隙腐蚀(Crevice Corrosion)。

金属构件一般都采用钢接、焊接或螺钉连接等方式进行装配,在连接部位就可能出现缝隙,而缝隙内金属在腐蚀介质中发生强烈的选择性破坏,使金属结构过早地损坏的现象即缝隙腐蚀(图 1.1(d))。缝隙腐蚀在各类电解质溶液中都会发生,钝化金属如不锈钢、铝合金、铁等对缝隙腐蚀的敏感性最大。

(4) 晶间腐蚀(Intergranular Corrosion)。

腐蚀破坏沿着金属晶粒的边界发展,使晶粒之间失去结合力,金属外形在变化不大时即可严重丧失其机械性能(图 1.1(e))。

(5) 剥蚀(Exfoliation Corrosion)。

剥蚀又称剥层腐蚀。这类腐蚀在表面的个别点上产生,随后在表面下进一步扩展,并沿着与表面平行的晶界进行(图 1.1(f))。由于腐蚀产物的体积比原金属体积大,从而导致金属鼓胀或者分层剥落。某些合金、不锈钢的型材或板材表面和涂金属保护膜的金属表面可能发生此类腐蚀。

(6) 选择性腐蚀(Selective Corrosion)。

多元合金在腐蚀介质中某组分优先溶解,从而造成其他组分富集在合金表面上的现象即选择性腐蚀。黄铜脱锌便是这类腐蚀典型的实例,由于锌优先腐蚀,合金表面上富集铜而呈红色。

(7) 丝状腐蚀(Filiform Corrosion)。

丝状腐蚀是有涂层金属产品上常见的一类大气腐蚀。如在镀镍的钢板上、在镀铬或搪瓷的钢件上都曾发现这种腐蚀。而在清漆或瓷漆下面的金属上这类腐蚀发展得更为严重。因多数发生在漆膜下面,因此也称为膜下腐蚀。

3. 应力作用下的腐蚀

① 应力腐蚀断裂(Stress Corrosion Cracking)(图 1.1(g));

② 氢脆(Hydrogen Embrittlement)和氢致开裂(Hydrogen Induced Cracking);

③ 腐蚀疲劳(Corrosion Fatigue)(图 1.1(h));

④ 磨损腐蚀(Erosion Corrosion);

⑤ 空泡腐蚀(Cavitation Corrosion);

⑥ 微振腐蚀(Fretting Corrosion)。

统计调查结果表明,在所有腐蚀中腐蚀疲劳、全面腐蚀和应力腐蚀断裂引起的破坏事故所占比例较高,分别为23%、22%和19%,其他十余种形式腐蚀合计36%。由于应力腐蚀和氢脆具有突发性,其危害性最大,常常造成灾难性事故,在实际生产和应用中应引起足够的重视。

1.6　腐蚀速度

根据腐蚀破坏形式的不同,对金属腐蚀程度的大小有各种不同的评定方法。对于全面腐蚀来说,通常用平均腐蚀速度来衡量。腐蚀速度可用失重法(或增重法)、深度法和电流密度来表示。

1.6.1　失重法(增重法)

金属腐蚀程度的大小可用腐蚀前后试样质量的变化来评定。习惯上仍称为"失重法"或"增重法"。失重法就是根据腐蚀后试样质量的减小,利用下式来表征腐蚀速度:

$$v_{失} = \frac{m_0 - m_1}{S \cdot t} \tag{1.1}$$

式中　　$v_{失}$ —— 腐蚀速度,$g/(m^2 \cdot h)$;

　　　　m_0 —— 试样腐蚀前的质量,g;

　　　　m_1 —— 试样清除腐蚀产物后的质量,g;

　　　　S —— 试样表面积,m^2;

　　　　t —— 腐蚀时间,h。

这种方法适用于均匀腐蚀(即表面腐蚀产物易于脱落或清除的情况)。附表11列出了一些从不同金属上去除腐蚀产物的溶液和清洗条件。腐蚀后试样质量增加且腐蚀产物完全牢固地附着在试样表面时,可用下式计算腐蚀速度:

$$v_{增} = \frac{m_2 - m_0}{S \cdot t} \tag{1.2}$$

式中　　$v_{增}$ —— 腐蚀速度,$g/(m^2 \cdot h)$;

　　　　m_2 —— 带有腐蚀产物的试样的质量,g。

时间单位除上面所用的小时(h)外,还有天(d)、年(a)。因此,以质量变化表示的腐蚀速度的单位还有 $kg/(m^2 \cdot a)$、$g/(dm^2 \cdot d)$、$g/(cm^2 \cdot h)$ 和 $mg/(dm^2 \cdot d)$。英文缩写 mdd 代表 $mg/(dm^2 \cdot d)$,用 gmd 代表 $g/(m^2 \cdot d)$。

1.6.2　深度法

工程上,材料的腐蚀深度或构件腐蚀变薄的程度均直接影响材料部件的寿命,因此对其测量更具有实际意义。在评定不同密度金属的腐蚀程度时,更适合采用这种方法。

将金属失重腐蚀速度换算为腐蚀深度的公式为

$$v_{深} = \frac{8.76v_{失}}{\rho} \tag{1.3}$$

式中　　$v_{深}$ —— 腐蚀深度，mm/a；

$v_{失}$ —— 失重腐蚀速度，g/(m² · h)；

ρ —— 金属的密度，g/cm³；

8.76 —— 单位换算系数。

根据每年腐蚀深度的不同，可将金属的耐蚀性按十级标准（表 1.1）和三级标准（表 1.2）分类。

按深度表示腐蚀速度的单位，国外文献上还常用 ipy（英寸/年，即 inchs per year 的缩写）和 mpy（密耳/年，即 mils per year 的缩写）。1 mil = 10^{-3} in（英寸），1 in = 25.4 mm。附表 3 中列出了不同腐蚀速率单位间的换算关系。

表 1.1　金属耐蚀性的十级标准

耐蚀性分类		耐蚀性等级	腐蚀速度 /(mm · a⁻¹)
I	完全耐蚀	1	< 0.001
II	很耐蚀	2	0.001 ~ 0.005
		3	0.005 ~ 0.01
III	耐蚀	4	0.01 ~ 0.05
		5	0.05 ~ 0.1
IV	尚耐蚀	6	0.1 ~ 0.5
		7	0.5 ~ 1.0
V	欠耐蚀	8	1.0 ~ 5.0
		9	5.0 ~ 10.0
VI	不耐蚀	10	> 10.0

表 1.2　金属耐蚀性的三级标准

耐蚀性分类	耐蚀性等级	腐蚀速度 /(mm · a⁻¹)
耐用	1	< 0.1
可用	2	0.1 ~ 1.0
不可用	3	> 1.0

1.6.3　容量法

析氢腐蚀时，如果氢气析出量与金属的腐蚀量成正比，则可用单位时间内单位试样表面析出的氢气量来表示金属的腐蚀速度，即

$$v_{容} = \frac{v_0}{S \cdot t} \tag{1.4}$$

式中　　$v_{容}$ —— 氢气容积表示的腐蚀速度，$cm^3/(cm^2 \cdot h)$；

　　　　v_0 —— 换算成 0 ℃、101.325 kPa 时的氢气体积，cm^3；

　　　　S —— 试样表面积，cm^2；

　　　　t —— 腐蚀时间，h。

1.6.4　电流密度表示腐蚀速度

电化学腐蚀中，金属的腐蚀是由阳极溶解造成的。根据法拉第定律，金属阳极每溶解 1 mol/L 价金属，通过的电量为 1 法拉第，即 96 500 C（库仑）。若电流强度为 I，通电时间为 t，则通过的电量为 It，阳极所溶解的金属量应为

$$\Delta m = \frac{AIt}{nF} \tag{1.5}$$

式中　　A —— 金属的原子量；

　　　　n —— 价数，即金属阳极反应方程式中的电子数；

　　　　F —— 法拉第常数，即 $F = 96\ 500$ C/mol。

对于均匀腐蚀来说，整个金属表面积 S 可看成阳极面积，故腐蚀电流密度 i_{corr} 为 I/S。根据式（1.5）可得到腐蚀速度 $v_{失}$ 与腐蚀电流密度 i_{corr} 间的关系：

$$v_{失} = \frac{\Delta m}{St} = \frac{A}{nF} i_{corr} \tag{1.6}$$

可见，腐蚀速度与腐蚀电流密度成正比。因此可用腐蚀电流密度 i_{corr} 表示金属的电化学腐蚀速度。若 i_{corr} 的单位取 $\mu A/cm^2$，金属密度 ρ 的单位取 g/cm^3，则以不同单位表示的腐蚀速度为

$$v_{失}/(g \cdot m^{-2} \cdot h^{-1}) = 3.73 \times 10^{-4} \times \frac{A}{n} i_{corr} \tag{1.7}$$

以腐蚀深度表示的腐蚀速度与腐蚀电流密度的关系为

$$v_{深} = \frac{\Delta m}{\rho St} = \frac{A}{nF\rho} i_{corr} \tag{1.8}$$

若 i_{corr} 的单位取 A/m^2，ρ 的单位取 $g \cdot cm^3$，则

$$v_{深}/(mm \cdot a^{-1}) = 3.27 \frac{A}{n\rho} i_{corr} \times 10^{-1} \tag{1.9}$$

对于一些常用的工程金属材料（除 Mg、Ag、Sn、Pb），$A/n\rho$ 的数值为 3.29 ~ 5.32 cm^3/mol（附表4），取平均值 3.5 cm^3/mol，代入式（1.9），则

$$v_{深}/(mm \cdot a^{-1}) = 1.1 \times i_{corr} \approx i_{corr} \tag{1.10}$$

可见，对于几种常用的金属材料，当平均腐蚀电流密度以国际单位（$A \cdot m^{-2}$）表示时，几乎与以 $mm \cdot a$ 为单位表示的腐蚀速度相等，即

$$v_{深}/(mm \cdot a^{-1}) = i_{corr}/(A \cdot m^{-2})$$

1.6.5　机械性能指标

测定腐蚀前、后试样的 σ_b，根据强度的变化率来评定晶间腐蚀：

$$K_{\sigma} = \frac{\sigma_b^0 - \sigma_b^1}{\sigma_b^0} \times 100\% \tag{1.11}$$

式中 σ_b^0——腐蚀前的抗拉强度；

        σ_b^1——腐蚀后的抗拉强度。

1.6.6   电阻性能指标

根据腐蚀前后试样的电阻变化评定腐蚀程度。电阻测量法属于非破坏性测量，测量过程不仅不破坏被测试样，对腐蚀条件也无明显影响。电阻性能指标 K_R 为

$$K_R = \frac{R_1 - R_0}{R_0} \tag{1.12}$$

式中 R_0——腐蚀前的电阻；

        R_1——腐蚀后的电阻。

金属腐蚀速度一般随时间变化而变化。进行腐蚀实验时，应测定腐蚀速度随时间的变化，选择合适的时间，以测得稳定的腐蚀速度。局部腐蚀速度及其耐蚀性的评定比较复杂，有关细节将在其他章节讨论。

第 2 章　材料腐蚀过程中的不可逆热力学

2.1　腐蚀过程的热力学判据

自然界的物质变化大体上可分为两类:一类是能够自发进行的过程,另一类是不能自发进行的过程。对于任何化学反应,如果反应能够自发进行,必须伴随着能量的降低,否则不能自发进行,金属腐蚀就是这样一种自发过程。如何判断一个过程能否自发进行呢?

金属腐蚀和大多数化学反应一般是在恒温恒压的敞开体系条件下进行的。这种情况下,通常用吉布斯(Gibbs)自由能判据来判断反应的方向,即在等温等压条件下

$$\begin{cases} (\Delta G)_{T,p} < 0 & \text{自发过程} \\ (\Delta G)_{T,p} = 0 & \text{平衡状态} \\ (\Delta G)_{T,p} > 0 & \text{非自发过程} \end{cases} \tag{2.1}$$

式中　G——吉布斯自由能,简称自由能,亦称为自由焓、吉氏函数等;

　　　$(\Delta G)_{T,p}$——等温等压条件下过程或反应的自由能变化。

焓是体系的另一种状态函数,以 H 表示:

$$H \equiv U + pV \tag{2.2}$$

式中　U——体系的内能;

　　　p——压力;

　　　V——体积。

即体系的焓等于体系的内能加上体系所做的体积功(pV)。

自由能 G 是经过体系内熵值校正后的焓,也是体系的状态函数。

$$G \equiv H - TS \tag{2.3}$$

式中　T——温度;

　　　S——体系的熵。

因 G 为状态函数,故 ΔG 只取决于始态和终态,与过程或反应的途径无关。据热力学含义可计算 ΔG:

$$\Delta G \equiv \Delta H - T\Delta S \tag{2.4}$$

腐蚀体系的 $(\Delta G)_{T,p}$ 是由金属与周围介质组成的多组分敞开体系。恒温恒压下,腐蚀反应自由能的变化可由反应中各物质的化学位计算

$$\Delta G \equiv \sum_i v_i \mu_i \tag{2.5}$$

式中　v_i——第 i 种物质的化学计量系数(规定反应物的系数取负值,生成物的系数取正值);

　　　μ_i——第 i 种物质的化学位。

化学位是指在恒温恒压及 i 外的其他物质量不变的情况下,第 i 种物质的偏摩尔自由能。

$$\mu_i = (\Delta G_m^\ominus)_{T,p,n_j \neq n_i} = \left(\frac{\partial G}{\partial n_i}\right)_{T,p,n_j \neq n_i} \tag{2.6}$$

即在恒温恒压及其他成分不变的无限大的体系中加入 1 mol 第 i 种物质所引起的体系自由能的变化,或者是在恒温恒压及其他成分不变的情况下,体系中第 i 种物质增加无限小量所引起的自由能变化与该物质增量的比值。单位通常取为 kJ/mol。

化学位具有强度性质,对于理想气体,有

$$\mu_i = \mu_i^\ominus + 2.3RT \lg p_i \tag{2.7}$$

对于溶液中的物质,有

$$\mu_i = \mu_i^\ominus + 2.3RT \lg \alpha_i = \mu_i^\ominus + 2.3RT \lg \gamma_i C_i \tag{2.8}$$

式中　　p_i、α_i、γ_i 和 C_i——第 i 种物质的分压、活度、活度系数和浓度;

　　　　R——气体常数;

　　　　μ_i——第 i 种物质的标准化学位。

$\mu_i^\ominus$ 是在 10^5 Pa、298.15 K 标准状态下第 i 种物质的偏摩尔自由能 $\Delta G_m^\ominus$,在数值上等于该物质的标准摩尔生成自由能 $\Delta G_{m,f}^\ominus$,即

$$\mu_i^\ominus = (\Delta G_m^\ominus)_i = (\Delta G_{m,f}^\ominus)_i \tag{2.9}$$

物质的标准摩尔生成自由能就是在标准状态下,由处于稳定状态的单质生成 1 mol 纯物质时反应的自由能变化。

标准摩尔生成自由能可从物理化学手册或相应工具书中查到。本书附表 6 中列出了与腐蚀有关的某些物质的 $\Delta G_{m,f}^\ominus$,单位为 kJ/mol。

化学位在判断化学变化的方向和限度上有重要意义。由式(2.1)和式(2.5)可得下列判据:

$$\begin{cases} (\Delta G)_{T,p} = \sum_i \nu_i \mu_i < 0 & \text{自发过程} \\ (\Delta G)_{T,p} = \sum_i \nu_i \mu_i = 0 & \text{平衡状态} \\ (\Delta G)_{T,p} = \sum_i \nu_i \mu_i > 0 & \text{非自发过程} \end{cases} \tag{2.10}$$

据此可判断腐蚀反应能否自发进行以及腐蚀倾向。例如,判断 25 ℃、10^5 Pa 大气压下 Fe 在下列介质中的腐蚀倾向:

(1)pH = 0 的酸性溶液中。

$$\text{Fe} + 2\text{H}^+ \longrightarrow \text{Fe}^{2+} + \text{H}_2 \uparrow$$

$$\mu_i^\ominus/(\text{kJ} \cdot \text{mol}^{-1}) \quad 0 \quad\quad 0 \quad\quad\quad -84.94 \quad 0$$

$$\mu_i/(\text{kJ} \cdot \text{mol}^{-1}) \quad 0 \quad\quad 0 \quad\quad\quad < -84.94 \quad 0$$

$$(\Delta G)_{T,p} < -84.94 \text{ kJ/mol} < 0$$

此反应可自发进行。

（2）同空气接触的纯水中（$pH = 7$，$p_{O_2} = 0.21 \times 10^5$ Pa）。

$$Fe + \frac{1}{2}O_2 \quad + \quad H_2O \quad \longrightarrow \quad Fe(OH)_2$$

$\mu_i^{\ominus}/(kJ \cdot mol^{-1})$　　　0　　　0　　　-237.19　　　-483.54

$\mu_i/(kJ \cdot mol^{-1})$　　　0　　-3.86　　-237.19　　　-483.54

$$(\Delta G)_{T,p} = -483.54 - \frac{1}{2} \times (-3.86) - (-237.19) = -244.41 \ (kJ/mol) \ < 0$$

此反应可自发进行。

（3）同空气接触的碱溶液中（$pH = 14$，$p_{O_2} = 2.1 \times 10^4$ Pa）。

$$Fe + \frac{1}{2}O_2 \quad + \quad OH^- \longrightarrow \quad HFeO_2^-$$

$\mu_i^{\ominus}/(kJ \cdot mol^{-1})$　　　0　　　0　　　-158.28　　　-397.18

$\mu_i/(kJ \cdot mol^{-1})$　　　0　　-3.86　　-158.28　　　-397.18

$$(\Delta G)_{T,p} = -397.18 - \frac{1}{2} \times (-3.86) - (-158.28) = -236.97 \ (kJ/mol) \ < 0$$

此反应可自发进行。

计算结果表明，铁在上述三种介质中都不稳定，都可被腐蚀。

通常可用标准摩尔自由能变化 $\Delta G_m^{\ominus}$ 作为判据，近似地判断金属腐蚀倾向：

$$\Delta G_m^{\ominus} < 0 \quad 反应自发进行$$

$$\Delta G_m^{\ominus} > 0 \quad 反应不自发进行$$

$\Delta G_m^{\ominus}$ 可由 $\mu_m^{\ominus}$ 或 $\Delta G_{m,f}^{\ominus}$ 求得

$$\Delta G_m^{\ominus} = \sum_i \nu_i \mu_i^{\ominus} = \sum_i \nu_i (\Delta G_{m,f}^{\ominus}) \tag{2.11}$$

例如，用此判据判断铜在无氧和有氧的纯盐酸中的腐蚀倾向

$$Cu + 2H^+ \quad \longrightarrow \quad Cu^{2+} + H_2 \uparrow$$

$\mu_i^{\ominus}/(kJ \cdot mol^{-1})$　　　0　　　0　　　65.52　　0

$$\Delta G_m^{\ominus} = 65.52 \ kJ/mol \ > 0$$

$$Cu + \frac{1}{2}O_2 \quad + \quad 2H^+ \quad \longrightarrow \quad Cu^{2+} \quad + \quad H_2O$$

$\mu_i^{\ominus}/(kJ \cdot mol^{-1})$　　　0　　　0　　　0　　　65.52　　　-237.19

$$\Delta G_m^{\ominus} = -237.19 + 65.52 = -171.67 \ (kJ/mol) \ < 0$$

由此得出结论：铜在无氧的纯盐酸中不发生腐蚀，而在有氧溶解的盐酸里就会被腐蚀。可见，同一金属在不同条件下，其稳定性会发生较大变化。

但在热力学上不稳定的金属中，也有许多金属在适当的条件下能发生钝化而变为耐蚀。在附表12中发现铝、镁、铬在大气中的腐蚀倾向比铁大，但实际上铁的腐蚀速度却比这些金属的腐蚀速度要快得多。这是由于腐蚀开始时，铝、镁、铬的表面形成了一层保护膜，致使反应几乎停止，而铁的腐蚀产物疏松，所以铁的腐蚀速度较快。

2.2　腐蚀电动势

金属腐蚀现象大部分是由电化学的原因引起的,这已被大量的实验所证实。电化学腐蚀遍及金属在海水、大气、土壤以及化工介质中的各种破坏过程,它与金属在干燥气体或非电解质溶液中的化学腐蚀现象有本质上的区别。电化学腐蚀倾向的大小,除了用 2.1 节所述的自由能判据外,还可用电极电位或标准电极电位来判断。

恒温恒压下,可逆过程所做的最大非膨胀功等于反应自由能的减少,即

$$W = - (\Delta G)_{T,p} \tag{2.12}$$

式中　　W——非膨胀功。

如果非膨胀功只有电功一种,且将反应设计在可逆电池中进行,则此最大非膨胀功为可逆电池做的电功

$$W = nFE \tag{2.13}$$

式中　　n、F、E——电极反应式中的电子数、法拉第常数、电池电动势。

将式(2.13)代入式(2.12),则有

$$(\Delta G)_{T,p} = - nFE \tag{2.14}$$

即可逆电池所做的最大非膨胀功 nFE 等于体系自由能的减少。在忽略液界电位和金属接触电位的情况下,电池的电动势等于正极的电极电位减去负极的电极电位,亦即等于阴极(发生还原反应)电极电位 φ_C 与阳极(发生氧化反应)电极电位 φ_A 之差

$$\varphi = \varphi_C - \varphi_A \tag{2.15}$$

腐蚀电池中,金属阳极发生溶解(腐蚀),其电位为 φ_A;而腐蚀剂在阴极发生还原反应,其电位为 φ_C。根据腐蚀倾向的热力学判据式(2.1),如将式(2.14)和式(2.15)代入,可得出金属腐蚀倾向的电化学判据,即

$$\begin{cases} \varphi_C < \varphi_A & \text{电位为 } \varphi_A \text{ 的金属自发进行腐蚀} \\ \varphi_C = \varphi_A & \text{平衡状态} \\ \varphi_C > \varphi_A & \text{电位为 } \varphi_A \text{ 的金属不会自发腐蚀} \end{cases} \tag{2.16}$$

式(2.16)说明,只有金属的电极电位比腐蚀剂的还原反应电极电位更低时,金属的腐蚀才能自发进行。如在无氧的还原性酸中,只有金属的电极电位比该溶液中氢电极电位更低时,才会发生析氢腐蚀;在含氧的溶液中,只有金属的电极电位比该溶液中氧电极电位更低时,才能发生吸氧腐蚀。可见,根据测量或计算出的腐蚀体系中金属的电极电位和腐蚀剂的还原反应电位相比较,按判据式(2.16)就可判定金属腐蚀的可能性。

电位的大小可以通过实验测定。可逆电极可用能斯特(Nernst)公式计算其电位

$$\varphi = \varphi^{\ominus} + \frac{2.3RT}{nF} \lg \frac{\alpha_O}{\alpha_R} \tag{2.17}$$

式中　　φ——电极电位(Electrode Potential);

$\varphi^{\ominus}$——标准电极电位(Standard Electrode Potential),即 298.15 K、10^5 Pa 标准状态下电极反应中各物质的活度为 1 时的平衡电位;

O,R——物质的氧化态和还原态。

电位的基准是标准氢电极(Standard Hydrogen Electrode,SHE),该电位是人为规定的,

在各温度下皆为零。

通常所说的电极电位是相对于标准氢电极而言的,实际上等于该电极(负极半电池)与标准氢电极(正极半电池)组成的下列电池的电动势:

$$(-)M \mid M^{n+}(\alpha_{M^{n+}}) \vdots H^+(\alpha_{H^+} = 1), H_2(p_{H_2} = 1) \mid Pt(+)$$
$$\text{(金属电极)} \qquad\qquad \text{(标准氢电极)}$$

根据判据式(2.16),可得到金属发生析氢腐蚀倾向的判据,即

$$\begin{cases} \varphi_M < \varphi_H & \text{金属有析氢腐蚀倾向} \\ \varphi_M > \varphi_H & \text{金属不发生析氢腐蚀} \end{cases} \tag{2.18}$$

式中　　φ_M——金属的电极电位(相对于 SHE);

　　　　φ_H——氢的电极电位。

显然,金属的电位越低,析氢腐蚀的可能性越大。

金属的电极电位与其本性、溶液成分、温度和压力有关。有些情况下金属电极电位的数值不易测得,这时可利用 25 ℃ 下金属的标准电极电位 $\varphi^\ominus$ 来判断金属的腐蚀倾向。实际上,$\varphi^\ominus$ 为下列电池的电动势:

$$(-)M \mid M^{n+}(\alpha_{M^{n+}}) \vdots H^+(\alpha_{H^+} = 1), H_2(p_{H_2} = 1) \mid Pt(+)$$
$$\text{(标准金属电极)} \qquad\qquad \text{(标准氢电极)}$$

因标准氢电极的电位为零,故由判据式(2.16)可得出发生析氢腐蚀的近似判据,即

$$\begin{cases} \varphi_M^\ominus < 0 & \text{金属有析氢腐蚀倾向} \\ \varphi_M^\ominus > 0 & \text{金属不发生析氢腐蚀} \end{cases} \tag{2.19}$$

金属的标准电极电位 $\varphi^\ominus$ 通常可从相关资料中查到,也可通过电极反应的热力学数据计算出来。由式(2.14)可知,对于上述标准电极组成的电池,可得

$$(\Delta G)_{T,p} = -nFE^0 = nF\varphi^\ominus \tag{2.20}$$

$$\varphi^\ominus = \frac{1}{nF}(\Delta G)_{T,p}$$

因为

$$(\Delta G)_{T,p} = \sum_i \nu_i \mu_i^\ominus = \sum_i \nu_i (\Delta G_{m,f}^\ominus)_i$$

所以

$$\varphi^\ominus = \frac{1}{nF} \sum \nu_i \mu_i^\ominus \tag{2.21}$$

$$\varphi^\ominus = \frac{1}{nF} \sum \nu_i (\Delta G_{m,f}^\ominus)_i \tag{2.22}$$

因此,根据电极反应式中各物质的化学计量系数 ν_i 和第 i 种物质的 $\mu_i^\ominus$ 或 $\Delta G_{m,f}^\ominus$,可计算出该电极的标准电极电位 $\varphi^\ominus$。

根据 pH = 7(中性溶液)和 pH = 0(即 $\alpha_{H^+} = 1$ 的酸性溶液)中氢电极和氧电极的平衡电位($\varphi_H^\ominus = -0.414$ V 和 0 V;$\varphi_O^\ominus = +0.815$ V 和 + 1.229 V),可按腐蚀热力学稳定性的不同将金属划分为五组,见表 2.1。从表中可看出,在自然条件下,只有第 4 组和第 5 组极少数贵金属,可认为在热力学上是稳定的。在中性水溶液中,即使没有氧存在,绝大多数金属(第 1 组和第 2 组贱金属)在热力学上也是不稳定的。应注意到,材料在热力学上的稳定性,不仅取决于材料本身,也取决于腐蚀介质。如,热力学上很稳定的金属(第 4 组)在含有氧和氧化

剂的酸性介质中也有被腐蚀的可能。即使热力学上完全稳定的金属 Au,当其在含有络合剂的氧化性溶液中时,由于它的电极电位变负,因此 Au 也就变成了热力学上不稳定的金属。而在不含潮气和氧的液态饱和烃中,即使最活泼的金属也会成为完全稳定的。

表 2.1　金属在 25 ℃ 的标准电极电位 $\varphi^{\ominus}$ 及其热力学稳定性的一般特性

热和学稳定性的一般特性	金属电极反应	$\varphi^{\ominus}$ /V
① 热力学上很不稳定的金属(贱金属),甚至能在不含氧和氧化剂的中性介质中腐蚀	$Li = Li^+ + e^-$	− 3.405
	$Rb = Rb^+ + e^-$	− 2.925
	$K = K^+ + e^-$	− 2.924
	$Cs = Cs^+ + e^-$	− 2.923
	$Ra = Ra^{2+} + 2e^-$	− 2.916
	$Ba = Ba^{2+} + 2e^-$	− 2.906
	$Sr = Sr^{2+} + 2e^-$	− 2.890
	$Ca = Ca^{2+} + 2e^-$	− 2.866
	$Na = Na^+ + e^-$	− 2.714
	$La = La^{3+} + 3e^-$	− 2.522
	$Ce = Ce^{3+} + 3e^-$	− 2.480
	$Y = Y^{3+} + 3e^-$	− 2.372
	$Mg = Mg^{2+} + 2e^-$	− 2.363
	$Am = Am^{3+} + 3e^-$	− 2.320
	$Sc = Sc^{3+} + 3e^-$	− 2.080
	$Pu = Pu^{3+} + 3e^-$	− 2.070
	$Th = Th^{4+} + 4e^-$	− 1.900
	$Np = Np^{3+} + 3e^-$	− 1.860
	$Be = Be^{2+} + 2e^-$	− 1.847
	$U = U^{3+} + 3e^-$	− 1.800
	$Hf = Hf^{4+} + 4e^-$	− 1.700
	$Al = Al^{3+} + 3e^-$	− 1.662
	$Ti = Ti^{2+} + 2e^-$	− 1.628
	$Zr = Zr^{4+} + 4e^-$	− 1.529
	$U = U^{4+} + 4e^-$	− 1.500
	$Ti = Ti^{3+} + 3e^-$	− 1.210
	$V = V^{2+} + 2e^-$	− 1.186
	$Mn = Mn^{2+} + 2e^-$	− 1.180
	$Nb = Nb^{3+} + 3e^-$	− 1.100
	$Cr = Cr^{2+} + 2e^-$	− 0.913
	$V = V^{3+} + 3e^-$	− 0.876
	$Ta = Ta^{5+} + 5e^-$	− 0.810
	$Zn = Zn^{2+} + 2e^-$	− 0.763
	$Cr = Cr^{3+} + 3e^-$	− 0.744
	$Ga = Ga^{3+} + 3e^-$	− 0.529
	$Te = Te^{2+} + 2e^-$	− 0.510
	$Fe = Fe^{2+} + 2e^-$	− 0.440

续表 2.1

热和学稳定性的一般特性	金属电极反应	$\varphi^\ominus/V$
② 热力学上不稳定的金属（半贱金属），没有氧时，在中性介质中是稳定的，但在酸性介质中能腐蚀	$Cd = Cd^{2+} + 2e^-$	-0.402
	$In = In^{3+} + 3e^-$	-0.342
	$Tl = Tl^+ + e^-$	-0.336
	$Mn = Mn^{3+} + 3e^-$	-0.283
	$Co = Co^{2+} + 2e^-$	-0.277
	$Ni = Ni^{2+} + 2e^-$	-0.250
	$Mo = Mo^{3+} + 3e^-$	-0.200
	$Gc = Gc^{4+} + 4e^-$	-0.150
	$Sn = Sn^{2+} + 2e^-$	-0.136
	$Ph = Ph^{2+} + 2e^-$	-0.126
	$W = W^{3+} + 3e^-$	-0.110
	$Fe = Fe^{3+} + 3e^-$	-0.037
③ 热力学上中等稳定的金属（半贵金属），当没有氧时，在酸性介质和中性介质中是稳定的	$Sn = Sn^{4+} + 4e^-$	$+0.007$
	$Ge = Ge^{2+} + 2e^-$	$+0.010$
	$Bi = Bi^+ + 3e^-$	$+0.216$
	$Sb = Sb^{3+} + 3e^-$	$+0.240$
	$Re = Re^{3+} + 3e^-$	$+0.300$
	$As = As^{3+} + 3e^-$	$+0.300$
	$Cu = Cu^{2+} + 2e^-$	$+0.337$
	$Tc = Tc^{2+} + 2e^-$	$+0.400$
	$Co = Co^{3+} + 3e^-$	$+0.418$
	$Cu = Cu^+ + e^-$	$+0.521$
	$Rh = Rh^{2+} + 2e^-$	$+0.600$
	$Ti = Ti^{3+} + 3e^-$	$+0.723$
	$Rb = Rb^{4+} + 4e^-$	$+0.784$
	$Hg = Hg^+ + e^-$	$+0.789$
	$Ag = Ag^+ + e^-$	$+0.799$
	$Rh = Rh^{3+} + 3e^-$	$+0.800$
④ 高稳定性的金属（贵金属），在有氧的中性介质中不腐蚀，在有氧或氧化剂的酸性介质中可能腐蚀	$Hg = Hg^{2+} + 2e^-$	$+0.854$
	$Rb = Rd^{2+} + 2e^-$	$+0.937$
	$Ir = Ir^{3+} + 3e^-$	$+1.000$
	$Rt = Rt^{2+} + 2e^-$	$+1.190$
⑤ 完全稳定的金属，在有氧的酸性介质中是稳定的，有氧化剂时能溶解在络合剂中	$Au = Au^{3+} + 3e^-$	$+1.498$
	$Au = Au^+ + e^-$	$+1.691$

　　用标准电极电位可以方便地判断金属的腐蚀倾向。例如，铁在酸中的腐蚀反应，实际上可分为铁的氧化和氢离子的还原两个电化学反应

$$Fe == Fe^{2+} + 2e^- \quad \varphi^\ominus_{Fe} = -0.440 \text{ V}$$

$$2H^+ + 2e^- == H_2 \quad \varphi^\ominus_{H_2} = 0.000 \text{ V}$$

$$(\Delta G)_{T,p} = nF(\varphi^\ominus_H - \varphi^\ominus_{Fe}) = -2 \times 96\,500 \times 0.44 = -84\,902 \text{ (J/mol)}$$

即

$$(\Delta G)_{T,p} = -84\ 902\ \text{J/mol}$$

可见，$\varphi_{Fe}^{\ominus} < \varphi_{H}^{\ominus}$，$(\Delta G)_{T,p} < 0$ 两个判据均说明 Fe 在酸中的腐蚀是可能发生的。

根据下列反应的电位判断铜在含氧与不含氧酸（pH = 0）中的腐蚀倾向

$$Cu \Longrightarrow Cu^{2+} + 2e^- \quad \varphi_{Cu}^{\ominus} = 0.337\ V$$

$$2H^+ + 2e^- \Longrightarrow H_2 \quad \varphi_{H}^{\ominus} = 0.000\ V$$

$$\frac{1}{2}O_2 + 2H^+ + 2e^- \Longrightarrow H_2O \quad \varphi_{O}^{\ominus} = 1.229\ V$$

因 $\varphi_{Cu}^{\ominus} > \varphi_{H}^{\ominus}$，故铜在不含氧的酸中不发生腐蚀；但 $\varphi_{Cu}^{\ominus} < \varphi_{O}^{\ominus}$，故铜在含氧酸中可能发生腐蚀。

用标准电位 $\varphi^{\ominus}$ 作为金属腐蚀倾向的判据，虽简单方便，但很粗略，有局限性。主要原因有两个：一是腐蚀介质中金属离子的浓度不是 1 mol/L，与标准电位的条件不同；二是大多数金属表面上有一层氧化膜，并不是裸露的纯金属。

实际金属在腐蚀介质中的电位序并不一定与标准电位序相同。金属或合金在某一特定介质（如质量分数为 3% 的 NaCl 溶液）中的腐蚀电位序（表 2.2）称为电偶序（Galvanic Series）。在不同的介质中金属的电位序是不同的。需要指出的是：无论是电位序还是电偶序判据都没考虑腐蚀产物的物理和化学特征，即没有涉及腐蚀产物是否具有阻止金属进一步腐蚀的作用。例如，Al 的标准电位（−1.66 V）比 Zn 的标准电位（−0.763 V）低，Al 的腐蚀倾向应该比 Zn 大，但在质量分数为 3% 的 NaCl 中，Al 的电极电位（−0.53 V）比 Zn 的（−0.83 V）高，Al 比 Zn 还耐蚀。若在此溶液中将 Al 和 Zn 连在一起，则 Zn 遭到腐蚀。这说明用标准电位判断腐蚀倾向具有局限性。用相同环境下的腐蚀电位 φ_{corr} 来判断腐蚀倾向则要可靠得多。

表 2.2　某些金属在质量分数为 3% NaCl 溶液中的电偶序与其标准电位序的比较

质量分数为 3% NaCl 溶液中的电偶序		标准电位序			
金属	电位 /V(SHE)	电极	电位 /V(SHE)	电极，pH = 7	电位 /V(SHE)
Mg	− 1.45	Mg/Mg^{2+}	− 2.363	$Mg/Mg(OH)^2，OH^-$	− 2.27
Zn	− 0.08	Al/Al^{3+}	− 1.662	$Al/Al_2O_3，OH^-$	− 1.89
Al	− 0.53	Ti/Ti^{2+}	− 1.628	$Ti/Ti_2O，OH^-$	− 0.54
Cd	− 0.52	Cr/Cr^{2+}	− 0.913	$Cr/Cr(OH)_3，OH^-$	− 0.89
Fe	− 0.50	Zn/Zn^{2+}	− 0.763	$Zn/ZnO，OH^-$	− 0.83
Pb	− 0.30	Fe/Fe^{2+}	− 0.440	$Fe/FeO，OH^-$	− 0.46
Sn	− 0.25	Cd/Cd^{2+}	− 0.402	$Cd/Cd(OH)_2，OH^-$	− 0.40
Ni	− 0.30	Ni/Ni^{2+}	− 0.250	$Ni/NiO，OH^-$	− 0.30
Cu	+ 0.05	Sn/Sn^{2+}	− 0.136	$H_2/H_2O，OH^-$	− 0.414
Cr	+ 0.23	Pb/Pb^{2+}	− 0.126	$Pb/PbCl_2，Cl^-$	− 0.27
Ag	+ 0.30	Cu/Cu^{2+}	+ 0.337	$Cu/Cu_2O，OH^-$	+ 0.05
Ti	+ 0.37	Ag/Ag^+	+ 0.799	$Ag/AgCl，Cl^-$	+ 0.22
Pt	+ 0.47	Pt/Pt^{2+}	+ 1.190	$Pt/PtO，OH^-$	+ 0.57

2.3　电位 – pH 图

2.3.1　电位 – pH 图原理

　　金属的电化学腐蚀绝大多数是金属同水溶液相接触时发生的腐蚀过程。水溶液中除了其他离子外，H^+ 和 OH^- 始终存在，而金属在水溶液中的稳定性不但与它的电极电位有关，还与水溶液的 pH 有关。平衡电位的数值反映了物质的氧化还原能力，可以用来判断电化学反应进行的可能性。若将金属腐蚀体系的电极电位与溶液 pH 的关系绘成图，就能直接从图上判断出在给定条件下金属发生腐蚀反应的可能性。这种图称为电位 – pH 图，是由比利时学者布拜(M. Pourbaix)在1938 年首先提出，又称为布拜图。它是建立在化学热力学原理基础上的一种电化学平衡图，该图涉及温度、压力、成分、控制电极反应的电位以及影响溶液中的溶解、解离反应的 pH。

　　电位 – pH 图是以纵坐标表示电极反应的平衡电极电位(相对于 SCE)，横坐标表示溶液 pH 的热力学平衡图。布拜和他的同事已作出 90 种元素与水构成的电位 – pH 图，称为电化学平衡图谱，也称为理论电位 – pH 图。如通过热力学数据平衡常数、标准化学位和溶度积的计算，可以作出 $Fe – H_2O$ 腐蚀体系在 25 ℃ 时的电位 – pH 图(图2.1)。根据参与电极反应的物质不同，电位 – pH 图上的曲线可分为以下三类。

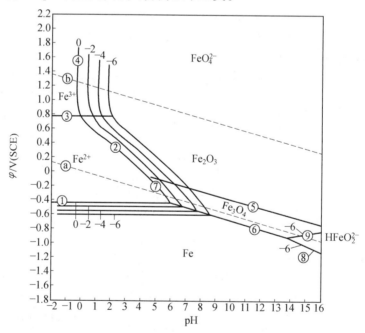

图 2.1　$Fe – H_2O$ 腐蚀体系在 25 ℃ 时的电位 – pH 图

　　(1)只与电极电位有关，与溶液的 pH 无关的一类反应。

$$xR \Longrightarrow yO + ne \tag{2.23}$$

式中　　R、O —— 物质的还原态和氧化态；

x、y—— 还原态和氧化态物质的化学计量系数；

n—— 参与反应的电子数。

此反应的平衡电位表达式为

$$\varphi = \varphi^{\ominus} + \frac{RT}{nF}\ln\frac{\alpha_O^y}{\alpha_R^x} \tag{2.24}$$

式中　　α—— 活度；

　　　　$\varphi^{\ominus}$—— 标准电极电位，可从标准电位序表中查到，也可根据式（2.21）或式（2.22）
　　　　　　计算。

由此可见，这类反应的电极电位与 pH 无关，在电位 – pH 图上这类反应是平行于横轴的水平线。

（2）与 pH 有关，与电极电位无关的一类反应。例如：

沉淀反应　　　　　　$Fe^{2+} + 2H_2O \Longrightarrow Fe(OH)_2\downarrow + 2H^+$

水解反应　　　　　　$2Fe^{3+} + 3H_2O \Longrightarrow Fe_2O_3 + 6H^+$

这些反应中有 H^+ 或 OH^-，但无电子参加。因此这类反应是化学反应，而不是电极反应，反应通式可写为

$$yA + zH_2O \Longrightarrow qB + mH^+ \tag{2.25}$$

其平衡常数 K 为

$$K = \frac{\alpha_B^q\alpha_{H^+}^m}{\alpha_A^y} \tag{2.26}$$

由于 $pH = -\lg\alpha_{H^+}$，则

$$pH = -\frac{1}{m}\lg K - \frac{1}{m}\lg\frac{\alpha_A^y}{\alpha_B^q} \tag{2.27}$$

可见，pH 与电位无关，在一定温度下，K 一定，若给定 α_A^y/α_B^q，则 pH 也将固定。因此，这类反应在电位 – pH 图上是平行于纵轴的垂直线。

（3）既与电极电位有关，又与溶液的 pH 有关的反应。

$$3Fe^{2+} + 4H_2O \Longrightarrow Fe_3O_4 + 8H^+ + 2e^-$$

$$2Fe^{2+} + 3H_2O \Longrightarrow Fe_2O_3 + 6H^+ + 2e^-$$

这类反应的特点是氢离子（或氢氧根离子）和电子都参与反应。反应通式及电位表达式可分别写成

$$xR + zH_2O \Longrightarrow yO + mH^+ + ne^- \tag{2.28}$$

$$\varphi_{R/O} = \varphi_{R/O}^{\ominus} + \frac{RT}{nF}\ln\frac{\alpha_O^y\alpha_{H^+}^m}{\alpha_R^x} \tag{2.29}$$

$$\varphi_{R/O} = \varphi_{R/O}^{\ominus} - \frac{2.3mRT}{nF}pH + \frac{RT}{nF}\ln\frac{\alpha_O^y}{\alpha_R^x} \tag{2.30}$$

可见，在一定温度下，反应的平衡条件既与电位有关，又与溶液的 pH 有关。它们在电位 – pH 图上的平衡线是与离子浓度有关的一组斜线。平衡电位随 pH 升高而降低，其斜率为 $-2.3mRT/nF$。

2.3.2　电位 – pH 图的绘制

一般可按下列步骤绘制给定体系的电位 – pH 图：

① 列出体系中各物质的存在状态以及它们的标准化学势 $\mu^{\ominus}$ 或标准生成自由能 $\Delta G_{m,f}^{\ominus}$。

② 列出各有关物质间可能发生的化学反应平衡方程式，并计算相应的电位或 pH 表达式。本书中把电极反应列成氧化形式，这与相对电极电位的规定一致。

③ 在电位 – pH 坐标图上画出各反应对应的平衡线，形成如图 2.1 所示完整的电位 – pH 图。

以 Fe – H_2O 体系为例，说明电位 – pH 图的绘制。图 2.1 为 Fe – H_2O 体系的电位 – pH 图，平衡稳定固相为 Fe、Fe_3O_4 和 Fe_2O_3，直线上圆圈中的号码代表下列反应及平衡关系。（按 25 ℃ 计算）

（1）① 线表示 Fe 转变为 Fe^{2+} 的反应：

$$Fe \Longrightarrow Fe^{2+} + 2e^-$$

$$\varphi = \varphi_{Fe/Fe^{2+}}^{\ominus} + \frac{2.3RT}{nF}\lg \alpha_{Fe^{2+}}$$

$$\varphi = -0.44 + 0.029\,5\lg \alpha_{Fe^{2+}}$$

即 φ 与 pH 无关，当给定 Fe^{2+} 的活度时，则得到一水平直线。不同浓度的 Fe^{2+} 在图中用一组与 pH 轴平行的直线表示。标"0"的线表示 $\alpha_{Fe^{2+}} = 10^0$ mol/L，"– 2"的线表示 $\alpha_{Fe^{2+}} = 10^{-2}$ mol/L，依次类推。

（2）② 线表示 Fe^{2+} 转变为 Fe_2O_3 的反应：

$$2Fe^{2+} + 3H_2O \Longrightarrow Fe_2O_3 + 6H^+ + 2e^-$$

$$\varphi = \varphi^{\ominus} + \frac{2.3RT}{nF}\lg \frac{\alpha_{H^+}^6}{\alpha_{Fe^{2+}}^2}$$

$\varphi^{\ominus}$ 可由式（2.21）及附表 2 的数据求出

$$\varphi^{\ominus} = \frac{1}{2F}\sum \nu_i (\Delta G_{m,f}^{\ominus})_i = \frac{1}{2 \times 96.5}(-742.2 + 84.94 \times 2 + 237.19 \times 3) = 0.72 \text{ (V)}$$

$$\varphi = 0.72 - \frac{2.3RT}{2F} \times 6pH - \frac{2.3RT}{F}\lg \alpha_{Fe^{2+}}$$

$$\varphi = 0.72 - 0.177pH - 0.059\lg \alpha_{Fe^{2+}}$$

当 $\alpha_{Fe^{2+}}$ 依次为 10^0 mol/L、10^{-2} mol/L、10^{-4} mol/L 和 10^{-6} mol/L 时，在电位 – pH 图上可得一组斜线。

（3）③ 线表示 Fe^{2+} 转变为 Fe^{3+} 的反应：

$$Fe^{2+} \Longrightarrow Fe^{3+} + e^-$$

$$\varphi = 0.711 + \frac{RT}{F}\ln \frac{\alpha_{Fe^{3+}}}{\alpha_{Fe^{2+}}}$$

当 $\alpha_{Fe^{2+}} = \alpha_{Fe^{3+}}$ 时，$E = 0.771$ V，此时为一水平直线。

(4)④线为水解反应,无电子传递:

$$2Fe^{3+} + 3H_2O = Fe_2O_3 + 6H^+$$

平衡时,$(\Delta G)_{T,p} = 0$

$(\Delta G)_{T,p} = \mu_{Fe_2O_3}^{\ominus} + 6(\mu_{H^+}^{\ominus} + 2.3RT\lg \alpha_{H^+}) - 2(\mu_{Fe^{2+}}^{\ominus} + 2.3RT\lg \alpha_{Fe^{3+}}) - 3\mu_{H_2O}^{\ominus} =$

$\mu_{Fe_2O_3}^{\ominus} - 6 \times 2.3RT \cdot pH - 2\mu_{Fe^{3+}}^{\ominus} - 2 \times 2.3RT\lg \alpha_{Fe^{3+}} - 3\mu_{H_2O}^{\ominus}$

由式(2.6)、式(2.8)及附表 2 可得

$(\Delta G)_{T,p} = -742\ 200 - 6 \times 2.3RT \cdot pH + 10\ 540 \times 2 - 2 \times 2.3RT\lg \alpha_{Fe^{3+}} + 3 \times 237\ 190 =$

$9\ 550 - 6 \times 2.3RT \cdot pH - 2 \times 2.3RT\lg \alpha_{Fe^{3+}} = 0$

可得

$$pH = -0.28 - \frac{1}{3}\lg \alpha_{Fe^{3+}}$$

若 $\alpha_{Fe^{3+}}$ 分别为 10^0 mol/L、10^{-2} mol/L、10^{-4} mol/L 和 10^{-6} mol/L 时,可得一组垂直线。

(5)⑤线表示 Fe_3O_4 转变为 Fe_2O_3 的反应:

$$2Fe_3O_4 + H_2O = 3Fe_2O_3 + 2H^+ + 2e^-$$

$$\varphi = \varphi^{\ominus} + \frac{2.3RT}{2F}\lg \alpha_{H^+}^2 = \varphi^{\ominus} - \frac{2.3RT}{F}pH$$

$$\varphi^{\ominus} = \frac{1}{2F}(3\mu_{Fe_2O_3}^{\ominus} + 2\mu_{H^+}^{\ominus} - 2\mu_{Fe_2O_3}^{\ominus} - \mu_{H_2O}^{\ominus}) =$$

$$\frac{1}{2 \times 96\ 500}[3 \times (-742\ 200) + 2 \times 1\ 015\ 500 + 237\ 190] =$$

$$0.215\ (V)$$

$E = 0.215 - 0.059\ 1pH$,为一条斜线。

(6)⑥线表示 Fe 转变为 Fe_3O_4 的反应:

$$3Fe + 4H_2O = Fe_3O_4 + 8H^+ + 8e^-$$

$$\varphi = \varphi^{\ominus} + \frac{2.3RT}{F}\lg \alpha_{H^+} = \varphi^{\ominus} - \frac{2.3RT}{F}pH$$

$$\varphi^{\ominus} = \frac{1}{8F}(\mu_{Fe_3O_4}^{\ominus} + 8\mu_{H^+}^{\ominus} - 3\mu_{Fe}^{\ominus} - 4\mu_{H_2O}^{\ominus}) =$$

$$\frac{1}{8 \times 96\ 500}(-1\ 015\ 500) + 4 \times 237\ 190) =$$

$$-0.086\ (V)$$

$E = -0.086 - 0.059\ 1pH$,为一条斜线。

(7)⑦线表示 Fe^{2+} 转变为 Fe_3O_4 的反应:

$$3Fe^{2+} + 4H_2O = Fe_3O_4 + 8H^+ + 2e^-$$

$$\varphi = \varphi^{\ominus} + \frac{2.3RT}{2F}\lg \frac{\alpha_{H^+}^8}{\alpha_{Fe^{2+}}^3} = \varphi^{\ominus} + \frac{4 \times 2.3RT}{F}\lg \alpha_{H^+} - \frac{3 \times 2.3RT}{2F}\lg \alpha_{Fe^{2+}}$$

$$\varphi = 0.975 - 0.236pH - 0.088\ 6\lg \alpha_{Fe^{2+}}$$

当 $\alpha_{Fe^{2+}}$ 分别为 10^0 mol/L、10^{-2} mol/L、10^{-4} mol/L 和 10^{-6} mol/L 时,可得一组标有 0、- 2、- 4 和 - 6 的斜线。当 $\alpha_{Fe^{2+}} = 10^{-6}$ mol/L 时,此线与①线的交点为 $E = -0.617$ V,pH = 9。

（8）⑧线表示 Fe 转变为 $HFeO_2^-$ 的反应：

$$Fe + 2H_2O \rightleftharpoons HFeO_2^- + 3H^+ + 2e^-$$

$$\varphi = \varphi^{\ominus} + \frac{2.3RT}{2F}\lg \alpha_{H^+}^3 + \frac{2.3RT}{2F}\lg \alpha_{HFeO_2^-}$$

$$\varphi^{\ominus} = \frac{1}{2F}(\mu_{HFeO_2}^{\ominus} + 3\mu_{H^+}^{\ominus} - \mu_{Fe}^{\ominus} - 2\mu_{H_2O}^{\ominus}) =$$

$$\frac{1}{2 \times 96\ 500}(-397\ 180 + 2 \times 237\ 190) =$$

$$0.400\ (V)$$

$\alpha_{Fe^{2+}} = 10^{-6}$ mol/L 时，$E = 0.223 - 0.088\ 6pH$，为标有 - 6 的一条斜线。

（9）⑨线表示 $HFeO_2^-$ 转变为 Fe_3O_4 的反应

$$3HFeO_2^- + H^+ \rightleftharpoons Fe_3O_4 + 2H_2O + 2e^-$$

$$\varphi = \varphi^{\ominus} + \frac{2.3RT}{2F}\lg \alpha_{HFeO_2^-} - \frac{2.3RT}{2F}\lg \alpha_{H^+}$$

$$\varphi^{\ominus} = \frac{1}{2F}(\mu_{Fe_3O_4}^{\ominus} + 2\mu_{H_2O}^{\ominus} - 3\mu_{HFeO_2}^{\ominus} - \mu_{H^+}^{\ominus}) =$$

$$\frac{1}{2 \times 96\ 500}(-1\ 015\ 500 - 2 \times 237\ 190 + 3 \times 397\ 180) =$$

$$-1.546\ (V)$$

$\alpha_{HFeO_2^-} = 10^{-6}$ mol/L 时，解析式 $\varphi = -1.014 + 0.029\ 5pH$ 为标有 - 6、斜率为 0.029 5 的斜线，此线与线⑧的交点为 $\varphi = -0.705$ V，$pH = 10.48$。

（10）ⓐ线为析氢电极反应：

$$\varphi = \varphi^{\ominus} + \frac{2.3RT}{2F}\lg \frac{\alpha_{H^+}^3}{p_{H_2}}$$

因 $\varphi^{\ominus} = 0$ 时，$p_{H_2} = -0.059\ 1pH$，为一条斜线（虚线）。在 a 线以下将发生 H_2 析出反应。

（11）ⓑ线为 O_2 与 H_2O 间的电化学反应：

$$2H_2O = O_2(g) + 4H^+ + 4e^-$$

$$\varphi = \varphi^{\ominus} + \frac{2.3RT}{4F}\lg \alpha_{H^+}^4 + p_{O_2}$$

$$\varphi^{\ominus} = \frac{1}{4F}(\mu_{O_2}^{\ominus} + 4\mu_{H^+}^{\ominus} - 2\mu_{H_2O}^{\ominus}) = \frac{1}{4 \times 96\ 500} \times 2 \times 237\ 190 = 1.229\ (V)$$

$p_{O_2} = 1.229 - 0.059\ 1pH$，（11）线的下方为 H_2 的稳定区，（12）线的上方为 O_2 的稳定区；而（11）线和（12）线之间为 H_2O 的稳定区。以上计算和图 2.1 是基于 Fe、Fe_3O_4 和 Fe_2O_3 为固相的平衡反应得到的。若以 Fe、$Fe(OH)_2$ 和 $Fe(OH)_3$ 为固相，用类似的方法计算可得到相应的电位 - pH 图。

2.3.3　电位 - pH 图的应用

在处理腐蚀问题时，通常以溶液中平衡金属离子浓度为 10^{-6} mol/L 作为金属是否腐蚀的界限，即溶液中金属离子的浓度小于此值时就认为不发生腐蚀，则可将图 2.2 所示的

Fe – H₂O 体系简化的电位 – pH 图分为三个区域。

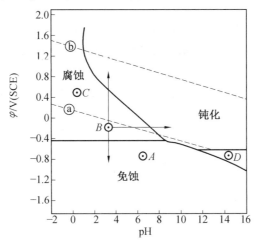

图 2.2　Fe – H₂O 体系简化的电位 – pH 图

1. 腐蚀区

在该区域内,处于稳定状态的是可溶性的 Fe^{2+}、Fe^{3+}、FeO_4^{2-} 和 $HFeO_2^-$ 等,固态金属处于不稳定状态,因此金属可能发生腐蚀。

2. 免蚀区

在此区域内,金属在热力学上处于稳定状态,pH 的改变不会造成金属腐蚀。

3. 钝化区

金属经腐蚀后在其表面形成保护膜(固态氧化物、氢氧化物或盐膜),使金属的腐蚀速率降得很低。在此区域内,金属的腐蚀与形成的固态膜的性质有关,但所形成的保护膜是否具有真正意义上的“钝化”作用,则取决于所生成的固态膜的保护性。

电位 – pH 图的主要用途如下:

① 预测反应自发进行的方向,从热力学上判断材料腐蚀的趋势。

② 估计腐蚀产物的成分。

③ 预测减缓或防止腐蚀的控制因素,以便选择控制材料腐蚀的途径。

结合图 2.2 中 A、B、C、D 各点对应的电位和 pH 条件,可判断铁的腐蚀情况:

① 点 A 处于免蚀区,不会发生腐蚀。

② 点 B 处于腐蚀区,且在氢线以下,即处于 Fe^{2+} 和 H_2 的稳定区。在该条件下,铁将发生析氢腐蚀。其化学反应为

阳极反应　　　　　　　　　　$Fe \longrightarrow Fe^{2+} + 2e^-$

阴极反应　　　　　　　　　　$2H^+ + 2e^- \longrightarrow H_2 \uparrow$

电池反应　　　　　　　　　　$Fe + 2H^+ \longrightarrow Fe^{2+} + H_2 \uparrow$

③ 若铁处于点 C 条件下,既在腐蚀区,又在氢线以上,对于 Fe^{2+} 和 H_2O 是稳定的。因此铁仍会遭受腐蚀,发生的是吸氧腐蚀,其化学反应为

阳极反应　　　　　　　　　　$Fe \longrightarrow Fe^{2+} + 2e^-$

阴极反应　　　　　　　　$2H^+ + \dfrac{1}{2}O_2 + 2e^- \longrightarrow H_2O$

④ 点 D 对应的是 Fe 被腐蚀,生成 $HFeO_2^-$ 的区域。

为了使铁免于腐蚀,可设法将其移出腐蚀区。将点 B 移出腐蚀区的三种可能的途径如下:

① 把铁的电极电位降低至免蚀区,即对铁施行阴极保护。采用牺牲阳极法,即将铁与电极电位较低的锌或铝合金相连,构成腐蚀电偶;或将外加直流电源的负端与铁相连而正端与辅助阳极相连,构成回路,两种方法都可保护铁免遭腐蚀。

② 把铁的电位升高,使之进入钝化区。可通过阳极保护法或在溶液中添加阳极型缓蚀剂或钝化剂来实现。

③ 将溶液的 pH 调整至 9 ~ 13,也可使铁进入钝化区。

途径 ②、③ 的钝化效果还与金属性质、环境的离子种类有关,相关内容将在第 5 章详细讨论。

附图 1 ~ 12 列出了 Al、Mg、Ti、Fe、Ni、Cr、Zn、Cd、Sn、Pb、Cu、Ag 等常用金属的电位 – pH 图。

2.3.4　理论电位 – pH 图的局限性

上面介绍的电位 – pH 图都是根据热力学数据绘制的,因此也称为理论电位 – pH 图。如上所述,借助这种电位 – pH 图可以预测金属在给定条件下的腐蚀倾向,为解释各种腐蚀现象和作用机理提供热力学依据,也可提供防止腐蚀的可能途径。电位 – pH 图已成为研究金属在水溶液介质中腐蚀行为的重要工具。然而电位 – pH 的应用存在以下局限性:

① 由于金属的理论电位 – pH 图是一种以热力学为基础的电化学平衡图,它表征的都是平衡状态下的情况,而实际腐蚀体系往往是偏离平衡状态的,因此只能用它预示金属腐蚀倾向的大小,而不能预测腐蚀速度的大小。

② 图中的各条平衡线,是以金属与其离子之间或溶液中的离子与含有该离子的腐蚀产物之间的平衡为条件建立起来的,但在实际腐蚀情况下,可能偏离这个平衡条件。

③ 电位 – pH 图只考虑了 OH^- 这种阴离子对平衡的影响,但在实际腐蚀环境中,往往存在 Cl^-、SO_4^{2-}、PO_4^{3-} 等阴离子,由此产生的一些附加反应可能使问题复杂化。

④ 理论电位 – pH 图中的钝化区并不能反映出各种金属氧化物、氢氧化物的钝化效果。

⑤ 绘制理论电位 – pH 图时,常常把金属表面附近液层的成分和 pH 大小等同于整体的数值,然而在实际腐蚀体系中,金属表面附近和局部区域内的 pH 与整体溶液的 pH 可能存在很大差别。

电位 – pH 图的局限性也反映了电化学热力学理论的局限性。为此,我们不仅要深入研究电化学热力学,还需要深入研究电极过程动力学理论,真正使理论能指导实践,解决实际的电化学问题。

2.4　腐蚀电池

金属在电解质溶液中的腐蚀现象是一个电化学腐蚀过程。

三类自然环境下的腐蚀 —— 大气、土壤、海水的电化学腐蚀过程都离不开金属／电解质界面上金属的阳极溶解,同时伴随着溶液中某些物质在金属表面上的还原。因此,金属发生电化学腐蚀的原因是一种自发的、短路的腐蚀原电池作用的结果。

2.4.1　腐蚀电池的构成

将锌片和铜片浸入稀硫酸溶液后,用导线把它们连接起来(图 2.3),由于锌的电位较低,铜的电位较高,它们各自在电极／溶液界面上建立的电极平衡过程遭到破坏,并在两个电极上分别进行以下电极反应:

锌电极上,金属失去电子被氧化

$$Zn \Longleftrightarrow Zn^{2+} + 2e^-$$

铜电极上,稀硫酸溶液中的氢离子得到电子被还原

$$2H^+ + 2e^- \Longleftrightarrow 2H_2 \uparrow$$

整个电极反应为

$$Zn + 2H^+ \Longleftrightarrow Zn^{2+} + H_2 \uparrow$$

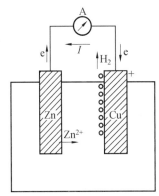

图 2.3　铜锌电池

可见,铜锌电池接通后,由于锌片溶解,电子沿导线流向铜片,即电流由铜片流向锌片。腐蚀电池和一般的丹尼尔电池的区别在于它不是一种可逆电池,也不能将化学能转变为电能,氧化还原反应所释放出来的化学能全部以热能方式散发,而不能转化为电功。

将铜和锌两块金属接触在一起并浸入稀硫酸,也将发生与上述原电池同样的变化,如图 2.4 所示。锌与铜仍可看作电池的阴、阳两极。锌溶解所提供的剩余电子流过与它接触的铜,并在铜表面上被溶液中的氢离子所接受,氢气便在铜表面形成并逸出。只要氢离子能够不断被还原,锌就会继续溶解下去。类似这样的电池称为腐蚀原电池或腐蚀电池。可见,腐蚀电池工作的特点是:只能导致金属材料破坏,而不能形成对外做有用功的短路的原电池。

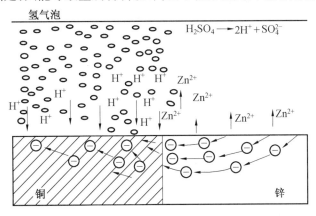

图 2.4　锌－铜接触在硫酸中溶解的示意图

若将上述铜锌电池中的 Cu 换成 Sn、Sb 或 Fe 等其他金属,同样能起到促进锌发生腐蚀的作用,如图 2.5 所示。图中用 Cu 片等阴极上释放出的氢气量来间接表示金属 Zn 的腐蚀速度。通常阳极锌与阴极金属的电位差越大,锌的腐蚀速度也就越快。此外,锌的腐蚀速度还

与阴极金属上的析氢过电位有关。

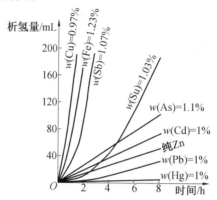

图 2.5   不同阳极对锌在 0.25 mol/L 硫酸中腐蚀速度的影响

即使只有一块金属,其不与其他金属相接触,在电解质溶液中也会产生与上述铜锌电池相类似的腐蚀电池。这是由于金属表面不同区域的电极电位不同(图 2.6),第二相、晶界、位错的存在甚至晶面不同均可导致各点电极电位产生差异。电极电位略高者作为阴极、电极电位略低者作为阳极,由此构成微观腐蚀电池。

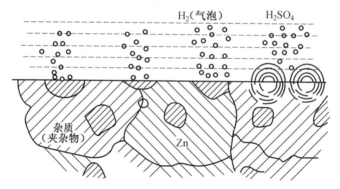

图 2.6   含杂质的工业用锌在 H_2SO_4 中溶解的示意图

下面以 Fe 在稀盐酸中的腐蚀为例进一步加以说明。将铁片浸入除氧的稀盐酸中,可观察到铁片与盐酸之间发生激烈的化学反应,其反应式为

$$Fe + 2HCl \longrightarrow FeCl_2 + H_2 \uparrow$$

此时,Fe 片不断溶解,同时它表面上有大量氢气泡生成(图 2.7)。

按照电化学腐蚀理论,可将上述腐蚀反应分解为两个不同的电极反应

阳极反应 $Fe \Longleftrightarrow Fe^{2+} + 2e^-$

阴极反应 $2H^+ + 2e^- \Longleftrightarrow 2H_2 \uparrow$

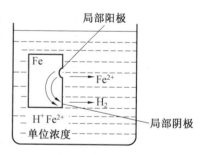

图 2.7   铁的电化学腐蚀

由于铁片表面存在电化学不均匀性,其表面布满了无数的微阳极和微阴极,在稀盐酸中就构成大量的微观或亚微观腐蚀电池。尤其是亚微观电池的阴阳极十分微小,在显微镜下

也难以区分。单个电池的有效作用区很小,阴阳极之间几乎不存在欧姆压降,整个金属表面可认为是等电位的。这些微阴极与微阳极的位置在腐蚀过程中不断变换,导致金属以某平均速度发生均匀溶解。因此,发生这种均匀的电化学腐蚀时,整个铁片表面可有条件地看作同时工作着的阳极和阴极。

由此可见,电化学腐蚀过程离不开金属与电解质界面上电子的迁移。电子由电极电位低的金属(或同一金属上某一部分)迁移到电极电位高的金属(或同一金属上另一部分)再转给电解质溶液中的氧化剂。图 2.8 所示是同一金属在电解质溶液中发生电化学腐蚀的示意图,上部是阳极反应,下部是阴极反应。

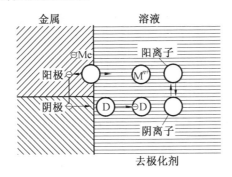

图 2.8　电化学腐蚀过程的示意图

综上所述,一个腐蚀电池必须包括阳极、阴极、电解质溶液和电路四个部分,由此构成腐蚀电池工作的三个环节。

(1) 阳极过程。

金属溶解后,以金属离子或水化离子形式转入溶液,同时将等量电子留在基体上。

(2) 阴极过程。

从阳极迁移来的电子被电解质溶液中能够接受电子的物质(氧化性物质)所吸收。金属腐蚀中溶液里的电子受体也称为去极化剂。

(3) 电子的流动。

电流的流动在金属中是依靠电子从阳极流向阴极,在溶液中则依靠离子的迁移,即阳离子从阳极区向阴极区移动,阴离子从阴极区向阳极区迁移,使电极系统中的电流构成通路。

腐蚀电池的三个环节既相互独立又彼此紧密联系和相互依存。其中一个环节受到阻碍停止工作,则整个腐蚀过程也就停止。应该指出,腐蚀体系的电化学不均匀性所造成的阴阳极反应的空间分隔并不是发生电化学腐蚀的唯一原因。实际上,在许多腐蚀情况下,阴阳极过程也可以在同一金属表面随着时间变化相互交替地进行。使金属发生电化学腐蚀的唯一原因是溶液中存在能够接受金属表面过剩电子的氧化剂(即去极化剂),如果没有这些物质,即使金属表面上有不同的阴阳极区,也不会发生电化学腐蚀。

2.4.2　腐蚀电池的类型

根据腐蚀电池的电极尺寸大小与阳极区和阴极区分布随时间的稳定性,以及促使形成腐蚀电池的影响因素和腐蚀破坏的特征,将腐蚀电池分为宏观腐蚀电池、微观腐蚀电池和亚微观腐蚀电池三类。

1. 宏观腐蚀电池

宏观腐蚀电池的阴、阳极可由肉眼分辨出来,而且阴极区和阳极区能够长时间保持稳定,由此而产生明显的局部腐蚀。

(1) 异金属电池。

异金属电池是指两种或两种以上金属相接触,在电解质溶液中构成的腐蚀电池,也称腐蚀电偶。在实际金属结构中常常有不同金属相接触,可观察到电极电位较低的金属(阳极)腐蚀加快,而电极电位较高的金属(阴极)腐蚀减慢,甚至得到保护。构成异金属电池的两种金属电极电位相差越大,局部腐蚀越严重。这种腐蚀破坏称为电偶腐蚀。

图 2.9 所示为铁的铆钉在一个铜器件上的情况。当它暴露在潮湿空气中时,水分凝结在表面,形成一层极薄的水膜,如图 2.9 虚线以下部分。由于水膜中溶解了空气中的 CO_2、O_2 等,因此其成为导电的电解质溶液。此时,铜和铁构成一个腐蚀电池,可表示为

$$Fe \mid H_2O(CO_2) \mid Cu$$

Fe 的电极电位比 Cu 的电极电位低,在这个腐蚀电池中 Fe 是阳极,Cu 是阴极,电子从铁铆钉转移到铜板上。两个电极上分别发生以下反应:

阳极(铁铆钉)　　　　　　　$Fe \longrightarrow Fe^{2+} + 2e^-$

阴极(铜板)　　　　　　　$O_2 + 2H_2O + 4e^- \longrightarrow 4OH^-$

电极反应　　　　　　　$2Fe + O_2 + 2H_2O \longrightarrow 2Fe^{2+} + 4OH^-$

$pH > 5.5$ 时,Fe^{2+} 与 OH^- 生成 $Fe(OH)_2$ 沉淀,随后又被空气中的氧进一步氧化至氢氧化铁(钢铁在大气腐蚀中的红棕色铁锈就是氢氧化铁)。

可见,在铜与铁构成的异金属电池作用下,铁铆钉逐渐被铜溶解,而铜板则不发生任何变化。

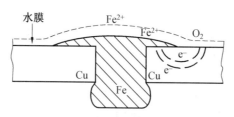

图 2.9　铁、铜接触腐蚀

(2) 浓差电池。

浓差电池是指同一金属与不同成分的电解质溶液相接触构成的腐蚀电池,还可进一步分为差异充气电池(氧浓差电池)和盐浓差电池。

① 差异充气电池。差异充气电池是一种普遍存在、危害性很大的由空气引起的腐蚀因素。一般情况下,这种电池是由于金属与氧含量不同的介质接触后形成的,也称为氧浓差电池。

例如,两块铁片浸在同一浓度的稀盐水中,其中一块铁片与通入的空气接触,另一块铁片与通入的氮气接触(图 2.10)。在这两块铁片上负电荷密度本来应该是相同的,但由于溶液中氧含量不同,上述反应所进行的程度也不同。

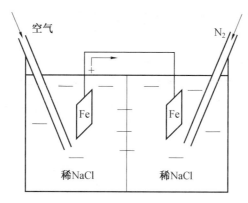

图 2.10　氧浓差电池

在通入空气的铁电极上,氧的还原反应速度较快,因而表面电子被中和,负电荷密度降低较多。在通入氮气而使氧气较少的铁电极上,氧还原反应难于进行,因此负电荷密度没有什么变化。这样,溶液中氧浓度的不同造成了电位差,便产生了腐蚀电流。在上述电池中与氮气接触的铁片发生溶解,与空气接触的铁片没有腐蚀。

有关氧浓差电池的实质将在后面腐蚀过程动力学一章中进行详细的讨论。

又如,盛水的铁桶最易腐蚀的部位是水线下面的区域,在水线上面金属铁直接与空气接触,其表面水膜中的氧含量较高。水线下面氧在溶液中的溶解度有限,且氧在水溶液中的扩散能力有限,铁表面的氧含量比水线上的氧含量要低得多,这样就产生了氧浓差电池,水线下的金属铁成了阳极而遭到腐蚀。由于溶液电阻的影响,水线附近的腐蚀较为严重,故称水线腐蚀。埋在不同密度或深度的土壤中的金属管道或设备,也会因土壤中氧的充气不均匀而造成氧浓差电池的腐蚀。

在工程部件中常用铆、焊、螺钉等方法连接,在其连接处形成的缝隙深处则会因供氧困难导致严重的局部破坏。所以,缝隙腐蚀也是氧浓差电池造成的。

② 盐浓差电池。盐浓差电池是浓差电池的另外一种形式。如一长铜棒两端分别接触稀的硫酸铜溶液和浓的硫酸铜溶液。根据能斯特公式可知,与稀硫酸铜相接触的部位其电极电位较低,为阳极,浓硫酸铜溶液中的一端电极电位较高,为阴极,由此构成了铜盐浓差电池。H^+ 在铜棒阴极一端析出,铜棒另一端将发生溶解。铜棒两端所处溶液中的硫酸铜浓度相等时两个铜电极上的电极电位相等,电池电动势等于零,不再有腐蚀电流流过。

（3）温差电池。

浸入电解质溶液中的金属各部分由于温度不同可能形成温差电池。例如,在检查碳钢制成的换热器时,发现其高温端腐蚀比低温端严重,这是因为高温部位碳钢的电极电位比低温部位的低而成为腐蚀电池的阳极。可是,铜、铝等在有关溶液中不同温度下的电极行为与碳钢相反,如在硫酸铜溶液中,铜电极低温端是阳极,高温端是阴极。

2. 微观腐蚀电池

微观腐蚀电池中电极的尺寸可与晶粒尺度相近($1\ mm \sim 0.1\ \mu m$),腐蚀过程中电极的极性能够在一段时间内不变。这当然可引起微观范围内的局部腐蚀(如点蚀、晶间腐蚀),但宏观上可认为腐蚀破坏是均匀的。

引起金属表面电化学不均匀性的原因很多,归纳起来可以有以下几种情况:

(1)金属化学成分的不均匀性。

一般工业纯金属常常含有各种杂质,当它们与电解质溶液接触时,金属中的杂质将以微电极的形式与基体金属构成许多短路微电池。若杂质具有阴极性质时,将加速基体金属的腐蚀。如工业纯锌中的 Fe – Zn 化合物、碳钢中的 Fe_3C、铸铁中的石墨、工业纯铝中的 Al – Fe 和 Al – Fe – Si 等都是微电池的阴极,它们在电解质溶液中将加快基体金属的溶解。偏析也会引起电化学不均匀,如 α – 黄铜结晶时产生偏析,先结晶的部分含铜较多,电极电位较高成为阴极;而后结晶的部分,含锌较多,电极电位较低成为阳极。

(2)金属组织的不均匀性。

目前所使用的金属材料大多数是多晶组织,因此材料表面存在大量的晶界。金属晶界是原子排列较为疏松而紊乱的区域,容易富集杂质原子和产生晶界沉淀,而且此处晶体缺陷(位错、空穴和畸变)密度大。因而,晶界的电极电位通常比晶粒内部的电极电位低,在腐蚀介质中成为优先溶解的阳极区。例如,工业纯铝的晶粒与晶界电极电位相差约 0.091 V,晶粒是微电池的阴极,晶界是阳极。又如,在奥氏体不锈钢回火过程中,由于富铬相 $Cr_{23}C_6$ 沿晶界析出,因此晶界附近贫铬而成为微电池的阳极,并引起不锈钢晶间腐蚀。

(3)金属物理状态的不均匀性。

金属机械加工或装配过程中常常会出现金属各部分变形不均匀及内应力的不均匀的现象。一般情况下变形较大的部分称为阳极。例如,铁板弯曲处及铆钉头部易发生腐蚀就是这个原因。金属材料在使用过程中,会承受各种各样的负荷,经验证明,拉应力部分通常为阳极、优先破坏。如锅炉腐蚀、海船和桥梁应力集中处的腐蚀,都是由应力不均匀性引起的。

(4)金属表面膜(或表面涂层)的不完整性。

金属表面膜和表面涂层如果存在孔隙或破损,则在表面膜(或表面涂层)与孔隙、破损下的金属基体之间就会产生电位差,构成微观腐蚀电池。多数情况下,孔隙或破损处的金属相的电位比表面膜低一些,成为微电池的阳极。不锈钢在含有 Cl^- 的介质中,由于 Cl^- 对钝化膜有强烈破坏作用,因此在膜的薄弱处会加速膜的破坏而造成点蚀。

3. 亚微观腐蚀电池

亚微观腐蚀电池通常是指用肉眼和普通显微镜都难以分辨出阴、阳极的腐蚀电池。每个电极表面积十分微小(100 ~ 1 000 nm),遍及整个金属表面。阳极区和阴极区随时间不断地变化。亚微观电池的破坏结果是一种均匀腐蚀。因此可以把这种正在进行腐蚀的金属的整个表面看作同时进行阳极反应和阴极反应的一个电极,即整个表面既是阳极,又是阴极。这种现象可从表面晶体结构的各类差异做出解释。

当然应力分布也是形成亚微观电池的一个重要原因。在实际金属腐蚀中宏观腐蚀电池和微观腐蚀常常同时存在。Zn 片单独浸入稀硫酸中的腐蚀是微观腐蚀电池造成的,但当 Zn 片与 Cu 片连接在一起后再浸入稀硫酸中,除了原有 Zn 片本身的许多微电池作用,宏观电池也将加速 Zn 片的腐蚀。因此,牺牲阳极的电流效率不可能达到 100%。

第3章　　电化学腐蚀动力学

由于热力学研究方法中没有考虑时间因素及反应过程的细节,因此腐蚀倾向并不能作为评定腐蚀速度的尺度,腐蚀倾向大并不表示腐蚀速度高。例如,铝的标准电极电位相当低,意味着在热力学上它的腐蚀倾向很大,但它在大气中却很耐蚀。对于金属构件,人们总是千方百计地降低腐蚀反应速度,以延长其使用寿命。为此,必须了解腐蚀机理及影响腐蚀速度的各种因素,掌握腐蚀动力学规律,并通过实验研究了解降低腐蚀速度的方法。

3.1　腐蚀电池的电极过程

3.1.1　阳极过程

腐蚀电池中电极电位较低的金属为阳极,发生氧化反应。因此,阳极过程就是阳极金属发生电化学溶解或阳极钝化的过程。金属钝化将在第4章讨论,这里只讨论阳极溶解过程。

水溶液中阳极溶解反应的通式为

$$M^{n+} \cdot ne^- + mH_2O \longrightarrow M^{n+} \cdot mH_2O + ne^-$$

即金属表面晶格中的金属阳离子,在极性水分子作用下进入溶液,变成水化金属阳离子。而电子在阴、阳极间电位差的作用下通过金属移向阴极,进一步促进上述阳极反应的进行。

若溶液中存在配合剂,则其通常可与金属离子形成配合离子,从而加速阳极溶解,反应式为

$$M^{n+} \cdot ne^- + xA^- + yH_2O \longrightarrow (MA_x)^{n-x} \cdot yH_2O + ne^-$$

实际上,金属阳极溶解过程至少由以下几个连续步骤组成。

① 金属原子脱离晶格转变为表面吸附原子

$$M_{晶格} \longrightarrow M_{吸附}$$

② 表面吸附原子越过双电层进行放电转变为水化金属阳离子

$$M_{吸附} + mH_2O \longrightarrow M^{n+} \cdot mH_2O + ne^-$$

③ 水化金属阳离子 $M^{n+} \cdot mH_2O$ 从双电层溶液一侧向溶液深处迁移。

金属的溶解与极性水分子的水化作用是分不开的。图3.1所示为晶格中的原子转入溶液的示意图。金属原子位于晶格点阵上,只能在结点附近振动,金属原子要离开金属表面,必须使垂直于表面方向的振动能足够大,以便克服静电引力。据计算,金属原子进入真空的能量约需 6 000 kJ/mol。因此,即使在高温下,大多数金属在真空中也并不蒸发。

但是,当金属浸入水溶液中,由于水分子为强的极性分子,且处于不停的热运动中,处于表面边角处的金属原子首先受到水分子的吸引,并由晶格迁移到表面,变成吸附原子,在双电层电场的作用下,变成水化金属阳离子,金属阳离子在晶格中的位能较高,而它们在溶液

中的水化离子位能较低。因此,金属离子的水化过程伴随着能量降低,是一个自发过程。

对于完整晶体而言,阳极溶解总是开始于晶格的顶端或边缘,而工业金属常存在异相析出或非金属夹杂,它们会引起晶格畸变、能量增高,并使该处的金属原子优先离开晶体溶解到溶液中。同样,晶格缺陷如位错的露头点、滑移台阶处也容易溶解。溶液中的某些组分也容易被吸附到这些晶体的缺陷处,起到加速或抑制阳极溶解的作用。当吸附的溶液组分能与金属离子生成吸附配合物时,可降低阳极溶解活化能,从而促进阳极过程;相反,若溶液组分在金属表面上形成吸附阻挡层时,将妨碍金属离子进入溶液,从而抑制阳极过程。

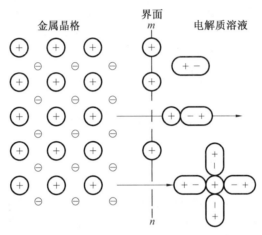

图 3.1 晶格原子转入溶液过程示意图

由于腐蚀电池中阳极区的自由电子移向电极电位较高的阴极区,导致阳极区电子缺乏,而阳极反应产生的电子又来不及补充,因而阳极发生极化。即电流的通过,造成阳极电位偏离其平衡电位,而向正方向移动,这一过程称为阳极极化(Anodic Polarization)。

3.1.2 阴极过程

腐蚀电池的阴极过程,指电解质溶液中的氧化剂与金属阳极溶解后释放出来并转移到阴极区的电子相结合的反应过程。溶液中能在阴极区吸收电子而发生还原反应的氧化性物质,在腐蚀学上称为阴极去极化剂,常简称为去极化剂(Depolarizer)。第 2 章已指出,如果溶液中没有这些去极化剂存在,即使金属表面上存在大量的微电池,也不可能发生电化学腐蚀。因此,发生电化学腐蚀的基本条件是腐蚀电池和去极化剂同时存在,即阴极过程和阳极过程必须同时进行。

电化学腐蚀的阴极去极化剂和阴极还原反应可能有下列几种,其中最重要的是 H^+ 和溶液中氧的还原反应。

1. 氢离子还原反应或析氢反应

$$2H^+ + 2e^- \longrightarrow H_2 \uparrow$$

此反应是电极电位较低的金属在酸性介质中腐蚀时常见的阴极去极化反应。Zn、Al、Fe 等金属的电极电位低于氢的电极电位,因此这些金属在酸性介质中的腐蚀将伴随着氢气的析出,称为析氢腐蚀。析氢腐蚀速度受阴极极化过程控制,且与析氢过电位的大小有关。

2. 溶液中溶解氧的还原反应

在中性或碱性溶液中发生氧的还原反应,生成 OH^-:
$$O_2 + 2H_2O + 4e^- \longrightarrow 4OH^-$$
在酸性溶液中发生氧的还原反应,生成水:
$$O_2 + 4H^+ + 4e^- \longrightarrow 2H_2O$$

阴极过程为氧还原反应的腐蚀,称为氧还原腐蚀或吸氧腐蚀。大多数金属在大气、土壤、海水和中性盐溶液中的腐蚀主要靠氧的阴极还原反应,其腐蚀速度通常受氧扩散控制。在含氧的酸性介质中,腐蚀有可能同时发生上述的 H^+ 还原和 O_2 的还原反应,即同时发生析氢腐蚀和吸氧腐蚀。

3. 溶液中高价离子的还原

例如,先形成的铁锈中的三价铁离子还原:
$$Fe^{3+} + e^- \longrightarrow Fe^{2+}$$
$$Fe_3O_4 + H_2O + 2e^- \longrightarrow 3FeO + 2OH^-$$
$$Fe(OH)_3 + e^- \longrightarrow Fe(OH)_2 + OH^-$$

4. 溶液中贵金属离子的还原

例如,二价铜离子还原为金属铜:
$$Cu^{2+} + 2e^- \longrightarrow Cu$$

此反应在黄铜选择性腐蚀时可能发生。溶解的 Cu^{2+} 将在黄铜表面重新沉积,形成一层疏松的红色海绵铜。这层海绵铜作为电池的附加阴极,进一步加速了合金中锌的溶解。同样,如果水系统中有黄铜、铜、钢、铝等金属时,溶解的 Cu^{2+} 也可在钢和铝上析出,形成附加的阴极,加速钢和铝的腐蚀。

5. 氧化性酸(HNO_3)或某些阴离子的还原

$$NO_3^- + 2H^+ + 2e^- \longrightarrow NO_2^- + H_2O$$
$$Cr_2O_7^{2-} + 14H^+ + 6e^- \longrightarrow 2Cr^{3+} + 7H_2O$$

6. 溶液中某些有机化合物的还原

$$RO + 4H^+ + 4e^- \longrightarrow RH_2 + H_2O$$
$$R + 2H^+ + 2e^- \longrightarrow RH_2$$

式中　R—— 有机化合物基团或分子。

由于腐蚀过程中阳极区释放出的电子进入邻近的阴极区,如果阴极还原反应不能及时吸收这些电子,则电子将在阴极积累,造成阴极区的电位偏离平衡电位而向负方向变化,这个过程称为阴极极化(Cathodic Polarization)。

3.2　　腐蚀速度与极化作用

在使用金属的过程中,人们不仅关心它是否会发生腐蚀(热力学可能性),更关心其腐蚀速度的大小(动力学问题)。腐蚀速度表示单位时间内金属腐蚀的程度。正如1.5节所讨论的那样,腐蚀速度可用失重法和深度法等表示。对于电化学腐蚀来说,还常用电流密度来表示其腐蚀速度。因为在稳态下通过腐蚀电池的电流与金属阳极溶解速度的大小有严格的当量关系(Faraday 定律)。那么影响电化学腐蚀速度的主要因素有哪些呢? 它们又会怎样影响腐蚀速度呢?

3.2.1　腐蚀电池的极化现象

将同样面积的 Zn 和 Cu 浸在 $w(\text{NaCl}) = 3\%$ 的溶液中,构成腐蚀电池。Zn 为阳极,Cu 为阴极,如图 3.2 所示。测得电极的开路电位为 $\varphi_{0,\text{Zn}} = -0.80$ V,$\varphi_{0,\text{Cu}} = 0.05$ V,总电阻 $R = 230\ \Omega$。开路时,由于电阻 $R_0 \to \infty$,故 $I_0 \approx 0$。开始短路的瞬间,电极表面还来不及变化,根据欧姆定律,电池通过的电流应为

$$I_{\text{始}} = \frac{\varphi_{0,\text{Cu}} - \varphi_{0,\text{Zn}}}{R} = \frac{0.05 - (-0.80)}{230} = 3.7 \times 10^{-3}(\text{A}) \tag{3.1}$$

即 $I_{\text{始}} = 3.7 \times 10^{-3}$ A。

但短路后几秒到几分钟内,电流逐渐减小,最后达到一稳定值 0.2 mA,此值还不到起始电流的 6%。这是什么原因呢? 根据欧姆定律,影响电池电流大小的因素有两个:一是回路的电阻,二是两电极间的电位差。在上述情况下,电池的电阻没发生多大变化,因此电流的减小必然是电池电位差变小的缘故,即两电极的电位发生了变化。实际测量结果也证明了这一点。如图 3.3 所示,电池接通后,阴极电位向负方向变化,阳极电位向正方向变化。两种变化的结果均使腐蚀电池的电位差变小,导致腐蚀电流急剧降低。这种现象称为电池的极化作用。其实质是电池的两个电极分别发生极化的结果。

当电极上有净电流通过时,电极电位显著偏离了未通电时的开路电位(平衡电位或非平衡的稳态电位),这种现象称为电极的极化。

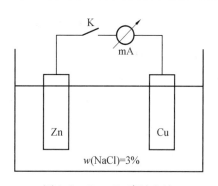

图 3.2　Cu - Zn 腐蚀电池

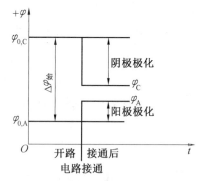

图 3.3　腐蚀电池接通前后阴、阳极电位变化示意图

3.2.2　阳极极化(Anodic Polarization)

阳极上有电流通过时,其电位向正方向移动,即为阳极极化。产生阳极极化的原因有如下几点。

1. 活化极化(Activation Polarization)

若金属离子进入溶液的反应速度小于电子由阳极通过导线流向阴极的速度,则阳极就

会有过多的正电荷积累,从而改变双电层电荷分布及双电层间的电位差,使阳极电位向正向移动。这种由于阳极过程进行得缓慢而引起的极化称为活化极化。

2. 浓差极化(Concentration Polarization)

阳极溶解产生的金属离子,首先进入阳极表面附近的液层中,使之与溶液深处产生浓差。由于阳极表面金属离子扩散速度的制约,阳极附近金属离子浓度逐渐升高,相当于电极插入高浓度金属离子的溶液中,导致电位变正,产生阳极极化。

3. 电阻极化(Resistance Polarization)

当金属表面有氧化膜,或在腐蚀过程中形成膜时,膜的电阻率远高于基体金属,则阳极电流通过此膜时,将产生压降使电位显著变正,由此引起的极化,称为电阻极化。可见,阳极极化越强烈,说明阳极过程的反应受阻滞越严重,这对防止金属腐蚀是有利的;相反,去除阳极极化,会加速腐蚀过程的进行。这种消除或减弱阳极极化的过程,称为阳极去极化(Anodic Depolarization)。例如,搅拌溶液加速金属离子的扩散、使阳极产物形成沉淀、加入活化离子(如 Cl^-)、消除阳极钝化等,都可促进阳极去极化,从而加速腐蚀。

通常由极化曲线来判断极化程度的大小。极化曲线是表示电极电位与通过的电流密度之间的关系曲线。图3.4所示为1008钢在 0.5 mol/L Na_2SO_4 溶液中的极化曲线。曲线的倾斜程度表示极化程度,称为极化度。很显然曲线越陡,极化度就越大,表示电极极化过程受阻滞程度越大,腐蚀进行越困难。一般金属在活化状态下,阳极极化程度不大,这时阳极极化曲线较平坦。如果金属发生钝化,则阳极极化曲线很陡,极化度很大。

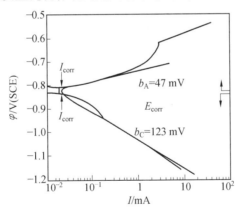

图 3.4　1008 钢在 0.5 mol/L Na_2SO_4 溶液中的极化曲线

3.2.3　阴极极化(Cathodic Polarization)

阴极上有电流流过时,其电位向负方向移动,即为阴极极化。产生阴极极化的原因有如下两点。

1. 活化极化(或电化学极化)

由于阴极还原反应需达到一定的活化能才能进行,当阴极还原反应速度小于电子进入阴极的速度,就会使电子在阴极堆积,电子密度增高,结果使阴极电位向负方向移动,产生了阴极极化。

2. 浓差极化

阴极附近反应物或反应产物扩散速度缓慢可引起阴极浓差极化,使电极电位变负。

阴极极化表示极化受到阻滞,阻碍金属腐蚀的进行。消除阴极极化的过程称为阴极去极化(Cathodic Depolarization),可使阳极极化过程顺利进行,维持或加速腐蚀过程。绝大多数电化学离子的阴极去极化剂为溶液中的氢离子和氧分子。

3.3 腐蚀极化图及混合电位理论

3.3.1 腐蚀极化图

图 3.5 所示为一腐蚀电池。开路时测得阴、阳极的电位分别为 $\varphi_{0,C}$ 和 $\varphi_{0,A}$。接入电阻 R 并使电阻 R 值由大变小,电流则由小逐渐变大,相应地测出各电流强度下的电极电位,绘出阴、阳极电位与电流强度的关系图,图 3.6 所示为腐蚀极化图。

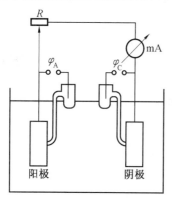

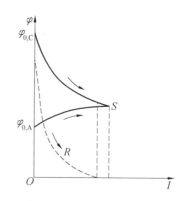

图 3.5　腐蚀电池极化行为测量装置　　　　图 3.6　腐蚀电池阴、阳极电位随
　　　　　示意图　　　　　　　　　　　　　　　　电流强度的变化

如图 3.6 所示,电流随电阻 R 的减小而增加,同时电流的增加引起电极极化:使阳极电位升高,阴极电位下降,两极电位差变小。当包括电池内、外电阻在内的总电阻趋近于零时,电流达到最大值 $I_{\max}$,此时阴、阳极极化曲线相交于点 S,两极电位相等,即 $\Delta E = IR = 0$。但实际上根本得不到交点 S,因为总电阻不可能等于零,即使两电极短路,外电阻等于零,仍有电池内阻存在。因此,电流只能达到接近于 $I_{\max}$ 的 I_1。

腐蚀极化图是一种电位 – 电流图,它是把表征腐蚀电池特征的阴、阳极极化曲线画在同一张图上构成的。若将两个极化曲线简化成直线,可得到如图 3.7 所示的简化的腐蚀极化图。此极化图是英国腐蚀科学家 U. R. Evans 及其学生们于 1929 年首先提出和应用的,故称 Evans 图。图中阴、阳极的起始电位为阴极反应和阳极反应的平衡电位,分别以 $\varphi_{0,C}$ 和 $\varphi_{0,A}$ 表示。简化

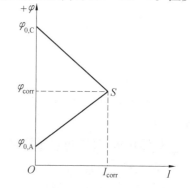

图 3.7　简化的腐蚀极化图

的极化曲线可交于一点 S。交点对应的电位,称为混合电位(Mixed Potential)。由于此阴、阳极反应构成了腐蚀过程,所以混合电位就是自腐蚀电位(Free Corrosion Potential),简称为腐蚀电位(Corrosion Potential),用 φ_{corr} 表示。腐蚀电位是一种不可逆的非平衡图,可通过实验测得。图中与腐蚀电位相对应的电流,称为腐蚀电流,金属腐蚀电池中阴极和阳极面积是不相等的,但稳态下流过的电流强度是相等的,因此用 $\varphi - I$ 极化图较方便,对于均匀腐蚀和局部腐蚀都适用。在均匀腐蚀条件下,整个金属表面同时起阴极和阳极的作用,可以采用电位 – 电流密度极化图。当阴、阳极反应均由电化学极化控制时,则用半对数坐标 $\varphi - \lg i$ 极化图更为确切。因为在电化学极化控制下,电流密度的对数与电位的变化呈直线关系。

3.3.2　混合电位理论(Mixed Potential Theory)

混合电位理论包含两项基本假说:

① 任何电化学反应都能分成两个或两个以上的氧化分反应和还原分反应。

② 电化学反应过程中不可能有净电荷积累。即当一块绝缘的金属试样腐蚀时,氧化反应的总速度 $\sum i$ 等于还原反应的总速度 $\sum i$。

混合电位理论扩充和部分取代了经典微电池腐蚀理论。它不但适用于局部腐蚀电池,也适用于亚微观尺寸的均匀腐蚀。这一理论与下两节讨论的动力学方程式一起,构成了现代电化学腐蚀动力学理论基础。

根据混合电位理论,腐蚀电位是腐蚀体系的混合电位,它是由同时发生的两个电极极化过程,即金属的氧化和腐蚀剂的还原过程共同决定的。因此,根据腐蚀极化图很容易确定腐蚀电位,并解释各种因素对腐蚀电位的影响。而根据腐蚀电位的变化却不能准确判断腐蚀速度的大小或变化,必须测定相应的极化曲线,根据腐蚀极化图或动力学方程式才能确定腐蚀速度,研究腐蚀动力学的过程和机理。

3.3.3　腐蚀极化图的应用

腐蚀极化图是研究电化学腐蚀的重要工具,用途很广。例如,利用极化图可以确定腐蚀的主要控制因素、解释腐蚀现象、分析腐蚀过程的性质和影响因素、判断添加剂的作用机理,以及用图解法计算多电极体系的腐蚀速度等。可以说,极化图是腐蚀科学最重要的理论工具之一。

1. 极化图用于分析腐蚀速度的影响因素

如前所述,当腐蚀电池通过电流时,两电极发生极化。如果电流增加时,电极电位的移动不大,则表明电极过程受到的阻碍较小,即电极的极化率较小,或者说极化性能较差。电极的极化率由极化曲线的斜率决定。如图 3.8 所示,阴极极化率 P_C 定义为

$$P_C = \frac{\varphi_C - \varphi_{0,C}}{I_1} = \frac{\Delta\varphi_C}{I_1} = \tan\alpha \qquad (3.2)$$

阳极极化率 P_A 定义为

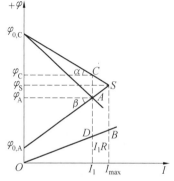

图 3.8　腐蚀极化图

$$P_A = \frac{\varphi_A - \varphi_{0,A}}{I_1} = \frac{\Delta\varphi_A}{I_1} = \tan\beta \tag{3.3}$$

式中　　φ_C、φ_A——电流为 I_1 时的阴、阳极极化电位；

$\Delta\varphi_C$、$\Delta\varphi_A$——电流为 I_1 时的阴、阳极极化值；

α、β——阴、阳极极化曲线与水平线的倾角。

由于腐蚀体系有欧姆电阻 R，因而要考虑欧姆电位降 IR 对腐蚀电流的影响。图中 OB 表示欧姆电位降随电流的变化。在绘制极化图时，可将欧姆电位降与阴极（或阳极）极化曲线加和起来，如图中的 $\varphi_{0,C}A$ 线，然后与阳极极化曲线 $\varphi_{0,A}S$ 相交于点 A，则点 A 对应的电流 I_1 就是这种情况下的腐蚀电流，因为

$$\varphi_{0,C} - \varphi_{0,A} = \Delta\varphi_C + \Delta\varphi_A + I_1 R = I_1 P_C + I_1 P_A + I_1 R$$

$$I_1 = \frac{\varphi_{0,C} - \varphi_{0,A}}{P_C + P_A + R} \tag{3.4}$$

即

$$I_{corr} = \frac{\varphi_{0,C} - \varphi_{0,A}}{P_C + P_A + R} \tag{3.4a}$$

式（3.4a）表明，腐蚀电池的初始电位差 $\Delta\varphi_{始} = \varphi_{0,C} - \varphi_{0,A}$ 越小，阴、阳极极化率 P_C 和 P_A 越大，系统的欧姆电阻越大，则腐蚀电流越小，即电化学腐蚀速度越小。对于许多腐蚀体系，阴、阳极间为短路，如果溶液电阻不大，R 可忽略不计，则腐蚀电流主要取决于阴、阳极反应的极化性能。这时式（3.4a）可简化为

$$I_{corr} = \frac{\varphi_{0,C} - \varphi_{0,A}}{P_C + P_A} \tag{3.5}$$

由于忽略了阴、阳极间的欧姆电位降，腐蚀电流就相当于图 3.8 中阴、阳极极化曲线交点 S 对应的电流，而电位 φ_S 就是腐蚀电位 φ_{corr}。

利用腐蚀极化图很容易分析腐蚀过程的控制因素以及各种因素对腐蚀速度的影响。为简便起见，通常忽略溶液的欧姆电阻，并以直线表示阴阳极的极化曲线。下面就利用极化图分析各种因素对腐蚀的影响。

（1）腐蚀速度与初始电位差的关系。

初始电位差 $\varphi_{0,C} - \varphi_{0,A}$ 是腐蚀的驱动力。在其他条件相同的情况下，初始电位差越大，腐蚀电流越大，见式（3.5）。如图 3.9 所示，曲线 $\varphi_{0,Fe}S_1$ 表示铁在硫酸中腐蚀的阳极极化曲线，$\varphi_{0,H}S_1$ 为析氢反应的阴极极化曲线，腐蚀速度为 I_1。若用 HNO_3 代替 H_2SO_4，则 HNO_3 还原的阴极极化曲线为 $\varphi_{0,HNO_3}S_2$，平衡电位 φ_{0,HNO_3} 比 $\varphi_{0,H}$ 高得多，即使阴极极化率近似，也会使腐蚀电流大大增加，即 $I_2 \gg I_1$。然而，若 Fe 在 HNO_3 中发生钝化，其阳极极化曲线变为 $\varphi'_{0,Fe}S_3$，$\varphi'_{0,Fe}$ 比 $\varphi_{0,Fe}$ 高得多，则腐蚀速度将大大降低，即 $I_3 \ll I_2$。

如图 3.10 所示，由于不同金属的平衡电位不同，它们的阳极极化较小，当阴极反应及其极化曲线 $\varphi_{0,O_2}S$ 相同时，金属的平衡电位越低，其腐蚀电流越大，即 $I_5 > I_4 > I_3 > I_2 > I_1$。

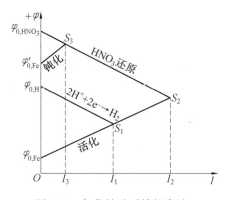

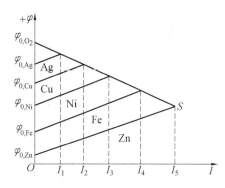

图 3.9　氧化性酸对铁的腐蚀　　　　　图 3.10　金属平衡电位对腐蚀电流的影响

（2）极化性能对腐蚀速度的影响。

由式（3.4）知，若腐蚀电池的欧姆电阻很小，则极化性能对腐蚀电流有很大的影响。在其他条件相同的情况下，极化率越小，其腐蚀电流越大。图 3.11 所示为不同的钢在非氧化性酸中的腐蚀极化图，图中 $\varphi_{0,H}S_1$ 和 $\varphi_{0,Fe}S_1$ 表示钢中无硫化物，但有大量 Fe_3C 存在时的阴、阳极极化曲线。由于在渗碳体上的析氢过电位比在 Fe 上的低，极化度小，因此点 S_1 比点 S_2 的腐蚀速度大。在无渗碳体时，由于在硫化物夹杂上腐蚀产生的硫化氢，起阳极去极化作用，阳极极化曲线变得平缓，从而加速了腐蚀（点 S_4 比点 S_2 的腐蚀速度大）。

极化度的大小，主要取决于活化极化和浓差极化的大小以及阳极是否发生钝化。

（3）溶液中氧含量及配合剂对腐蚀速度的影响。

铜不溶于还原性酸，因为铜的平衡电位高于氢的平衡电位，不能形成氢阴极构成腐蚀电池，但铜可溶于含氧酸或氧化性酸中，因为氧的平衡电位比铜高，可构成阴极反应，组成腐蚀电池。如图 3.12 所示，酸中氧含量多，氧去极化容易，腐蚀电流较大（点 S_1）；而氧少时，氧去极化困难，腐蚀电流较小（点 S_2）。

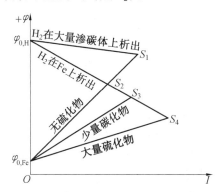

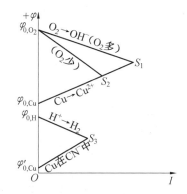

图 3.11　钢在非氧化酸中的腐蚀极化图　　图 3.12　铜在含氧酸和氰化物中的腐蚀极化图

铜在非含氧酸中是耐蚀的，但当溶液中含氰化物时，可与铜离子配合形成配合离子，铜的电位向负方向移动（$\varphi'_{0,Cu}$），这样铜就可能溶解在还原酸中，腐蚀电流为 S_3 对应的数值。

（4）其他影响腐蚀速度的因素。

阴、阳极面积比和溶液电阻对用深度表征的腐蚀速度也有强烈的影响。具体规律将在

第 6 章中详细讨论。

2. 腐蚀速度控制因素

由式(3.4a)可见,腐蚀速度既取决于腐蚀的驱动力 – 腐蚀电池的起始电位差$(\varphi_{0,C} - \varphi_{0,A})$,也取决于腐蚀的阻力阴、阳极的极化率$P_C$和$P_A$,以及欧姆电阻$R$。这三项阻力中任意一项都可能明显地超过另两项,在腐蚀过程中对速度起控制作用,称为控制因素。例利用极化图可以非常直观地判断腐蚀的控制因素。例如,当R很小时,若$P_C \gg P_A$,I_{corr}主要取决于P_C的大小,称为阴极控制(图3.13(a));反之,若$P_A \gg P_C$,则I_{corr}主要由阳极极化决定,称为阳极控制(图3.13(b));如果P_A和P_C接近,同时决定腐蚀速度的大小,则称为混合控制(图3.13(c));如果腐蚀系统的欧姆电阻很大,$R \gg (P_A + P_C)$,则腐蚀电流主要由电阻决定,称为欧姆控制(图3.13(d))。

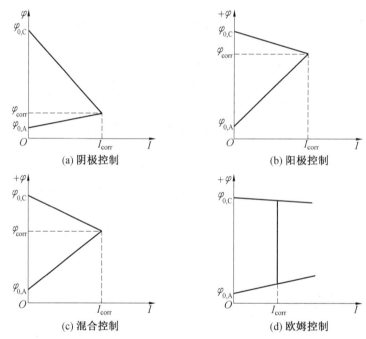

图 3.13   不同控制因素的腐蚀极化图

利用腐蚀极化图不仅可判断各种控制因素,还可判断各因素对腐蚀控制的程度,各个阻力对过程总阻力之比称为总过程受各阻力控制的程度,常用百分数表示。如铁在 25 ℃、质量分数为 3% 的 NaCl 水溶液中腐蚀,其欧姆电阻很小,可忽略。测得其腐蚀电位 $\varphi_{corr} = -0.544$ V(SCE)。计算此腐蚀体系中阴、阳极控制程度。

首先计算此腐蚀体系中阳极和阴极反应的平衡电位。在此体系中 Fe 为阳极,存在下列反应:

$$Fe \Longrightarrow Fe^{2+} + 2e^-$$

由表 2.1 得到此反应的标准电位 $\varphi^{\ominus} = -0.44$ V。

按能斯特公式计算此反应的平衡电位 φ:

$$\varphi = \varphi^{\ominus} + \frac{2.3RT}{2F} \lg a_{Fe^{2+}}$$

质量分数为 3% 的 NaCl 溶液为中性,pH = 7,即溶液中存在 OH^-,且浓度为 $[OH^-]$ = 10^{-7} mol/L。铁溶解生成的 Fe^{2+} 与 OH^- 相遇,当它们的浓度积大于 $Fe(OH)_2$ 的溶度积时生成沉淀:

$$Fe^{2+} + 2OH^- \rightleftharpoons Fe(OH)_2 \downarrow$$

此反应的溶度积 $K_{sp} = 1.65 \times 10^{-5}$,即

$$K_{sp} = [Fe^{2+}][OH^-]^2 = 1.65 \times 10^{-15}$$

$$[Fe^{2+}] = \frac{K_{sp}}{[OH^-]^2} = \frac{1.65 \times 10^{-15}}{[10^{-7}]^2} = 0.165 \ (mol/L)$$

25 ℃ 时 $2.3RT/F = 0.0591$ V,可算出 Fe 的平衡电位 $\varphi_{0,Fe}$ 为

$$\varphi_{0,Fe} = -0.44 + \frac{0.0591}{2}\lg(0.165) = -0.463 \ (V)(SHE)$$

此腐蚀体系的阴极还原反应为 O_2 的还原:

$$O_2 + 2H_2O + 4e^- \rightleftharpoons 4OH^-$$

此反应的标准电位为 $\varphi^\ominus = 0.401$ V(SHE),因大气中 O_2 的分压 p_{O_2} 为 0.21×10^5 Pa,溶液中 OH^- 浓度为 $[OH^-] = 10^{-7}$ mol/L,从而可计算出氧还原反应的平衡电位。

$$\varphi_{0,O_2} = \varphi^\ominus + \frac{2.3RT}{4F}\lg\frac{p_{O_2}}{[OH^-]^4} = 0.401 + \frac{0.0591}{4}\lg\frac{0.21}{10^{-7\times4}} = 0.085 \ (V)(SHE)$$

测得 Fe 在该体系中的腐蚀电位 $\varphi_{corr} = -0.544$ V(SCE),而饱和甘汞电极(SCE)的电位为 0.244 V(SHE),因此,$\varphi_{corr} = -0.544 + 0.244 = -0.300$ (V)(SHE)。可算出在腐蚀电位下阴、阳极过电位为

$$\eta_A = \varphi_{0,O_2} - \varphi_{corr} = 0.805 - (-0.300) = 1.105 \ (V)$$

$$\eta_C = \varphi_{corr} - \varphi_{0,Fe} = -0.300 - (-0.463) = 0.163 \ (V)$$

因电阻 R 忽略不计,故可算出阴、阳极控制程度。

$$S_C = \frac{\eta_C}{\eta_C + \eta_A} = \frac{1.105}{1.105 + 0.163} = 0.87 = 87\%$$

$$S_A = \frac{\eta_A}{\eta_C + \eta_A} = \frac{1.163}{1.105 + 0.163} = 0.13 = 13\%$$

可见 Fe 在此条件下的腐蚀受阴极控制,控制程度为 87%。

对于阴极控制的腐蚀,任何增大阴极极化率 P_C 的因素都将使腐蚀速度明显减小,而影响阳极过程的因素则不会因腐蚀速度发生明显变化。因此,在这种情况下可通过改变阴极极化曲线的斜率来控制腐蚀速度。例如,钢、铜等金属在冷却水中的腐蚀,常受氧的阴极还原过程控制。采用除氧的方法降低溶液中氧的浓度,可提高阴极极化率,达到明显的缓蚀效果。许多金属在酸性介质中的腐蚀,受阴极析氢反应控制,因此可通过提高析氢过电位(如加入缓蚀剂)来降低腐蚀速度。

对于阳极控制的腐蚀,腐蚀速度主要由阳极极化率 P_A 决定。任何增大 P_A 的因素,都可明显地阻滞腐蚀;相反,影响阴极反应的因素对防止腐蚀效果不明显,除非它使腐蚀变成了阴极控制。例如,在溶液中可发生钝化的金属或合金的腐蚀,是典型的阳极控制。在溶液中加入少量能促使钝化的缓蚀剂,可大大降低腐蚀速度;相反,若溶液中加入阳极活化剂(如

Cl⁻),可破坏阳极钝化,增大腐蚀速度。

应当指出,虽然极化图对于分析腐蚀过程很有价值,但它是建立在极化曲线基础上的,如果极化曲线不确定,或者说下列参数不确定,则极化图也难以确定和应用:

①阳、阴极过程的平衡电位 $\varphi_{0,A}$ 和 $\varphi_{0,C}$。

②不同电流 I 下的极化电位,即阳、阴极极化曲线。

③阳、阴极相对面积。

④阳、阴极间的电阻。

3.4　活化极化控制下的腐蚀动力学方程式

金属在水溶液中的腐蚀过程是在腐蚀电位下进行的。整个电极发生在电极与溶液的界面上。通常电极过程包括以下三个基本步骤:

①反应物质由溶液内部向电极表面附近的液层传递,传递的动力是电场引力和反应物质在溶液内部和电极表面上的浓度差;

②反应物质在电极与溶液界面上进行氧化还原反应,造成电子得失;

③反应产物转入稳定状态,或由电极表面附近的液层向溶液内部传递。

在一定的条件下,电极过程总速度是由上述三个步骤中进行得最慢的那个步骤的速度所决定,这个最慢的步骤称为电极极化过程的控制步骤。可以设想,把电极极化过程的三个步骤看作对电极上净电流流动的三个阻力,是引起电极极化、电流下降的原因。

由于溶液中反应物质或反应产物传递慢所造成的阻力引起的极化,称为浓差极化;由于电极上电化学反应速度慢所造成的阻力引起的极化,称为电化学极化;由于电流通过在电极表面生成了高电阻的氧化物或其他物质所造成的阻力引起的极化,称为电阻极化。

金属腐蚀速度由电化学极化控制的腐蚀过程,称为活化极化控制的腐蚀过程。例如金属在不含氧及其他去极化剂的非氧化性酸溶液中腐蚀时,如果其表面没有钝化膜生成,一般就发生活化极化控制的腐蚀过程。此时唯一的去极化剂是溶液中的氢离子,而且氢离子的还原反应和金属的阳极溶解反应都由活化极化控制。

3.4.1　单电极反应的电化学极化方程式

设电化学的反应通式为

$$R \Longrightarrow O + ne \tag{3.6}$$

分别用"→"和"←"表示氧化反应和还原反应。根据化学动力学公式,正逆反应的速度都与反应活化能有关。将正反应(氧化反应)和逆反应(还原反应)的活化能分别用 $\vec{\omega}$ 和 $\overleftarrow{\omega}$ 表示,则正、逆反应速度 $\vec{v}$ 和 $\overleftarrow{v}$ 分别为

$$\vec{v} = \vec{k} C_R \exp\left(-\frac{\vec{\omega}}{RT}\right) \tag{3.7}$$

$$\overleftarrow{v} = \overleftarrow{k} C_O \exp\left(-\frac{\overleftarrow{\omega}}{RT}\right) \tag{3.8}$$

式中　　$\vec{k}$、$\overleftarrow{k}$——正向和反向速度常数;

C_R、C_O—— 还原剂和氧化剂的浓度；

R—— 气体常数；

T—— 绝对温度。

将反应速度改用电流密度表示，则式（3.7）和式（3.8）可表述为

$$\vec{i} = nF\vec{k}C_R\exp\left(-\frac{\vec{\omega}}{RT}\right) \tag{3.9}$$

$$\overleftarrow{i} = nF\overleftarrow{k}C_O\exp\left(-\frac{\overleftarrow{\omega}}{RT}\right) \tag{3.10}$$

式中　$\vec{i}$、$\overleftarrow{i}$—— 氧化和还原反应电流密度；

n—— 反应式中的电子数；

F—— 法拉第常数。

当电极上没有净电流通过时，电极处于平衡状态，其电极电位为平衡电位 φ_0。此平衡电位下，氧化反应的速度和还原反应的速度相等，方向相反。这时的反应电流称为交换电流密度，简称交换电流，以 i^0 表示，则在平衡电位 φ_0 下

$$i^0 = \vec{i} = \overleftarrow{i} \tag{3.11}$$

$$i^0 = nF\vec{k}C_R\exp\left(-\frac{\vec{\omega}^0}{RT}\right) = nF\overleftarrow{k}C_O\exp\left(-\frac{\overleftarrow{\omega}^0}{RT}\right) \tag{3.12}$$

式中　$\vec{\omega}^0$、$\overleftarrow{\omega}^0$—— 平衡电位下氧化反应和还原反应的活化能。

电极电位变化会改变反应的活化能。电位向正的方向移动，可使氧化反应的活化能下降，氧化反应速度加快。当电极电位比平衡电位高，$\Delta\varphi > 0$ 时，则电极上金属溶解反应的活化能将减小 $\beta nF\Delta\varphi$；对于还原反应则相反，将使还原反应的活化能增加 $\alpha nF\Delta\varphi$。即

$$\vec{\omega} = \vec{\omega}^0 - \beta nF\Delta\varphi \tag{3.13}$$

$$\overleftarrow{\omega} = \overleftarrow{\omega}^0 + \alpha nF\Delta\varphi \tag{3.14}$$

传递系数 α 和 β 分别表示电位变化对还原反应和氧化反应活化能影响的程度，$\alpha + \beta = 1$。α 和 β 的意义可理解为：电位变化引起的电极能量的变化为 $nF\Delta\varphi$，其中 α 用于改变还原反应的活化能，β 用于改变氧化反应的活化能。α 和 β 可由实验求得，有时粗略地取 $\alpha = \beta = 0.5$。

电位变化对反应活化能的影响结果将导致氧化反应和还原反应速度发生变化。而氧化反应和还原反应电流可表达如下：

$$\vec{i} = nF\vec{k}C_R\exp\left(-\frac{\vec{\omega}^0 - \beta nF\Delta\varphi}{RT}\right) = nF\vec{k}C_R\exp\left(-\frac{\vec{\omega}^0}{RT}\right)\cdot\exp\left(\frac{\beta nF\Delta\varphi}{RT}\right) = i^0\left(\frac{\beta nF\Delta\varphi}{RT}\right)$$

$$\tag{3.15}$$

$$\overleftarrow{i} = nF\overleftarrow{k}C_O\exp\left(-\frac{\overleftarrow{\omega}^0 + \alpha nF\Delta\varphi}{RT}\right) = nF\overleftarrow{k}C_O\exp\left(-\frac{\overleftarrow{\omega}^0}{RT}\right)\cdot\exp\left(-\frac{\alpha nF\Delta\varphi}{RT}\right) = i^0\left(-\frac{\alpha nF\Delta\varphi}{RT}\right)$$

$$\tag{3.16}$$

可见，电极上无净电流通过时，$\Delta\varphi = 0$，$\vec{i} = \overleftarrow{i} = i^0$。当电极上有电流通过时，电极将发生极化，必然使正、反方向的反应速度不等，即 $\vec{i} \neq \overleftarrow{i}$。阳极过电位 η_A 为

$$\eta_A = \Delta\varphi_A = \varphi_A - \varphi_{0,A} \tag{3.17}$$

$\Delta\varphi_A$ 为正值，使氧化反应的活化能减小，而使还原反应的活化能增大，故使 $\vec{i} > \overleftarrow{i}$。二者

之差就是电极的净电流密度,即阳极极化电流密度 i_A 为

$$i_A = \vec{i} - \overleftarrow{i} = i^0 \left[\exp\left(\frac{\beta n F \eta_A}{RT}\right) - \left(-\frac{\alpha n F \eta_A}{RT}\right) \right] \tag{3.18}$$

阴极极化时,$\Delta\varphi_C$ 为负值,阴极过电位 η_C(通常取作正值) 为

$$\eta_C = \Delta\varphi_C = \varphi_C - \varphi_{0,C} \tag{3.19}$$

因 $\Delta\varphi_C$ 为负值,由式(3.15) 和式(3.16) 可知:$\vec{i} < \overleftarrow{i}$。二者之差即为阴极的电流密度 i_C

$$i_C = \overleftarrow{i} - \vec{i} = i^0 \left[\exp\left(-\frac{\alpha n F \eta_C}{RT}\right) - \left(-\frac{\beta n F \eta_C}{RT}\right) \right] \tag{3.20}$$

令

$$b_A = \frac{2.3RT}{\beta n F} \tag{3.21}$$

$$b_C = \frac{2.3RT}{\alpha n F} \tag{3.22}$$

式中　b_A、b_C——阳极和阴极塔费尔斜率。

式(3.18) 和式(3.20) 可改写为

$$i_A = i^0 \left[\exp\left(\frac{2.3\eta_A}{b_A}\right) - \exp\left(-\frac{2.3\eta_A}{b_C}\right) \right] \tag{3.23}$$

$$i_C = i^0 \left[\exp\left(\frac{2.3\eta_C}{b_C}\right) - \exp\left(-\frac{2.3\eta_C}{b_A}\right) \right] \tag{3.24}$$

式(3.23) 和式(3.24) 就是单电极反应的电化学极化基本方程式。

当 $\eta > 2.3RT/nF$ 时,逆向反应速度可忽略,则式(3.23) 和式(3.24) 可简化为

$$i_A = i^0 \exp\left(\frac{2.3\eta_A}{b_A}\right) \tag{3.25}$$

$$i_C = i^0 \exp\left(\frac{2.3\eta_C}{b_C}\right) \tag{3.26}$$

或者

$$\eta_A = b_A \lg \frac{i_A}{i^0} \tag{3.27}$$

$$\eta_C = b_C \lg \frac{i_C}{i^0} \tag{3.28}$$

令

$$a_A = -b_A \lg i^0 \tag{3.29}$$

$$a_C = -b_C \lg i^0 \tag{3.30}$$

则式(3.27) 和式(3.28) 可写为

$$\eta_A = a_A + b_A \lg i_A \tag{3.31}$$

$$\eta_C = a_C + b_C \lg i_C \tag{3.32}$$

式(3.27)、式(3.28) 或式(3.29)、式(3.30) 都是塔费尔方程式。

3.4.2　活化极化控制下的腐蚀速度表达式

如图 3.14 所示,金属电化学腐蚀时,其表面同时进行两对或两对以上的电化学反应。如锌在无氧的酸中腐蚀时,锌表面有两对反应

$$Zn \underset{\overleftarrow{i_1}}{\overset{\overrightarrow{i_1}}{\rightleftharpoons}} Zn^{2+} + 2e^- \tag{3.33}$$

$$H_2 \underset{\overleftarrow{i_2}}{\overset{\overrightarrow{i_2}}{\rightleftharpoons}} 2H^+ + 2e^- \tag{3.34}$$

对于式(3.33)，在其平衡电位 $\varphi_{0,1}$ 下，氧化反应与还原反应速度相等，等于其交换电流 $\overrightarrow{i_1} = \overleftarrow{i_1} = i_1^0$，金属不腐蚀。如果溶液中氢气饱和且与 H^+ 进行可逆交换，即式(3.34)，在平衡电位 $\varphi_{0,2}$ 下，同样存在 $\overrightarrow{i_2} = \overleftarrow{i_2} = i_2^0$。实际上，锌在此溶液中上述两对反应都存在，而且两对反应的电极电位彼此相向移动，最后达到稳态腐蚀电位 φ_{corr}，在此电位下锌电极反应发生的阳极过电位为

$$\eta_{A1} = \varphi_{corr} - \varphi_{0,1} \tag{3.35}$$

导致锌的氧化反应速度 $\overrightarrow{i_1}$ 大于 Zn^{2+} 的还原反应速度 $\overleftarrow{i_1}$，有 Zn 的净溶解 $i_{A1} = \overrightarrow{i_1} - \overleftarrow{i_1}$。对于氢电极反应来说，发生了阴极极化，阴极过电位为

$$\eta_{C2} = \varphi_{0,2} - \varphi_{corr} \tag{3.36}$$

这使 H^+ 的还原速度 $\overleftarrow{i_2}$ 大于氢的氧化反应速度 $\overrightarrow{i_2}$，H^+ 的净还原反应速率 $i_{C2} = \overleftarrow{i_2} - \overrightarrow{i_2}$。

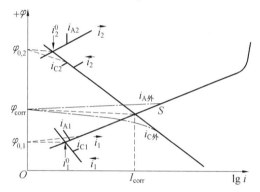

图 3.14　半对数腐蚀极化图

而 Zn 的净氧化反应速度 i_{A1} 等于 H^+ 的净还原反应速度 i_{C2}，结果造成锌的腐蚀，速度 i_{corr} 为

$$i_{corr} = i_{A1} = i_{C2} \tag{3.37}$$

$$i_{corr} = \overrightarrow{i_1} - \overleftarrow{i_1} = \overleftarrow{i_2} - \overrightarrow{i_2} \tag{3.38}$$

将单电极反应电化学极化方程式代入，可得腐蚀电流与腐蚀电位或过电位间的关系式

$$i_{corr} = i_1^0 \left\{ \exp\left[\frac{2.3(\varphi_{corr} - \varphi_{0,1})}{b_{A1}} \right] - \exp\left[-\frac{2.3(\varphi_{corr} - \varphi_{0,1})}{b_{C1}} \right] \right\} =$$
$$i_1^0 \left[\exp\left(\frac{2.3\eta_{A1}}{b_{A1}} \right) - \exp\left(-\frac{2.3\eta_{A1}}{b_{C1}} \right) \right] \tag{3.39}$$

或

$$i_{corr} = i_2^0 \left\{ \exp\left[\frac{-2.3(\varphi_{corr} - \varphi_{0,2})}{b_{C2}} \right] - \exp\left[\frac{2.3(\varphi_{corr} - \varphi_{0,2})}{b_{A2}} \right] \right\} =$$
$$i_2^0 \left[\exp\left(-\frac{2.3\eta_{C2}}{b_{C2}} \right) - \exp\left(\frac{2.3\eta_{C2}}{b_{A2}} \right) \right] \tag{3.40}$$

当 φ_{corr} 距 $\varphi_{0,1}$ 和 $\varphi_{0,2}$ 较远时，即过电位大于 $2.3RT/nF$ 时，则式(3.38)中的 $\overset{\leftarrow}{i_1}$ 和 $\overset{\rightarrow}{i_2}$ 可忽略，即

$$i_{corr} = \overset{\rightarrow}{i_1} = \overset{\leftarrow}{i_2} \tag{3.41}$$

式(3.39)和式(3.40)同样可简化为

$$i_{corr} = i_1^0 \exp\left[\frac{2.3(\varphi_{corr} - \varphi_{0,1})}{b_{A1}}\right] = i_1^0 \exp\left(\frac{2.3\eta_{A1}}{b_{A1}}\right) \tag{3.42}$$

或

$$i_{corr} = i_2^0 \exp\left[\frac{-2.3(\varphi_{corr} - \varphi_{0,2})}{b_{C2}}\right] = i_2^0 \exp\left(\frac{2.3\eta_{C2}}{b_{C2}}\right) \tag{3.43}$$

3.4.3 活化极化控制下腐蚀金属的极化曲线

对处于自腐蚀状态下的金属电极进行极化时，会影响电极上的电化学反应。比如，腐蚀金属进行阳极极化时，电位变正，将使电极上的净氧化反应速度($\overset{\rightarrow}{i_1} - \overset{\leftarrow}{i_1}$)增加，净还原反应速度($\overset{\leftarrow}{i_2} - \overset{\rightarrow}{i_2}$)减小，二者之差为外加阳极极化电流

$$i_{A外} = (\overset{\rightarrow}{i_1} - \overset{\leftarrow}{i_1}) - (\overset{\leftarrow}{i_2} - \overset{\rightarrow}{i_2}) = (\overset{\rightarrow}{i_1} + \overset{\rightarrow}{i_2}) - (\overset{\leftarrow}{i_1} + \overset{\leftarrow}{i_2}) \tag{3.44}$$

这可理解为：在阳极极化电位 φ_A 下，电极上通过的阳极极化电流等于电极上所有的氧化反应速度的总和 $\sum \vec{i}$ 减去所有还原反应速度的总和 $\sum \overset{\leftarrow}{i}$。

$$i_{A外} = \sum \vec{i} - \sum \overset{\leftarrow}{i} \tag{3.45}$$

同样，对腐蚀金属进行阴极极化时，电位负移，使金属净还原反应速度增加，净氧化反应速度减小(金属腐蚀速度下降)，二者之差为外加阴极极化电流

$$i_{C外} = (\overset{\leftarrow}{i_2} - \overset{\rightarrow}{i_2}) - (\overset{\rightarrow}{i_1} - \overset{\leftarrow}{i_1}) = (\overset{\leftarrow}{i_1} + \overset{\leftarrow}{i_2}) - (\overset{\rightarrow}{i_1} + \overset{\rightarrow}{i_2}) \tag{3.46}$$

亦即在阴极极化电位 φ_C 下

$$i_{C外} = \sum \overset{\leftarrow}{i} - \sum \vec{i} \tag{3.47}$$

当自腐蚀电位 φ_{corr} 距 $\varphi_{0,1}$ 和 $\varphi_{0,2}$ 较远时，忽略 $\overset{\rightarrow}{i_2}$ 和 $\overset{\leftarrow}{i_1}$，此时 $i_{corr} = \overset{\rightarrow}{i_1} = \overset{\leftarrow}{i_2}$。

同时式(3.44)和式(3.46)可简化为

$$i_{A外} = \overset{\rightarrow}{i_1} - \overset{\leftarrow}{i_2} \tag{3.48}$$

$$i_{C外} = \overset{\leftarrow}{i_2} - \overset{\rightarrow}{i_1} \tag{3.49}$$

假定相对于自腐蚀电位 φ_{corr} 的阳极过电位为 η_A，有

$$\eta_A = \varphi - \varphi_{corr} \tag{3.50}$$

则氧化反应速度 $\overset{\rightarrow}{i_1}$ 与过电位 η_A 的关系为

$$\overset{\rightarrow}{i_1} = i_{corr} \exp\frac{2.3\eta_A}{b_A} \tag{3.51}$$

对于阴极过电位 η_C(取 η_C 为正值)

$$\eta_C = \varphi_{corr} - \varphi \tag{3.52}$$

可得还原反应速度 $\overset{\leftarrow}{i_2}$

$$\overset{\leftarrow}{i_2} = i_{corr} \exp\frac{2.3\eta_C}{b_C} \tag{3.53}$$

同一极化电位下对氧化反应的 η_A 与对还原反应的 η_C 数值相等,符号相反,即 $\eta_A = \eta_C$,将式(3.51)、式(3.53)代入式(3.48)、式(3.49),则腐蚀金属阳极极化及阴极极化分别为

$$i_{A外} = i_{corr}\left[\exp\left(\frac{2.3\eta_A}{b_A}\right) - \exp\left(-\frac{2.3\eta_A}{b_C}\right)\right] \tag{3.54}$$

$$i_{C外} = i_{corr}\left[\exp\left(\frac{2.3\eta_C}{b_C}\right) - \exp\left(-\frac{2.3\eta_C}{b_A}\right)\right] \tag{3.55}$$

式中　　b_A、b_C——腐蚀金属阳极极化曲线和阴极极化曲线的塔费尔斜率,可由实验测得。

式(3.54)、式(3.55)为活化极化控制下金属腐蚀动力学基本方程式。图 3.15 中标有 $i_{A外}$ 和 $i_{C外}$ 的点划线为相应的极化曲线。塔费尔斜率也称为塔费尔常数,通常在 0.05 ~ 0.15 V 之间,一般取 0.1 V。式(3.54)、式(3.55)是实验测定电化学腐蚀速度的理论基础。

比较式(3.54)、式(3.55)与式(3.23)、式(3.24)可看出,其形式完全一样,只是 φ_{corr} 相当于单电极的平衡电位 φ_0,而 i_{corr} 相当于单电极反应的交换电流 i^0。因此,在这种情况下,一切测定 i^0 的方法,原则上都适用于测定金属的腐蚀速度 i_{corr}。但是,如果 φ_{corr} 距 $\varphi_{0,1}$ 或 $\varphi_{0,2}$ 很近(小于 $2.3RT/nF$),则式(3.44)、式(3.46)中的 i_2 或 i_1 不能忽略,这时腐蚀速度表达式要复杂得多。

应指出,上述公式推导中,假定金属均匀腐蚀,同时腐蚀体系的电阻可以忽略不计。均匀腐蚀意味着整个电极既是阳极又是阴极,即阴、阳极面积相等。对于局部腐蚀,一般阴、阳极面积不相等,但在自腐蚀电位下,阴极电流强度等于阳极电流强度。这时,把上述公式中的电流密度改为电流强度即可。

3.5　浓差极化控制下的腐蚀动力学方程式

3.5.1　稳态扩散方程式

当腐蚀电流进入阴极区时,由于阴极还原反应的进行,阴极去极化剂浓度下降,造成浓度梯度。在这种浓度梯度下,去极化剂从溶液深处向电极表面扩散。稳态时,从溶液深处扩散来的反应粒子完全补偿了电极反应所消耗的反应粒子。电极表面浓度降低,使阴极电位变负,这种极化称为浓差极化。

液相传质有三种方式,即对流、扩散和电迁移。距电极表面越近,对流速度越小。对于不带电荷的反应粒子(如 O_2)或有大量局外电解质存在的情况下,放电粒子的电迁移可忽略,这种情况下主要传质过程为扩散。

根据菲克(Fick)第一扩散定律,当只考虑一维扩散时,放电粒子通过单位截面积的扩散流量与浓度梯度成正比

$$J = -D\left(\frac{dC}{dX}\right)_{x\to 0} \tag{3.56}$$

式中　　J——扩散流量,$mol/(cm^2 \cdot s)$;

　　　　$(dC/dX)_{x\to 0}$——电极表面附近溶液中放电粒子的浓度梯度,mol/cm^4;

D—— 扩散系数,即单位浓度梯度下粒子的扩散速度,cm^2/s,它与温度、粒子的大小及溶液黏度等有关。

式中负号表示扩散方向与浓度增大的方向相反。

稳态扩散条件下,$(dC/dX)_{x\to 0}$ 为常数

$$\left(\frac{dC}{dX}\right)_{x\to 0} = \frac{C^0 - C^S}{\delta} \tag{3.57}$$

式中　C^0—— 溶液深处的浓度,近似平均浓度;

　　　C^S—— 电极表面浓度;

　　　δ—— 扩散层有效厚度。

扩散电流密度 i_d 与扩散流量之间可建立以下关系:

$$i_d = -nFJ \tag{3.58}$$

式中负号表示反应粒子移向电极表面。将式(3.55)、式(3.56)代入,可得

$$i_d = nFD\left(\frac{dC}{dX}\right)_{x\to 0} = nFD\frac{C^0 - C^S}{\delta} \tag{3.59}$$

忽略放电粒子的电迁移,则整个电极反应的速度等于扩散速度。阴极电流密度 i_C 就等于阴极去极化剂的扩散速度 i_d

$$i_C = i_d = nFD\frac{C^0 - C^S}{\delta} \tag{3.60}$$

随着阴极电流密度的增加,电极表面附近放电粒子的浓度 C^S 降低。极限情况下,$C^S = 0$。这时扩散速度达到最大值,对应的极限扩散电流密度为

$$i_L = \frac{nFDC^0}{\delta} \tag{3.61}$$

可见,极限扩散电流密度与放电粒子的整体浓度 C^0 成正比,与扩散层有效厚度成反比。加强溶液搅拌,δ 变小,可使 i_L 增大。

将式(3.60)改写,并将式(3.61)代入,可得

$$i_C = \frac{nFDC^0}{\delta}\left(1 - \frac{C^S}{C^0}\right) = i_L\left(1 - \frac{C^S}{C^0}\right) \tag{3.62}$$

或

$$C^S = C^0\left(1 - \frac{i_C}{i_L}\right) \tag{3.63}$$

因扩散过程为整个电极过程的控制步骤,意味着电极反应本身仍处于可逆状态,能斯特方程式仍适用,所以,电极上有电流通过时,电极电位为

$$\varphi = \varphi_0^{\ominus} + \frac{RT}{nF}\ln C^S$$

将式(3.63)代入,得

$$\varphi = \varphi_0 + \frac{RT}{nF}\ln C^0 + \frac{RT}{nF}\ln\left(1 - \frac{i_C}{i_L}\right)$$

由于无浓差极化时的平衡电位 φ_0 为

$$\varphi_0 = \varphi_0^\ominus + \frac{RT}{nF}\ln C^0$$

故　　　　$$\varphi = \varphi_0 + \frac{RT}{nF}\ln\left(1 - \frac{i_C}{i_L}\right)$$

或　　　　$$\varphi = \varphi_0 + \frac{2.3RT}{nF}\lg\left(1 - \frac{i_C}{i_L}\right) \tag{3.64}$$

浓差极化时的 $\varphi_C = \varphi - \varphi_0$，所以

$$\varphi_C = \frac{2.3RT}{nF}\lg\left(1 - \frac{i_C}{i_L}\right) \tag{3.65}$$

这就是浓差极化方程式。相应的极化曲线如图 3.15 中的 $\varphi_{0,C}BS$ 所示。

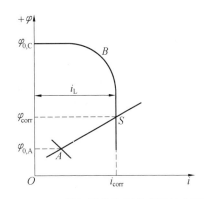

图 3.15　阴极扩散控制的腐蚀极化图

3.5.2　浓差极化控制下的腐蚀速度表达式

图 3.15 所示为阳极过程金属的活性溶解,阴极过程为氧的扩散控制的腐蚀极化图。这时金属的腐蚀速度受氧的扩散速度控制。这相当于式(3.37) 中 i_{C2} 等于氧的极限扩散电流,是与电位无关的恒量

$$i_{C2} = i_L = \frac{nFDC^0}{\delta} \tag{3.66}$$

代入式(3.37),可得阴极扩散控制下的腐蚀速度

$$i_{corr} = i_{C2} = i_L = \frac{nFDC^0}{\delta} \tag{3.67}$$

式中　　C^0—— 阴极去极化剂的整体浓度;

　　　　D—— 扩散系数;

　　　　δ—— 扩散层有效厚度。

由式(3.67) 可见,对于扩散控制的腐蚀体系,影响 i_L 的因素,也就是影响腐蚀速度的因素,故:

① i_{corr} 与 C^0 成正比,即去极化剂浓度降低,会使腐蚀速度减小。

② 搅拌或增加溶液流速,会减小扩散层厚度,增大极限扩散电流密度 i_L,因而加速腐蚀。

③ 降低温度,会使扩散系数 D 减小,使腐蚀速度变慢。

3.5.3　浓差极化控制下腐蚀金属的极化曲线

对于阴极扩散控制的腐蚀金属体系,式(3.48) 中的 i_2 等于极限扩散电流 i_L。这意味着式(3.54) 中 $b_C \to \infty$。因此,式(3.54) 简化为

$$i_{A外} = i_{corr}\left[\exp\left(\frac{2.3\eta_A}{b_A}\right) - 1\right] \tag{3.68}$$

这是阴极过程为浓差控制时的阳极极化曲线方程式,是式(3.54) 的特殊形式。

如 3.4 节指出的那样,这些公式的推导是在假定溶液电阻可忽略不计,而且是均匀腐蚀的前提下,如果是局部腐蚀,则电流密度应改为电流强度。

3.6　腐蚀速度的电化学测定方法

金属腐蚀实验方法种类繁多。按试样与环境的相互关系,可分为实验室实验、现场实验和实物实验;按实验方法的科学范畴,可分为物理、化学和电化学的实验方法;按实验结果,可分为定性分析和定量测量等。

实验室实验是将专门制备的小型金属试样在人造的受控环境(介质)下进行的腐蚀实验。其优点是可充分利用实验室测试仪器及控制设备的精确性、试样的大小和形状可自由选择,可严格地分别控制各个影响因素,实验周期较短,结果重现性好。因此,实验室实验被广泛地用于测定金属腐蚀速度,评选金属材料、涂层和缓蚀剂的优劣,还可进行腐蚀机理的研究和各种防护方法的探索。实验室实验又可分为模拟实验和加速实验。实验室模拟实验是在实验室的小型模拟装置中,尽可能精确地模拟自然环境或生产中遇到的介质和条件而进行的实验。这种方法如果设计合理,将得到比较可靠的结果,但实验周期长、费用高。实验室加速实验是在不改变腐蚀机理的前提下,强化一个或少数几个控制因素,以便在较短的时间内评定出材料、涂层、缓蚀剂的优劣,用于筛选材料和检验产品质量。

现场实验是把专门制备的金属试样置于实际应用条件(自然环境或工业生产条件)下进行的实验。其最大特点是环境的真实性,实验结果比实验室实验可靠,而且方法也简单方便。但缺点是环境因素无法控制,腐蚀条件变化大、实验周期长、试样易失落,实验结果的重现性较差,而且试样与实物之间毕竟有许多差异。因此,现场实验结果若不足以得出重要结论的话,就需要进一步做实物实验。

实物实验是将所要实验的实物部件、设备或小型实验性装置在实际使用环境下进行的实验。这种方法周期长、费用高,只有在一些重要材料和设备耐蚀性的最终考核时应用。

金属腐蚀速度的测定方法也很多,失重法仍然是普遍采用的方法之一。虽然准确可靠,但实验周期长,且需做多组平行实验。

在此就实验室广泛采用的电化学测量方法,从测量原理、操作要点、仪器构成及数据处理等测量基础问题做简要描述。

测定腐蚀速度的电化学方法有塔费尔直线外推法、线性极化法、三点法、恒电流暂态法、交流阻抗法等。这些方法都是根据腐蚀电化学原理,以腐蚀动力学方程式(3.54)、式(3.55)及式(3.67)为基础的实验方法。

在涉及腐蚀电化学的讨论过程中,频繁地提到了"极化"的概念,实质上电极极化包括两种情形:① 在自腐蚀条件下电极偏离平衡电位的程度;② 为了测量电化学参数,通过辅助电极人为地改变电极电位偏离自腐蚀电位。后者常称为外加极化,图3.16所示为外加极化测量电化学参数的等效电路。

依据外加极化与测量的同步性,可将这类测量分为稳态极化测量和暂态测量两大类。如图3.16所示,电极 A、C、R 分别为腐蚀体系的阳极、阴极与测试所需的辅助电极。K 闭合后,被测腐蚀体系将由原稳定态通过某类规律经过一段时间后过渡到一个新的稳定态。所谓稳态极化测量就是为避开外极化对腐蚀体系产生"扰动"的时间段,获得不含有建立双电层充电过渡过程影响的、仅描述金属离子溶解速度的外电流值,即腐蚀体系达到新的稳定态

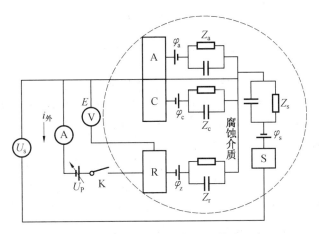

图 3.16　外加极化测量体系的等效电路

以后所进行的测量分析。相反,当需要研究双电层建立过程、腐蚀介质的性质或钝化膜形成等更复杂的电化学腐蚀规律时,可采用暂态测量的手段,即在开关 K 闭合的瞬间,立即测量,并记录测量参量与时间的关系。在此,首先讨论稳态极化测量。图 3.17 所示为稳定态极化测量方法的分类示意图。图中的各曲线,描述了对研究电极施加外极化的供电方式。不同极化方式,对应不同的测量数据处理方法。

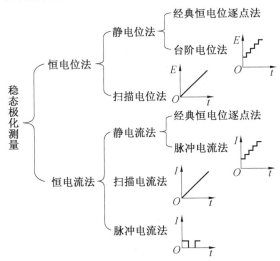

图 3.17　稳态极化测量方法分类

3.6.1　塔费尔直线外推法

当过电位足够大时($\eta > 50 \text{ mV}$),金属腐蚀速度基本方程式(3.54)和式(3.55)的后项可忽略不计。于是式(3.54)和式(3.55)可简化为

$$i_{A外} = i_{corr}\exp\left(\frac{2.3\eta_A}{b_A}\right)$$

或

$$\eta_A = -b_A \lg i_{corr} + b_A \lg i_{A外} \qquad (3.69)$$

$$i_{C外} = i_{corr} \exp\left(\frac{2.3\eta_C}{b_C}\right)$$

或 $\qquad\qquad \eta_C = -b_C \lg i_{corr} + b_C \lg i_{C外} \qquad (3.70)$

式(3.69)和式(3.70)为过电位与极化电流间的半对数关系。根据此二式,将 η 对 $\lg i$ 作图,可得两条直线,称为塔费尔直线。极化曲线的这一区段称为塔费尔区,也称为强极化区。b_A 和 b_C 是塔费尔常数,也就是塔费尔直线的斜率。

可见,正如图3.18所示,在强极化区,外加极化电流 $i_{A外}$ 和 $i_{C外}$ 分别与腐蚀体系的阳极电流 i_A(或金属氧化反应速度 $\overset{\rightarrow}{i_1}$)和阴极电流 i_C(或去极化反应速度 $\overset{\leftarrow}{i_2}$)重合。因此,两条塔费尔直线的交点,或其延长线与 $\varphi = \varphi_{corr}$ 水平直线的交点,就是金属阴极溶解电流 $\overset{\rightarrow}{i_1}$ 与去极化剂还原电流 $\overset{\leftarrow}{i_2}$ 的交点。在交点处 $\overset{\rightarrow}{i_1} = \overset{\leftarrow}{i_2}$,即金属阳极溶解速度与去极化剂还原速度相等,外电流为零,金属腐蚀达到相对稳定。此点的电流即为金属腐蚀电流 i_{corr}。

根据这一原理测定金属腐蚀体系的 $\varphi - \lg i$ 极化曲线(图3.18)。在极化曲线上找到塔费尔直线段,由直线段的斜率可求出 b_A 和 b_C,由阴、阳极两塔费尔直线延长线的交点可得 i_{corr}(图3.18(a))。或者分别将阳极或阴极的塔费尔直线外推到与 $\varphi = \varphi_{corr}$ 的水平直线相交,由交点对应的电流可得 i_{corr}(图3.18(b)或(c))。

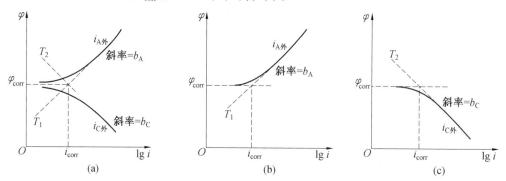

图 3.18　塔费尔直线外推法求解自腐蚀电流

塔费尔直线外推法,常用于测定酸性溶液中的金属腐蚀速度及评定缓蚀剂在特定腐蚀条件下对金属腐蚀速度的影响程度。因为这种情况下容易测得极化曲线的塔费尔直线段,而且同时可测得 φ_{corr}、i_{corr}、b_A 或 b_C,也便于研究缓蚀剂对这些动力学参数的影响。图3.19所示为锌在质量分数20%的 NH_4Cl 水溶液及添加有质量分数为0.5%的 TX-10 缓蚀剂的溶液中阴、阳极极化曲线,依据塔费尔外推法可测出添加缓蚀剂对 Zn 在此溶液中的腐蚀速度的影响,并可算出缓蚀剂的缓蚀效率(在9.2节详细讨论)。

塔费尔直线外推法的主要缺点,首先是对腐蚀体系极化较强、电极电位偏离自腐蚀电位较远,对腐蚀体系的干扰太大。例如,测定阳极极化曲线时可能出现钝化,测定阴极极化曲线时材料表面原有的氧化膜可能还原甚至可能达到其他去极化剂的还原电位而引起新的还原反应,从而改变极化曲线的形状,造成大的误差。其次,由于极化到塔费尔直线段所需电流较大,易引起电极表面的状态、真实表面积和周围介质的显著变化;而且大电流作用下溶液欧姆电位降对电位测量和控制的影响较大,可能使塔费尔直线变短,也可能使本来弯曲的极化曲线部分变直,从而对测得的 i_{corr} 带来误差。最后,由于有些腐蚀体系的塔费尔直线段不甚明显,在用外推法作图时容易引起一定的人为误差。要得到满意的结果,塔费尔区至少要有一个数量级以上的电流范围。但在许多体系中,由于浓差极化或阳极钝化等因素的干扰,往往得不到这种结果。

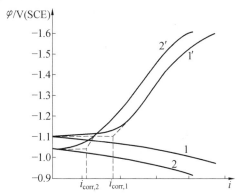

图 3.19　锌在质量分数为 20% 的 NH_4Cl 中的极化曲线

1— 无添加剂;2— 添加质量分数为 0.5% 的 TX – 10 缓蚀剂

3.6.2　线性极化法

线性极化法是 Stern 等人于 1957 年最早提出并发展起来的一种快速而有效的腐蚀速度测试方法。这一方法是在过电位很小($\eta < 10\ \text{mV}$) 的条件下,以过电位与极化电流呈线性关系作为理论根据的。

由金属腐蚀动力学基本方程式(3.55) 可知,若将其指数项以级数展开(即 $e^x = 1 + x + x^2/2! + x^3/3! + \cdots$),因 η 值很小,可将级数中的高次项忽略,于是得到

$$i_{C外} = i_{corr}\left(\frac{2.3\eta_C}{b_C} + \frac{2.3\eta_C}{b_A}\right) = \left(\frac{2.3}{b_C} + \frac{2.3}{b_A}\right) i_{corr}\eta_C \tag{3.71}$$

$$i_{corr} = \frac{b_C b_A}{2.3(b_C + b_A)} \cdot \frac{i_{C外}}{\eta_C} \tag{3.72}$$

由式(3.71) 可见, $i_{C外}$ 与 η_C 成正比,也就是说,在 $\eta < 10\ \text{mV}$ 内极化曲线为直线。直线的斜率称为极化电阻 R_P ,即

$$R_P = \left(\frac{\mathrm{d}\eta_C}{\mathrm{d}\eta_{C外}}\right)_{\eta \to 0} \tag{3.73}$$

由式(3.72) 和式(3.73) 可得

$$i_{corr} = \frac{b_C b_A}{2.3(b_C + b_A)} \cdot \frac{1}{R_P} \tag{3.74}$$

若对腐蚀金属进行小幅度的阳极极化($\eta < 10\ \text{mV}$),可得到同样的结果

$$i_{corr} = \frac{b_C b_A}{2.3(b_C + b_A)} \cdot \frac{i_{A外}}{\eta_A} \tag{3.75}$$

同样令

$$R_P = \left(\frac{d\eta_A}{d\eta_{A\text{外}}} \right)_{\eta \to 0}$$

则得到与式(3.74)同样的结果。

若令
$$B = \frac{b_C b_A}{2.3(b_C + b_A)} \tag{3.76}$$

则
$$i_{corr} = \frac{B}{R_P} \tag{3.77}$$

式(3.74)或式(3.77)就是线性极化法的基本公式(Stern公式)。由此式可见,腐蚀速度与极化电阻 R_P 成反比。R_P 越大,i_{corr} 就越小,当实验测得 R_P 和 b_A、b_C 后就可求得腐蚀速度 i_{corr}。由于小幅度极化时,过电位与极化电流呈线性关系,其直线的斜率为极化电阻 R_P,因此这种方法称为线性极化法或极化电阻法。测定 b_A 和 b_C 的方法有多种:

① 测定腐蚀体系的阳极和阴极极化曲线,由塔费尔直线段的斜率可求出 b_A 和 b_C。

② 利用弱极化区三点法可求出 b_A 和 b_C。

③ 若已知电极反应的动力学参数 α 和 β,则可用式(3.21)和式(3.22)计算出 b_A 和 b_C。

腐蚀体系不同,b_A 和 b_C 也各不相同。对于铁及铁基合金,一般来说,b_A 较小,在 0.03 ~ 0.10 V 之间;b_C 稍大,在 0.09 ~ 0.14 V 之间。当 b_A 和 b_C 难于求得时,可假定 $b_A = b_C = 0.1$ V,近似计算 i_{corr};也可用失重法测得腐蚀速度,用式(1.6)换算成 i_{corr},然后根据测得的 R_P,用式(3.77)求 B 值。同类体系 B 为常数,因此可利用测得的 R_P,用式(3.77)计算这类体系的 i_{corr}。

测量极化电阻的方法也很多,在此讨论两种应用比较普遍的测量方法。

1. 直流线性极化法

直流线性极化法首先测出腐蚀体系在 φ_{corr} 附近的极化曲线 $\varphi - i$,找出 φ_{corr} 附近的直线段,即线性极化区,求出该直线段的斜率即极化电阻 R_P。图 3.20 所示是用动电位扫描法测得的 430 不锈钢在 0.05 mol/L H_2SO_4 中的极化曲线。由自腐蚀电位 $\varphi_{corr} = -522$ mV(SCE)附近直线段的斜率可求得 $R_P = 7.53$ $\Omega \cdot cm^2$。已测知 $b_A = 79$ mV,$b_C = 108$ mV,可算出 $I_{corr} = 2.64$ mA/cm^2。

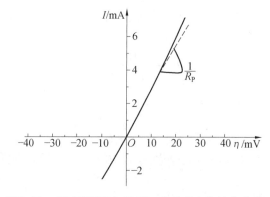

图 3.20　430 不锈钢在 H_2SO_4 中的动电位极化曲线

2.交流方波法

交流方波法又分为方波电流法(恒电流方波法)和方波电位法(恒电位方波法),后者应用更广泛。为了快速测得瞬时腐蚀速度,已根据方波电流原理设计出了 FC 型腐蚀仪,根据方波电位法原理设计制造出了 FSY 型腐蚀仪等产品。这些仪器都可直接读出极化电阻 R_p 或腐蚀电流密度 i_{corr} 的数值,具有快速、实用、灵敏、方便的优点,可用于连续自动记录和现场监测。由于外加极化信号微弱,不会因测量而引起腐蚀体系的显著变化,因而应用广泛。

用交流方波法测定腐蚀速度应注意以下几点:

(1)必须用小幅度方波。

η 不得超过 10 mV,以满足线性极化的要求。方波电位法比方波电流法更易做到这一点。

(2)方波频率选择要适当。

原则上,要使每半周期结束时,暂态波形接近稳态值,以排除双电层充电电流的影响。否则,频率太高,达不到稳态值就换向了,结果测得的 R_p 偏低;反之,若频率太低,单向极化时间太长,浓差极化的影响可能增大,电极表面状态及周围介质变化的积累增大,自腐蚀电位还可能漂移,这都会增大测量误差。

对于电化学极化控制的腐蚀过程,达到稳态所需的时间约为电极时间常数 τ 的 5 倍。$\tau = R_p C_d$,C_d 为电极双电层电容。因此方波半周期 $\tau_\mp$ 应大于或等于 5τ,因此方波频率 f 应为

$$f \leqslant \frac{1}{10 R_p C_d} \tag{3.78}$$

可见,方波频率应随腐蚀体系不同而选定。腐蚀速度大者,R_p 小,方波频率应选高些;反之,腐蚀速度低的体系,R_p 大,f 应选低些。通常频率在 0.01 ~ 100 Hz 范围内选定。

(3)方波法测定 R_p。

二电极或三电极体系均可,但需考虑溶液欧姆电位降的问题。一般在腐蚀仪中设有溶液电阻补偿电路来消除欧姆电位降的影响,在三电极体系中可用鲁金毛细管来减小溶液的欧姆电位降。

(4)减小腐蚀电位漂移的影响。

测量前应将电极放入溶液中浸泡一定的时间,待自腐蚀电位稳定后再进行测量。有些腐蚀仪中设有腐蚀电位自动跟踪器,来消除自腐蚀电位漂移的影响。

线性极化法主要用于测定金属在电解液中的均匀腐蚀速度、研究影响腐蚀的各种因素、筛选钢种、评定各种金属材料和镀层的抗蚀性、评选缓蚀剂并研究最佳用量,还可用于观测现场使用效果等。

3.6.3　三点法

测定腐蚀速度的弱极化区三点法是 Barnartt 于 1970 年提出的。这种方法没有像线性极化法和塔费尔直线外推法那样经过近似简化处理,因此是普遍运用的精确方法。三点法是利用过电位为 10 ~ 70 mV 范围内的极化数据求腐蚀速度,因而也称为弱极化法。这种方法可避免强极化法对腐蚀体系过分的扰动,又可同时测出 i_{corr}、b_A 和 b_C,而不必像线性极化法那样,须由另外的方法测得 b_A 和 b_C 才能求 i_{corr}。

如图 3.21 所示,在弱极化区对任一选定的过电位 η 测定三个相关的数据点 $A_1(\eta, i_{A,\eta})$、$C_1(\eta, i_{C,\eta})$ 和 $C_2(2\eta, i_{C,2\eta})$,根据腐蚀速度基本方程式(3.54) 和式(3.55) 可得

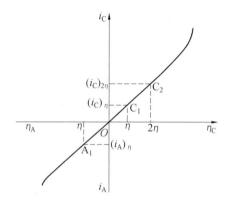

$$i_{A,\eta} = i_{corr}\left(\frac{1}{10^{\frac{\eta}{b_A}}} - \frac{1}{10^{-\frac{\eta}{b_C}}}\right) \quad (3.79)$$

$$i_{C,\eta} = i_{corr}\left(10^{\frac{\eta}{b_C}} - 10^{-\frac{\eta}{b_A}}\right) \quad (3.80)$$

$$i_{C,2\eta} = i_{corr}\left(10^{\frac{2\eta}{b_C}} - 10^{-\frac{2\eta}{b_A}}\right) \quad (3.81)$$

令

图 3.21　三点法图解

$$x = 10^{\frac{\eta}{b_C}}, \quad y = 10^{-\frac{\eta}{b_A}}, \quad \gamma = \frac{i_{C,\eta}}{i_{A,\eta}}, \quad s = \frac{i_{C,2\eta}}{i_{C,\eta}}$$

则

$$\gamma = \frac{i_{corr}(x - y)}{i_{corr}\left(\frac{1}{y} - \frac{1}{x}\right)} = xy \quad (3.82)$$

$$s = \frac{i_{corr}(x^2 - y^2)}{i_{corr}(x - y)} = x + y \quad (3.83)$$

由式(3.82) 和式(3.83) 可解得

$$x - y = \sqrt{(x + y)^2 - 4xy} = \sqrt{s^2 - 4\gamma} \quad (3.84)$$

$$x = \frac{1}{2}\left[(x + y) + (x - y)\right] = \frac{1}{2}(s + \sqrt{s^2 - 4\gamma}) \quad (3.85)$$

$$y = \frac{1}{2}\left[(x + y) - (x - y)\right] = \frac{1}{2}(s - \sqrt{s^2 - 4\gamma}) \quad (3.86)$$

因此,可由三点的实验数据 $\eta, i_{A,\eta}, i_{C,\eta}$ 和 $i_{C,2\eta}, b_A$ 和 b_C 得

$$i_{corr} = \frac{i_{C,\eta}}{x - y} = \frac{i_{C,\eta}}{\sqrt{s^2 - 4\gamma}} \quad (3.87)$$

$$b_C = \frac{\eta}{\lg x} = \frac{\eta}{\lg(s + \sqrt{s^2 - 4\gamma}) - \lg 2} \quad (3.88)$$

$$b_A = \frac{-\eta}{\lg y} = \frac{-\eta}{\lg(s - \sqrt{s^2 - 4\gamma}) - \lg 2} \quad (3.89)$$

若用作图法可得到更可靠的结果。即在弱极化区每指定一个 η 值,可测得 A_1、C_1 和 C_2 三点实验数据,从而有一组数据(η_1、$i_{C,\eta1}$、γ_1 和 s_1),改变 η 值可测得另一组数据。将该系列数据的 $\sqrt{s^2 - 4r}$ 对 i_C 作图,可得图 3.22 所示的一条直线。由式(3.87) 可知,该直线斜率的倒数就是金属腐蚀速度 i_{corr}。按照式(3.88) 和式(3.89),将 $\lg(s + \sqrt{s^2 - 4r}) - \lg 2$ 和 $\lg(s - \sqrt{s^2 - 4r}) - \lg 2$ 分别对 η 作图,可得如图 3.23 所示的两条直线,其斜率即为 b_A 和 b_C。

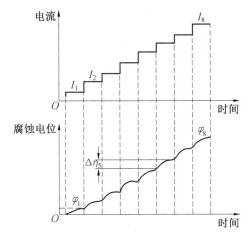

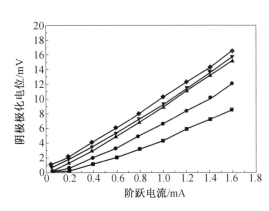

图 3.22　暂态线性极化电流阶跃及测量时序　　　图 3.23　暂态线性极化法所获得的极化曲线

3.6.4　暂态测量

1. 暂态测量技术简介

暂态测量技术,是指在外加极化施加扰动的瞬间即开始连续测量腐蚀体系的响应,测量与记录持续至扰动结束或达到稳态。稳态和暂态是相对于测量信号的稳定程度区分的,从理论上讲不存在绝对的稳态。即一个实际的腐蚀体系,无论是否进行外极化,其电化学腐蚀参数,如电极电位、腐蚀电流、反应物及反应产物的浓度分布、电极表面状态等均随时间而按一定规律变化。当外加极化扰动所引起的各参数变化趋于恒定,则可称为稳态;而扰动初期,各参数变化比较明显的阶段称为暂态。

采用暂态技术所获得的测量结果,不仅可解析出极化图中的特征变量,而且对研究腐蚀电极的比表面状态、活性物质在电极表面的吸附、界面电容的测定等都具有十分重要的意义。

如图 3.22 所示,若利用电位阶跃法,则可通过分析响应曲线的时间常数,获得研究电极的等效电容。此值可表征双电层厚度、防腐蚀涂层的介电性质等现代腐蚀研究的许多重要参数。尤其对于腐蚀电阻或界面电容较大的腐蚀体系,由于达到稳态所需的时间很长,致使稳态测量过程所需的极化与测量时间较长,由此引起的电极表面状态变化、自腐蚀电位漂移等造成的测量误差急剧增长。为此,在 1966 年 Jones 和 Greene 提出暂态线性极化测量技术。

暂态测量技术的本质,就是依据图 3.22 的等效电路,按不同扰动方式,利用电子线路中有关阻、容电路的过渡过程分析含有时间参量的解析表达式,获得界面电容 C_D、极化电阻 R_p 等电化学腐蚀动力学参量。

2. 电化学暂态测试方法分类

施加于研究体系的扰动方式,包括电位扰动、电流扰动和电量扰动等,共计30余种。其中,可以比较容易获得响应与时间微分方程解的有十几种,其典型特征见表 3.1。

表 3.1　金属 M 在含铁盐酸溶液中的腐蚀极化图

测量方法		扰动	典型响应
电位扰动	电位单阶跃	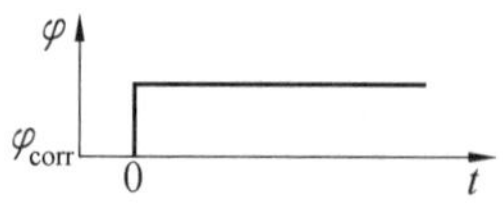	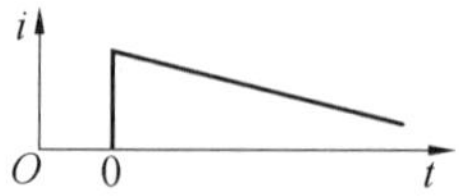
	电位双阶跃	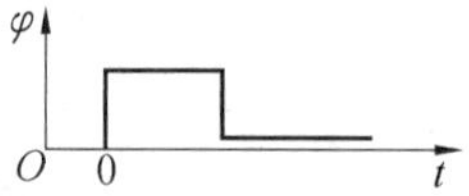	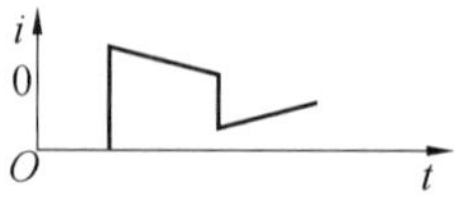
	线性扫描伏安法		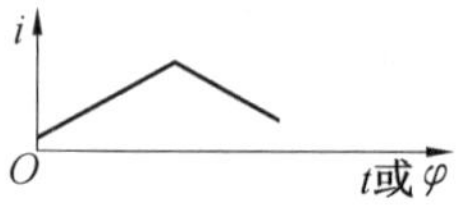
	循环伏安法	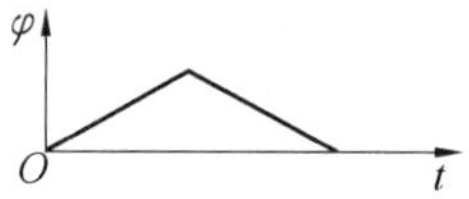	
	正弦电位无偏置阻抗技术	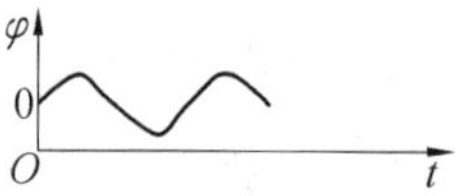	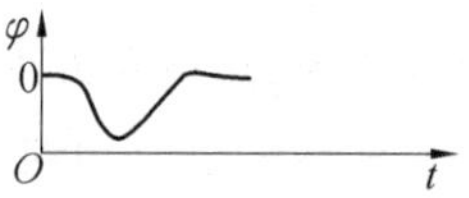
	带直流斜坡偏置的阻抗技术	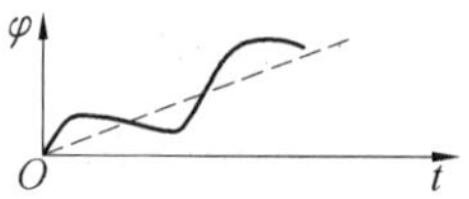	
电流扰动	电流单阶跃	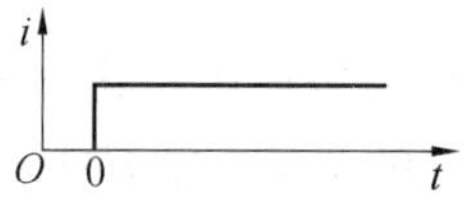	
	电流双阶跃	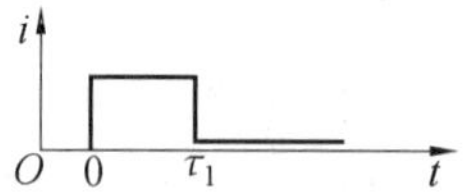	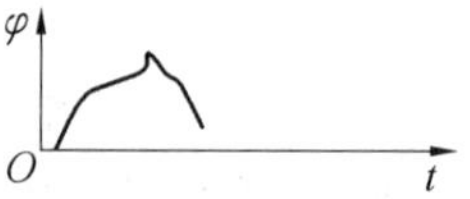
	交流阻抗	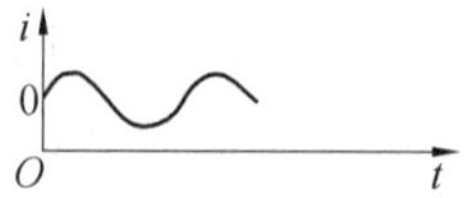	

3. 暂态线性极化测试方法

如图 3.22 所示,以 $I_n = n \cdot I_1$ 的规律,对腐蚀体系施加阶跃式电流极化,脉冲宽度可依据腐蚀体系的时间常数在数秒至几十分钟之间确定。测试参数为腐蚀电位。不要求连续测量腐蚀电位,只要在选定的时刻可以准确读出腐蚀电位值即可,如图 3.22 所示。

暂态线性极化测量原理基于:在确定的阶跃延迟间隔时间,不同阶跃电流所测腐蚀电位与该极化电流下对应的稳态腐蚀电位间的差值 $\Delta \eta_i$ 随阶跃次数 i 的增加而趋于一恒定值 $\Delta \eta_m$,并有

$$\Delta \eta_{\mathrm{m}} = \frac{I_1 R_{\mathrm{P}} \exp\left(-\dfrac{t}{R_{\mathrm{P}} C_{\mathrm{d}}} \right)}{1 - \exp\left(-\dfrac{t}{R_{\mathrm{P}} C_{\mathrm{d}}} \right)} \tag{3.90}$$

式中　　I_1、R_{P} 和 C_{d}——第一个阶跃化电流值、腐蚀电阻及双电层电容。

当阶跃次数足够多时,各阶跃点测得的腐蚀电位与稳态腐蚀电位的差值趋于常数。这就意味着,这种暂态测量方法所获得的极化电流与腐蚀电位的关系曲线与稳态曲线将趋于平行,该曲线的斜率,即可表征稳态下的腐蚀电阻 R_{P}。图 3.23 为 304 不锈钢在 1 mol/L 的 H_2SO_4 中采用暂态线性极化法获得的极化曲线,试样面积 1.566 cm^2。

由图可见,对于此特定的腐蚀体系,当阶跃极化电流脉宽超过 15 min,阶跃延迟 15 min 测量腐蚀电位,阶跃次数超过 3 时,极化曲线后段的斜率就可以比较准确地对应腐蚀电阻 R_{P}。按此方法所得的 R_{P} 为 12.9 MΩ。再由式(3.23),即可获得双电层容值 C_{d},此体系的 C_{d} 为 94 μF。

暂态线性极化测试方法适用于腐蚀速度低的一类腐蚀体系,且极化曲线在 φ_{corr} 附近呈线性。在使用此测试方法时,需注意阶跃极化电流的最大值不得导致腐蚀电位极化值超过 20 mV,否则可能引起电化学腐蚀机制发生变化,并导致得出错误的测量结果。

4. 其他暂态测试技术

除了以上介绍的电流阶跃式暂态线性极化测试方法外,目前广泛使用的暂态测试方法还有许多种,如充电曲线法恒电量法,以及属于暂态非线性极化测试技术的微分极化电阻法、二次谐波法和法拉第整流法。此外,随着计算机和电子技术的快速发展,测试仪器更为复杂的交流阻抗分析技术也日益为电化学腐蚀研究领域所接受。

无论哪一种具体的暂态测试方法,其基本测试原理均基于图 3.23 的测试回路的等效电路,在阶跃式或正弦波极化状态下,通过测试此类 $R - C$ 回路的响应,依据电子线路的基本原理,最终获得 R_{P} 和 C_{d} 等电化学腐蚀参量。有关其他暂态测试技术的具体方法和测量原理此处从略,相关内容可查阅相关文献。

3.7　混合电位理论的应用

3.7.1　腐蚀电位

通常腐蚀介质中开始并不含有腐蚀金属的离子,随着腐蚀的进行,电极表面附近该种金属的离子会逐渐增多,腐蚀电位随时间发生变化。一定时间后,腐蚀电位趋于稳定,这时的电位可称为稳定电位,但不是可逆平衡电位。因为金属仍在不断地溶解,而阴极去极化剂(腐蚀剂)仍在不断地消耗,不存在物质的可逆平衡,可见自腐蚀电位是不可逆的,多数体系与标准平衡电位有较大偏差。因此,腐蚀电位的大小,只能用实验测定,不能用能斯特方程式计算。

从混合电位理论可知,腐蚀电位实质上是腐蚀体系的混合电位。它处于该金属的平衡电位与腐蚀体系中还原反应的平衡电位之间。对于强阴极控制下的腐蚀,如图 3.13 所示,腐蚀电位靠近该体系中金属的平衡电位,可用计算出的平衡电位粗略地估计其腐蚀电位。如果能根据腐蚀速度估算出该金属腐蚀时的过电位 $\eta_A = b_A \lg(i_{corr}/i_0)$,则可较准确地估算出该金属的腐蚀电位

$$\varphi_{corr} = \varphi_{0,A} + \eta_A = \varphi_A^\ominus + \frac{2.3RT}{nF}\lg[M^{n+}] + b_A\lg\frac{i_{corr}}{i^0} \qquad (3.91)$$

$[M^{n+}]$ 可按 10^{-6} mol/L 估算。

Fe 在中性溶液中的电位可按照第二类可逆电极进行计算。因为腐蚀生成的 Fe^{2+} 与溶液中的 OH^- 相遇,当达到 $Fe(OH)_2$ 的溶度积时可产生 $Fe(OH)_2$ 沉淀,形成 $Fe/Fe(OH)_2 \cdot OH^-$ 第二类电极。Fe 在此条件下的腐蚀电位为 $-0.3 \sim -0.5$ V(SHE)。在 3.3 节中计算出 Fe 在 25 ℃、质量分数为 3% NaCl 溶液中的平衡电位为 -0.46 V(SHE)。

如果溶液中含络合剂,则游离金属离子的浓度将变得非常低,由能斯特公式可知,该金属的平衡电位将强烈地移向负方。因此,在阴极控制下,金属的腐蚀电位会相当低。

如果金属表面形成钝化膜,常常使金属的腐蚀电位强烈地移向正方。这种电位的正移可认为是由于氧化膜(或充以电解液的多孔膜)中的离子电阻引起的阳极极化和欧姆极化造成的,这种情况下腐蚀多为阳极控制。如图 3.13 所示,这时腐蚀电位靠近还原反应的平衡电位,远偏离该金属的平衡电位。如质量分数为 3% 的 NaCl 溶液中,Ti 的腐蚀电位为 $+0.37$ V,比其标准电位(-1.63V)高 2 V;Al 的腐蚀电位(-0.53 V)比其标准电位(-1.67 V)高 1.14 V(表 2.2)。这些现象不难用混合电位理论加以解释。混合电位理论提供了理解和分析腐蚀电位及其变化的理论基础。

3.7.2　多种阴极去极化反应的腐蚀行为

设金属 M 在含氧化剂(Fe^{3+})的酸中腐蚀,如图 3.24 所示。因为腐蚀由活化极化控制,故用半对数坐标系,过电位与 $\lg i$ 呈直线关系。图中标出了体系中三套氧化 – 还原反应的可逆电位 $\varphi_{0,M}$、$\varphi_{0,H}$、$\varphi_{0,Fe^{2+}/Fe}$,交换电流密度 i^0_{M/M^+}、$i^0_{H_2/H^+(M)}$ 和 $i^0_{Fe^{2+}/Fe^{3+}(M)}$ 以及代表各反应的半对数极化曲线:

$\vec{i}_1$ 表示 $M \longrightarrow M^+ + e^-$ 　　$\overleftarrow{i}_1$ 表示 $M^+ + e^- \longrightarrow M$

$\vec{i}_2$ 表示 $H_2 \longrightarrow 2H^+ + 2e^-$ 　　$\overleftarrow{i}_2$ 表示 $2H^+ + 2e^- \longrightarrow H_2$

$\vec{i}_3$ 表示 $Fe^{2+} \longrightarrow Fe^{3+} + e^-$ 　　$\overleftarrow{i}_3$ 表示 $Fe^{3+} + e^- \longrightarrow Fe^{2+}$

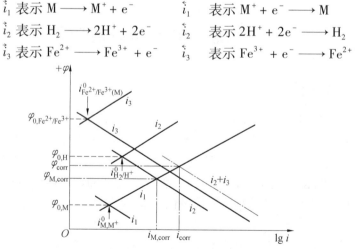

图 3.24　金属 M 在含铁盐的酸溶液中的腐蚀极化图

根据混合电位理论,在稳态时,氧化反应的总速度 $\sum \vec{i}$ 必须等于还原反应的总速度 $\sum \overleftarrow{i}$。要确定稳定态,就需在各个恒电位下,求出 $\sum \vec{i} = \vec{i}_1 + \vec{i}_2 + \vec{i}_3$,画出总的阳极极化曲线;同时求出 $\sum \overleftarrow{i} = \overleftarrow{i}_1 + \overleftarrow{i}_2 + \overleftarrow{i}_3$,画出总的阴极极化曲线,如图中点划线所示(注意,因横坐标为半对数坐标,在某电位下的总电流并不等于该电位下各电流横坐标长度之和)。两个总极化曲线的交点可得混合电位(即腐蚀电位) φ_{corr} 和腐蚀电流 i_{corr},还可确定各分过程的速度,如铁离子还原反应速度 $i^0_{Fe^{2+}/Fe^{3+}}$ 和析氢速度 i_H。从图 3.24 可看出,在腐蚀电位 φ_{corr} 下

$$i_{corr} = i^0_{Fe^{3+}\to Fe^{2+}} + i^0_{(H^+\to H_2)} \qquad (3.92)$$

式(3.92)满足了混合电位理论的电荷守恒原理。

氧化剂的作用不但取决于它的氧化 – 还原电位,还取决于它的还原动力学过程。上例中加入 Fe^{3+} 后的腐蚀电位变高,腐蚀速度增加,这是由于电位 $\varphi_{0,Fe^{2+}/Fe}$ 相当高,而且它在金属 M 表面上的交换电流 $i^0_{Fe^{2+}/Fe^{3+}(M)}$ 也相当高。如果它在 M 上的交换电流很小,如图 3.25 所示,它的还原速度远小于主还原过程的速度(相差一个数量级以上),几乎不影响总还原速度,因此加入 Fe^{3+} 不会对腐蚀电位和腐蚀速度产生影响。这说明,不但氧化剂的可逆电位重要,其交换电流对腐蚀的影响也很大(式(3.42))。

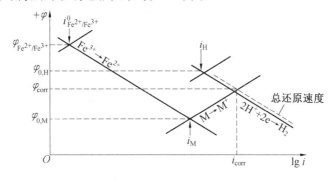

图 3.25　交换电流对腐蚀速度的影响

氧化剂的加入可以提高腐蚀电位,加快腐蚀速度,但并非所有体系都有此规律。有时加入氧化剂对体系的腐蚀速度无显著影响,尤其是当加入氧化剂导致金属发生钝化时,尽管会使腐蚀电位升高,但同时也使腐蚀速度减小。

3.7.3　多电极体系的腐蚀行为

工业上使用的多元或多相合金以及不同金属组合件,在电解液中构成了多电极腐蚀系统。因为各电极面积不等,根据混合电位理论,在总的混合电位下,各电极总的阳极电流强度 $\sum I_A$ 等于总的阴极电流强度 $\sum I_C$,即

$$\sum I_A = \sum I_C \qquad (3.93)$$

由此可确定各金属的腐蚀电位和腐蚀速度。

由于各电极反应速度与过电位的关系并不完全清楚,因此用解析法求解较困难。如果忽略溶液的电阻,用图解法求解则较容易。假定有五种金属构成了五电极的腐蚀系统,分别测出各金属在此溶液中的平衡电位和阴、阳极极化曲线,如果各金属的平衡电位依次为

$\varphi_{0,5} > \varphi_{0,4} > \varphi_{0,3} > \varphi_{0,2} > \varphi_{0,1}$。在直角坐标纸上画出各电极的阴、阳极极化曲线,如图 3.26 所示。然后用图解法求总的阳极极化曲线和总的阴极极化曲线。方法是:选定一系列电位,对应每一个电位把各电极的阳极电流加起来,得到该电位下总的阳极电流 $\sum I_A$。把各电位下总的阳极电流对应的点连起来,得到如图 3.26 中 $\varphi_{0,1}pqS$ 总的阳极极化曲线。同理求出总的阴极极化曲线 $\varphi_{0,5}rS$。由两总极化曲线的交点 S 可得混合电位 φ_{corr} 和总腐蚀电流 I_{corr} 为

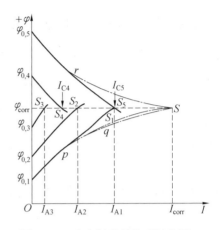

$$I_{corr} = I_{A1} = I_{A2} = I_{A3} \qquad (3.94)$$

图 3.26　多电极腐蚀体系极化图

从这个腐蚀极化图可看出:混合电位 φ_{corr} 处于最高电位 $\varphi_{0,5}$ 与最低电位 $\varphi_{0,1}$ 之间。电位低于 φ_{corr} 的金属为腐蚀系统的阳极,发生腐蚀;电位高于 φ_{corr} 的金属为阴极,被保护。

从 $\varphi_{corr}S$ 水平线与各有关极化曲线的交点 S_1、S_2、S_3、S_4 和 S_5,可得各金属上的氧化或还原电流。其中 I_{A1}、I_{A2} 和 I_{A3} 为阳极溶解电流,且 $I_{A1} > I_{A2} > I_{A3}$。说明金属 1 的腐蚀电流最大,金属 2 次之,金属 3 的腐蚀速度最小。这三种金属腐蚀总电流等于 I_{corr}。I_{C4} 和 I_{C5} 为还原电流,$I_{C5} > I_{C4}$,说明金属 5 为主阴极,金属 4 也是阴极,被保护。

从多电极体系腐蚀极化图还可看出,电极反应的极化度变小,即极化曲线变得平坦,则该电极在电流加合时起的作用将变大,可能对其他电极的极性和电流产生较大的影响。例如,如果减小最有效的阴极极化度,有可能使中间的阴极变为阳极;反之,减小最强阳极的极化度,可促使中间的阳极转化为阴极。

3.7.4　差异效应

将一块锌试片浸在盐酸溶液中,如果溶于酸中的氧气量小到可忽略不计,就可认为锌的腐蚀完全由 H^+ 去极化反应引起。因此,可通过测量单位时间内锌试样上的析氢量来表示锌的腐蚀速度。如图 3.27 所示,在图中开关 K 断开的情况下,锌试样处于自腐蚀状态,测得单位时间内的析氢量,即锌的自腐蚀速度为 v_0。然后接通开关 K,使锌试样与同溶液中电位高的金属铂连通,使锌阳极极化;或者将 Zn 试样与外电源的正极连接,使锌阳极极化,锌的电位由 φ_{corr} 正移至 φ_g,即阳极极化值 $\Delta\varphi = \varphi_g - \varphi_{corr}$(图 3.28)。这时发现,锌试样总的溶解速度增大了,锌上的析氢速度 v_1 却比未极化时的 v_0 小了,其差值为

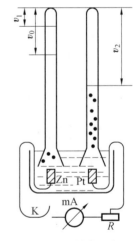

图 3.27　差异效应现象测试

$$\Delta v = v_0 - v_1 \qquad (3.95)$$

这种现象称为差异效应。

　　差异效应反映了阳极极化对微电池腐蚀作用的影响。阳极极化使整个试样的溶解速度增大,但使试样中由微阴极引起的"自腐蚀速度"减小。如图 3.28 所示,这时锌的阳极溶解电流 i_2(即 $\varphi_g Q$ 段)由两部分组成:一部分为锌上微电池引起的"自腐蚀速度" i_1(即 $\varphi_g P$ 段),这体现为析氢速度 v_1;另一部分由外加阴极 Pt 引起,或外加阳极极化电流($i_2 - i_1$)引起,相当于图中 PQ 段,在图 3.27 中这体现为 Pt 上的析氢速度。由图 3.28 很明显看出,阳极极化后,锌的总溶解速度由 i_{corr} 增至 i_2;而由锌上微电池引起的自腐蚀速度却由 i_{corr} 减小到 i_1。差异效应指的就是这一现象。

　　差异效应也可利用腐蚀极化图来说明。例如,锌在酸性溶液中的腐蚀极化图可由图 3.29 中 $\varphi_{0,A} B$ 阳极极化曲线和 $\varphi_{0,C} D$ 阴极极化曲线构成。二者相交于点 S,可得腐蚀电位 φ_{corr} 和自腐蚀电流 I_{corr}。当锌与铂电极连接后,正电位的铂为阴极,锌被阳极极化。图中 $\varphi_{0,Pt} M$ 表示铂的阴极极化曲线。如果把腐蚀着的锌看成二电极体系,则加入铂后就构成了三电极体系。因铂电位较高,作为阴极,所以需要把两条阴极极化曲线 $\varphi_{0,C} D$ 与 $\varphi_{0,Pt} M$ 加合,求出总的阴极极化曲线 $\varphi_{0,Pt} N$,此曲线与锌阳极极化曲线 $\varphi_{0,A} B$ 相交于 Q。Q 对应的电位即是锌和铂的混合电位 φ_g,Q 对应的电流即为锌的总溶解电流 I_g。$\varphi_g Q$ 线与 $\varphi_{0,C} D$ 线的交点 R 对应的电流 I_1 表示与铂电极连接后锌的自腐蚀电流,$\varphi_g Q$ 与 $\varphi_{0,Pt} M$ 线的交点对应的电流 I_2 表示由铂电极引起的锌溶解速度。$I_g = I_1 + I_2 > I_{corr}$,说明锌与铂连接后总的溶解速度增加了。但锌电极本身的微电池腐蚀电流 I_1 比 I_{corr} 减小了,锌接上铂阴极后,因为阳极极化,使锌上微电池腐蚀作用减小了,($I_{corr} - I_1$)就是正的差异效应。

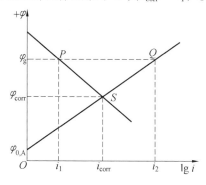

图 3.28　差异效应的极化图

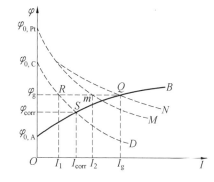

图 3.29　说明差异效应的腐蚀极化图

　　但实践中也发现有差异效应接近于零和负差异效应现象。在阴极去极化反应完全由扩散控制时,可能出现 $v_1 \approx v_2 = i_1$,因此差异效应接近于零:$\Delta v \approx v_0 - v_1 \approx 0$。

　　负差异效应是反常情况,不能由简单的腐蚀动力学说明。出现负差异效应的可能原因有三:第一,由于金属的阳极极化,金属表面状态较极化前有剧烈的改变,这种改变又恰好能使金属的自腐蚀速度剧烈增加,这样就会出现负差异效应。例如,Al 和 Mg 及其合金,从热力学上来说是很活泼的金属,它们与 H_2O 作用而析出 H_2 的化学位很大,但由于这些金属表面上存在完整的氧化膜,故通常在中性水溶液中的腐蚀速度仍比较小。但是,如果在含 Cl^- 的溶液中阳极极化,就会使这些金属表面上的氧化膜遭到破坏,而使析氢自腐蚀的反应速度剧烈增加。因此,这类金属在含 Cl^- 的中性溶液中会出现负差异效应。第二,有些金属在一定条件下阳极极化时,除了阳极溶解外,同时还有未溶解的金属微小晶粒或粉尘粒子的脱落。在这种情况下,如果用重量法来测定金属腐蚀速度,就会得到过大的"自腐蚀速度"的数值,从而出现负差异效应。第三,有些金属在一些溶液中阳极溶解的直接产物是低价离子,在溶液中这些低价离子被化学氧化成为最终高价离子产物。如果按最终产物的价数,用法拉第定律从外侧阳极电流密度来计算金属的阳极溶解速度的话,就会得出金属的实际失重远大于法拉第定律计算所得的失重结果,从而出现表观上的负差异效应。

第4章 析氢腐蚀与吸氧腐蚀

当金属在酸中腐蚀时,如果酸溶液中除 H^+ 以外没有其他的氧化剂,氢离子的还原反应则是唯一的阴极反应。因此,析氢反应的研究对了解金属的析氢腐蚀起着重要的作用。

在中性或碱性介质中,氢离子浓度比较低,所以析氢平衡电位也比较低。对某些不太活泼的金属,其阳极溶解平衡电位又比较高,则这些金属在中性或碱性介质中发生腐蚀溶解的共轭反应往往不是氢的析出反应,而是溶解氧的还原反应,即氧去极化反应促使了作为阳极的金属不断被腐蚀。这种腐蚀过程称为吸氧腐蚀。

在金属与电解液的腐蚀系统中,既要有阳极的溶解,即阳极区金属的离子化过程,也要有在阴极区腐蚀剂被还原的过程。阴极过程的种类有如下几种:

① 氢的析出反应 —— 在酸性溶液中 H^+ 放电:

$$H^+ + e^- \longrightarrow H$$
$$H + H \longrightarrow H_2 \uparrow$$

② 氧的还原反应 —— 溶液中有溶解氧时,氧分子被还原:

在中性或碱性溶液中

$$O_2 + 2H_2O + 4e^- \longrightarrow 4OH^-$$

在酸性溶液中

$$O_2 + 4H^+ + 4e^- \longrightarrow 2H_2O$$

③ 高价金属离子还原,如 Fe 锈蚀产物中的三价铁离子还原:

$$Fe_3O_4 + H_2O + 2e^- \longrightarrow 3FeO + 2OH^-$$

或

$$Fe(OH)_3 + e^- \longrightarrow Fe(OH)_2 \downarrow + OH^-$$

④ 贵金属离子沉积,如 Cu^{2+} 在铁或铝上沉积:

$$Cu^{2+} + 2e^- \longrightarrow Cu$$

⑤ 氧化性酸或某些负离子还原:

$$NO_3^- + 2H^+ + 2e^- \longrightarrow NO_2^- + H_2O$$

⑥ 某些有机化合物还原 —— 多见于化工器械的腐蚀,如:

$$RO + 4H^+ + 4e^- \longrightarrow RH_2 + H_2O$$

或

$$R + 2H^+ + 2e^- \longrightarrow RH_2$$

式中 R—— 有机分子中的基或有机分子。

以上阴极反应过程的电子均来自于阳极金属,从而促使阳极金属离子不断进入溶液,其中氢的析出反应和氧的还原反应是最常见的阴极过程。

4.1　析氢腐蚀

4.1.1　析氢腐蚀的必要条件

以氢离子还原反应为阴极过程的腐蚀称为析氢腐蚀(Hydrogen Evolution Corrosion)。发生析氢腐蚀的必要条件是,金属的电极电位 φ 必须低于氢离子的还原反应电位(析氢电位),即

$$\varphi_M < \varphi_H \tag{4.1}$$

析氢电位等于氢的平衡电位 $\varphi_{0,H}$ 与析氢过电位之差 η_H:

$$\varphi_H = \varphi_{0,H} - \eta_H \tag{4.2}$$

氢的平衡电位 $\varphi_{0,H}$ 可通过实验测定,也可根据 Nenst 方程式计算:

$$\varphi_{0,H} = \varphi_H^{\ominus} + \frac{2.3RT}{F}\lg a_{H^+} \tag{4.3}$$

因 $\varphi_H^{\ominus} = 0$, $pH = -\lg a_{H^+}$, 25 ℃ 时 $2.3RT/F = 0.059\ 1$ V, 所以

$$\varphi_{0,H} = -\frac{2.3RT}{F}pH \tag{4.4}$$

25 ℃ 时, $\varphi_{0,H} = -0.059\ 1pH$(单位为 V, 相对于 SHE)。

析氢过电位与阴极材料、溶液组成及通过的阴极电流密度等因素有关。可通过实验测定,也可用塔费尔方程式计算(下述)。

可见,一种金属在给定的腐蚀介质中是否会发生析氢腐蚀,可通过上述计算来判断。一般来说,电位较低的金属,如 Fe、Zn 等在不含氧的非氧化性酸中,以及电位非常低的金属,如 Mg,在中性或碱性溶液中都发生析氢腐蚀。对于一些强钝化性金属,如 Ti、Cr,由热力学计算可满足析氢腐蚀条件,但由于钝化膜在稀酸中仍很稳定,实际电位高于析氢电位,因而不发生析氢腐蚀。

4.1.2　析氢过电位

氢离子阴极去极化反应主要由下列几个连续步骤组成(图 4.1):

① 水化氢离子 $H^+ \cdot H_2O$ 向阴极表面迁移。

② 水化氢离子在电极表面接受电子还原,同时脱去水分子,变成表面吸附氢原子 H_{ad}:

$$H^+ \cdot H_2O + e^- \longrightarrow H_{ad} + H_2O$$

③ 吸附氢原子除了可能进入金属内部外,大部分在表面扩散并复合形成氢分子:

$$H_{ad} + H_{ad} \longrightarrow H_2 \uparrow$$

吸附氢原子也可发生电化学脱附:

$$H_{ad} + H^+ \cdot H_2O + e^- \longrightarrow H_2 \uparrow + H_2O$$

④ 氢分子聚集成氢气泡逸出。

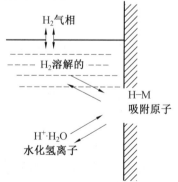

图 4.1　氢电极反应示意图

这些步骤中,如果某一步骤进行得较缓慢,就会使整个氢去极化反应受到阻滞,由阳极迁移过来的电子就会在阴极积累,使阴极电位向负方向移动,从而产生一定的过电位。

大量实验结果表明,析氢过电位 η_H 与阴极电流密度 i_C 之间存在下列关系:

$$\eta_H = a_H + b_H \lg i_C \tag{4.5}$$

式中　　a_H、b_H——常数。这就是塔费尔经验方程式。

进一步研究表明,对于析氢反应,电流密度在 $10^{-9} \sim 100\ A/cm^2$ 这样宽的区间范围内塔费尔关系都成立。且由电极过程动力学理论可有 a_H 和 b_H 的理论表达式(式(3.29)和式(3.22))

$$a_H = -\frac{2.3RT}{\alpha nF} \lg i_H^0 \tag{4.6}$$

$$b_H = \frac{2.3RT}{\alpha nF} \tag{4.7}$$

此规律是由析氢反应的活化极化引起的。因此,氢去极化反应的控制步骤不可能是步骤 ① 和 ④。迟缓放电理论认为第 ② 步是整个析氢过程的控制步骤,该步骤最慢。而迟缓复合理论则强调第 ③ 步为控制步骤。根据迟缓放电理论求得的 b_H 值为 118 mV(25 ℃,见式(4.7)),与大多数金属电极上实测的 b_H 值大致相同,因此迟缓放电理论更具有普通意义。但也有少数金属(如 Pt 等),用迟缓复合理论解释其析氢过电位的成因更合适。

在析氢腐蚀中,金属或合金在酸中发生均匀腐蚀时,如果作为阴极的杂质或合金相具有较低的析氢过电位,则腐蚀速度较大;反之,若杂质或阴极相上的析氢过电位较大,则腐蚀速度较小。

图 4.2 所示为不同金属析氢过电位 η_H 随阴极电流密度的变化。由图可看出,析氢过电位与阴极电流密度的对数呈直线关系,与式(4.5)塔费尔方程式所描述的相吻合。通常常数 a_H 与电极材料性质、表面状况、溶液组成和温度有关,其数值等于单位电流密度下的析氢过电位。a_H 越大,在给定电流密度下的氢过电位越大。而常数 b_H 与电极材料无关。各种金属阴极上析氢反应的 b_H 值大致相同,在 0.11 ~ 0.12 V 之间(表 4.1)。从图 4.2 中可看出不同金属的析氢塔费尔直线基本平行。

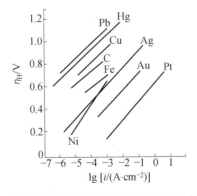

图 4.2　不同金属上的析氢过电位与电流密度的关系

表 4.1 列出了在不同金属上析氢反应的塔费尔常数 a_H 和 b_H 值,其中 a_H 值是电流密度为 1 A/cm^2 时的析氢过电位。根据 a_H 值的大小,可将金属大致分成三类,由此可看出金属

材料对析氢过电位的影响:

①$a_H > 1$ V 的高氢过电位的金属;

②a_H 在 0.5 ~ 1.0 V 之间的中等氢过电位的金属;

③$a_H < 0.5$ V 低氢过电位的金属。

表 4.1　不同金属析氢反应的塔费尔常数 a_H 和 b_H 值(25 ℃)

金属	酸性溶液		碱性溶液	
	a_H/V	b_H/V	a_H/V	b_H/V
Pt	0.10	0.03	0.31	0.10
Pd	0.24	0.03	0.53	0.13
Au	0.40	0.12		
W	0.43	0.10		
Co	0.62	0.14	0.60	0.14
Ni	0.63	0.11	0.65	0.10
Mo	0.60	0.08	0.67	0.14
Fe	0.70	0.12	0.76	0.11
Mn	0.80	0.10	0.90	0.12
Nb	0.80	0.10		
Ti	0.82	0.14	0.83	0.14
Bi	0.84	0.12		
Cu	0.87	0.12	0.96	0.12
Ag	0.95	0.10	0.73	0.12
Ge	0.97	0.12		
Al	1.00	0.10	0.64	0.14
Sb	1.00	0.11		
Be	1.08	0.12		
Sn	1.20	0.13	1.28	0.23
Zn	1.24	0.12	1.20	0.12
Cd	1.40	0.12	1.05	0.16
Hg	1.41	0.14	1.54	0.11
Tl	1.55	0.14		
Pb	1.56	0.11	1.36	0.25

不同金属材料的 a_H 不同,这主要是因为在不同金属上析氢反应的交换电流密度不同(式(4.6)和表4.2),或是析氢反应机理不同。例如,低氢过电位的金属,如 Pt、Pd 等对氢离

子放电有很大的催化活性,使析氢反应的交换电流密度很大(表 4.2),同时吸附氢原子的能力也很强,从而造成氢在这类金属上还原反应过程中最慢的步骤为吸附氢原子的复合脱附。高氢过电位的金属对氢离子放电反应的催化能力很弱,因而 i_H^0 很小,这类金属上氢离子的迟缓放电构成了氢去极化过程的控制步骤。对于中等氢过电位的金属,如 Fe、Ni、Ca 等,氢去极化过程中最慢的步骤可能是吸附氢的电化学脱附反应:

$$H_{ad} + H^+ \cdot H_2O + e^- \longrightarrow H_2 + H_2O$$

表 4.2　不同金属上析氢反应的交换电流密度

金属	$\lg i_H^0/(A \cdot cm^{-2})$	金属	$\lg i_H^0/(A \cdot cm^{-2})$	金属	$\lg i_H^0/(A \cdot cm^{-2})$
Pd	-3.0	Nb	-6.8	Fe	-5.8(1.0 mol/L HCl)
Pt	-3.1	Ti	-8.3	W	-5.9
Rh	-3.6	Zn	-10.3(0.5 mol/L H₂SO₄)	Cu	-6.7(0.5 mol/L H₂SO₄)
Ir	-3.7	Cd	-10.8	Pb	-12.0
Ni	-5.2	Mn	-10.9	Hg	-13.0
Au	-5.4	Tl	-11.0		

注:除注明者外,其余为 1 mol/L H₂SO₄ 中的数据。

　　电极表面状态对析氢过电位也有影响。因此相同的金属材料,粗糙表面上的析氢过电位比光滑表面上的要小,这是因为粗糙表面上的真实表面积比光滑表面的要大。

　　如果溶液中含有铂离子,它们将在腐蚀金属 Fe 上析出,形成附加阴极。由于氢在 Pt 上的析出过电位比在 Fe 上的小得多,从而加速了 Fe 在酸中的腐蚀(图 4.3)。相反,如果溶液中含有某种表面活性剂,会在金属表面吸附并阻碍氢的析出,从而显著提高析氢过电位。这种表面活性剂就可作为缓蚀剂,防止金属在酸中腐蚀。

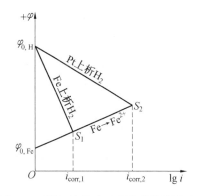

图 4.3　添加铂盐对酸中铁腐蚀的影响

　　溶液的 pH 对析氢过电位的影响是:在酸性溶液中,析氢过电位随 pH 增加而增大;在碱性溶液中,析氢过电位随 pH 增加而减小。

　　溶液温度升高,析氢过电位减小。一般温度每升高 1 ℃,析氢过电位约减小 2 mV。

4.1.3　析氢腐蚀的控制过程

　　析氢腐蚀速度可根据阴、阳极极化性能,分为阴极控制、阳极控制和混合控制。

1. 阴极控制

　　图 4.4 所示为纯锌和含不同杂质的工业锌在酸中的腐蚀极化图,由于 Zn 的溶解反应有低的活化极化,而氢在 Zn 上的析出过电位却非常高,因此 Zn 的析氢腐蚀为阴极控制。若 Zn 中含有析氢过电位较低的金属杂质,如 Cu、Fe 等,阴极极化就会减小,而腐蚀速度变大;相

反,如果 Zn 中加入汞,由于汞上的析氢过电位很高,Zn 的腐蚀速度大大下降。应注意到,同样是阴极析氢极化曲线,在不同金属上不但极化曲线的极化度不同,交换电流密度也发生改变。交换电流密度变小,相当于极化增大。图中的横坐标为对数刻度,即使极化曲线向右移动较小,腐蚀电流也会有很大程度的增加。事实上,随 Zn 中杂质性质和含量变化,Zn 在酸中的溶解速度可在3个数量级(1 ~ 1 000)之内变化。腐蚀电位的测量表明,伴随着腐蚀速度降低,腐蚀电位下降。这与图4.4所示一致,表明腐蚀速度受阴极过程控制。

2. 阳极控制

阳极控制的析氢腐蚀主要发生在铝、不锈钢等钝化金属在稀酸中的腐蚀。这种情况下,金属离子必须穿透氧化膜才能进入溶液,因此其阳极极化程度很高。图4.5所示为阳极控制的铝在弱酸中的析氢腐蚀极化图。

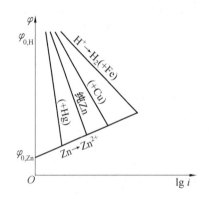

图 4.4　纯 Zn 和含杂质的 Zn 在酸中的溶　　图 4.5　铝在弱酸中的析氢腐蚀(阳极控制)
　　　　　解(阴极控制)

当溶液中有氧存在时,铝、不锈钢等金属表面钝化膜的缺陷处易被修复,因而使其腐蚀速度降低;当溶液中有 Cl⁻ 时,其钝化膜易被破坏,从而使腐蚀速度大大增加。这可能是由于 Cl⁻ 的易极化性质,它容易吸附在氧化膜表面,形成含氯离子的表面化合物(氧化 - 氯化物而不是纯氧化物)。这种化合物的晶格缺陷及较高的溶解度,导致氧化膜局部破裂。另外,吸附的氯离子排斥电极表面的电子,也会促使金属离子化。

3. 混合控制

铁和钢在酸性溶液中的析氢腐蚀存在着阴、阳极混合控制,因为阴、阳极极化程度大约相同。图4.6所示为铁和不同成分碳钢的析氢腐蚀极化图。在给定电流密度下,碳钢的阳极和阴极极化都比纯 Fe 的低,这意味着碳钢的析氢腐蚀速度比纯 Fe 大。钢中含有杂质 S 时,可使析氢腐蚀速度增大。一方面是由于杂质 S 的存在可促进Fe - FeS 局部微电池的形成,加速腐蚀;另一方面,钢中的硫可溶于酸中,形成 S^{2-},由于 S^{2-} 易极

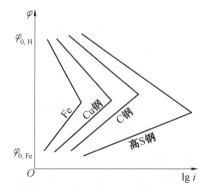

图 4.6　铁和碳钢的析氢腐蚀(混合控制)

化而吸附在铁表面,强烈催化电化学过程,阴、阳极极化度都降低,从而加速腐蚀。这与少量(每千克中含几毫克)硫化物加入酸中对钢的腐蚀起刺激作用的效果类似。

若将含 S 的钢中加入 Cu 或 Mn,其作用有二:一是 Cu 或 Mn 本身作为阴极可加速 Fe 的溶解,另一方面它们可抵消 S 的有害作用。钢中溶解的 Cu^+ 又沉积在 Fe 表面,与吸附的 S^{2-} 形成 Cu_2S,Cu_2S 不溶于酸中(溶度积为 10^{-48}),因此可消除 S^{2-} 对电化学反应的催化作用。加入 Mn 也可抵消 S 的有害作用,因为 Mn 与 S 可形成低电导的 MnS,且 MnS 比 FeS 更易溶于酸中,减少了钢中的 S 含量。

从析氢腐蚀的阴极、阳极和混合控制可看出,腐蚀速度与腐蚀电位间的变化没有简单的相关性。同样使腐蚀速度增加的情况下,阴极控制通常使腐蚀电位变正(图 4.4),阳极控制使腐蚀电位变负(图 4.5),混合控制下腐蚀电位可变正,亦可变负,视具体情况而定(图 4.6)。

4.1.4　减小析氢腐蚀的途径

析氢腐蚀多数为阴极控制或阴、阳极混合控制,腐蚀速度主要取决于析氢过电位的大小。因此,为了减小或防止析氢腐蚀,应设法减小阴极面积,提高析氢过电位。对于阳极钝化控制的析氢腐蚀,则应增强钝化,防止活化发生。减小和防止析氢腐蚀的主要途径如下:

① 减少或消除金属中的有害杂质,特别是析氢过电位小的阴极性杂质。溶液介质中可能有贵金属析出,贵金属在金属表面的析出提供了有效的阴极。如果此析出贵金属的析氢过电位很小,则会加速腐蚀,也应设法去除。

② 在金属中添加析氢过电位大的元素,如 Hg、Zn、Pb 等。

③ 加入缓蚀剂,增大析氢过电位。如酸洗缓蚀剂若丁(Rodine),其有效成分为二邻甲苯硫脲。

④ 降低活性阴离子成分,如 Cl^-、S^{2-} 等。

4.2　吸氧腐蚀

4.2.1　吸氧腐蚀的必要条件

在中性或碱性介质中,氢离子浓度往往比较低,所以析氢平衡电位也比较低。对某些不太活泼的金属而言,其阳极溶解平衡电位又较高,因此这些金属在中性或碱性介质中的腐蚀溶解的共轭反应通常不是氢的析出反应,而是溶解氧的还原反应。以氧的还原反应为阴极过程的腐蚀,称为氧还原腐蚀(Oxygen – Consuming Corrosion)或吸氧腐蚀(Oxygen – Reduction Corrosion)。发生吸氧腐蚀的必要条件是金属的电位比氧还原反应的电位低:

$$\varphi_M < \varphi_{O_2} \tag{4.8}$$

在中性和碱性溶液中氧还原反应为

$$O_2 + 2H_2O + 4e^- \longrightarrow 4OH^-$$

其平衡电位为

$$\varphi_{O_2} = \varphi^{\ominus} + \frac{2.3RT}{4F} \lg \frac{p_{O_2}}{\alpha_{OH^-}^4} \qquad (4.9)$$

$$\varphi^{\ominus} = 0.401 \text{ V(SHE)}, \quad p_{O_2} = 0.2 \times 10^5 \text{ Pa}$$

当溶液 pH = 7 时,氧还原反应电位为

$$\varphi_{O_2} = 0.401 + \frac{0.059\ 1}{4} \lg \frac{0.21}{(10^{-7})^4} = 0.805 \text{ (V)(SHE)}$$

在酸性溶液中氧的还原反应为

$$O_2 + 4H^+ + 4e^- \longrightarrow 2H_2O$$

其平衡电位为

$$\varphi_{O_2} = \varphi^{\ominus} + \frac{2.3RT}{4F} \lg p_{O_2} \alpha_{H^+}^4 \qquad (4.10)$$

$$\varphi^{\ominus} = 1.229 \text{ V(SHE)}, \quad p_{O_2} = 0.2 \times 10^5 \text{ Pa}$$

因此,氧的平衡电位与溶液 pH 的关系为

$$\varphi_{O_2} = 1.22 - 0.059\ 1\text{pH} \qquad (4.11)$$

自然界中,由于溶液与大气相通,溶液中有溶解的氧。在中性溶液中氧的还原电位为 0.805 V。可见,只要金属在溶液中的电位低于这一数值,就可能发生吸氧腐蚀。所以,许多金属在中性或碱性溶液中,在潮湿大气、淡水、海水、潮湿土壤中,都能发生吸氧腐蚀,甚至在酸性介质中也会有部分发生吸氧腐蚀。不难看出,与析氢腐蚀相比,吸氧腐蚀具有更普遍更重要的意义。

4.2.2　氧的阴极还原过程及其过电位

吸氧腐蚀的阴极去极化剂是溶液中溶解的氧。随着腐蚀的进行,消耗掉的氧,需空气中的氧来补充。氧从空气中进入溶液并迁移到阴极表面发生还原反应,此过程包括以下四个步骤:

①氧穿过空气／溶液界面进入溶液;

②在溶液对流作用下,氧迁移到阴极表面附近;

③在扩散层范围内,氧在浓度梯度作用下扩散到阴极表面;

④在阴极表面氧分子发生还原反应,也称为氧的离子化反应。

这四个步骤中,步骤①和②一般不成为控制步骤,多数情况下步骤③为控制步骤,在加强搅拌或流动的腐蚀介质中,步骤④可成为控制步骤。

这是因为氧在空气与溶液间存在着溶解平衡。除非在去除空气的密闭体系中或温度接近(或超过)沸点的敞开体系中,否则溶液中总是含有氧。虽然氧不存在电迁移作用,但溶液对流对氧的传输远远超过氧的扩散速度,而在靠近电极表面时,对流速度逐渐减小。在自然对流下,稳态扩散层厚度为 0.1 ~ 0.5 mm。此扩散层内,氧的传输只有靠扩散进行。

因此,多数情况下,吸氧腐蚀为阴极氧的扩散控制。在氧的扩散控制下,式(3.61)适用。相应氧的极限扩散电流密度为

$$i_L = \frac{nFDC^0}{\delta} \qquad (4.12)$$

　　室温下氧在水中的溶解度很小。如 20 ℃ 时,每千克被空气($p_{O_2} = 0.21 \times 10^5$ Pa) 饱和的纯水中大约含 40 mg 的氧。在每千克 5 ℃ 的海水中氧质量约 10 mg(约 0.3 mol/m³)。如此低的溶解度意味着氧阴极还原的极限电流密度很小。典型情况下,取扩散层有效厚度 $\delta = 0.1$ mm,氧在水中的扩散系数 $D = 10^{-9}$ m²/s,氧在海水中的溶解度 $C^0 = 0.3$ mol/m³,氧还原反应中的电子数 $n = 4$,代入式(4.12)可得氧的极限扩散电流为

$$i_L = \frac{nFDC^0}{\delta} = \frac{4 \times 96\,500 \times 10^{-9} \times 0.3}{10^{-4}} = 1.16 \ (\text{A/m}^2)$$

　　根据第 1 章可知,腐蚀速度约为 1 mm/a。也就是说,这种条件下,不管腐蚀电池的电动势大小如何,腐蚀速度被氧的阴极扩散速度限制在 1 mm/a 以内。但如果搅拌溶液,或者在流动的溶液中,特别是海水飞溅区的腐蚀,由于氧的扩散速度大大加快,金属的腐蚀速度可能由氧的阴极还原反应即氧的离子化反应速度控制。氧分子阴极还原总反应包含 4 个电子,反应机理相当复杂。通常有中间态粒子或氧化层形成。不同溶液中反应机理还不一样。有些问题至今尚未认识清楚。

　　在酸性溶液中,氧还原总反应为

$$O_2 + 4H^+ + 4e^- \longrightarrow 2H_2O$$

该反应可能由下列一系列步骤组成,其中第一步可能为控制步骤。

$$O_2 + e^- \longrightarrow O_2^-$$

$$O_2^- + H^+ + e^- \longrightarrow HO_2 + OH^-$$

$$HO_2 + e^- \longrightarrow HO_2^-$$

$$HO_2^- + H^+ + e^- \longrightarrow H_2O_2 + OH^-$$

$$H_2O_2 + H^+ + e^- \longrightarrow H_2O + HO$$

$$HO + H^+ + e^- \longrightarrow H_2O$$

　　在中性和碱性溶液中,氧还原总反应为

$$O_2 + 2H_2O + 4e^- \longrightarrow 4OH^-$$

该反应可能分成下列几个基本步骤,第二步可能为控制步骤。

$$O_2 + e^- \longrightarrow O_2^-$$

$$O_2^- + H^+ + e^- \longrightarrow HO_2 + OH^-$$

$$HO_2 + H_2O + 3e^- \longrightarrow 3OH^-$$

　　实验证明,大多数氧的还原反应过程中有中间产物 H_2O_2 或二氧化一氢离子(HO_2^-) 生成,说明上述机理的合理性。

　　当氧离子化反应为控制步骤时,阴极过电位服从塔费尔公式。

$$\eta_{a,O_2} = a' + b' \lg i_C \tag{4.13}$$

式中　　a'、b' —— 常数。

　　a' 与电极材料、表面状态、溶液组成和温度有关;b' 与电极材料无关,25 ℃ 时约为 0.16 V。由表 4.3 可看出,氧的过电位都较高,多在 1 V 以上。

表 4.3　不同金属上的氧离子化过电位($i_C = 1$ mA/cm^2)

金属	氧过电位 η_{O_2}/V	金属	氧过电位 η_{O_2}/V
Pt	0.70	Sn	1.21
Au	0.85	Co	1.25
Ag	0.97	Pb	1.44
Cu	1.05	Hg	1.62
Fe	1.07	Zn	1.76
Ni	1.09	Mg	2.55
Cr	1.20		

图 4.7 所示为氧去极化过程的阴极极化曲线,整个阴极极化曲线可分成三个区段:

① 当阴极电流密度较小且供氧充分时,相当于极化曲线的 $\varphi_{0,O_2}AB$ 段,这时过电位与电流密度的对数呈直线关系,符合式(4.13),说明阴极极化过程的速度主要取决于氧的离子化反应。

② 当阴极电流密度增大,相当于图中 BCD 段,因氧的扩散速度有限,供氧受阻,出现了明显的浓差极化。氧浓差过电位 η_{c,O_2} 为

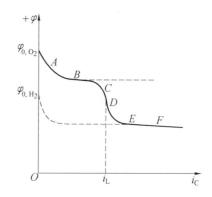

图 4.7　氧去极化过程的阴极极化曲线

$$\eta_{c,O_2} = \frac{2.3RT}{nF}\lg\left(1 - \frac{i_C}{i_L}\right) \tag{4.14}$$

这时阴极过程受氧的离子化反应和扩散共同控制,总的阴极过电位为

$$\eta_{O_2} = \eta_{a,O_2} + \eta_{c,O_2} = a' + b'\lg i_C + \frac{2.3RT}{nF}\lg\left(1 - \frac{i_C}{i_L}\right) \tag{4.15}$$

③ 当 $i_C \approx i_L$ 时,由式(4.14)可知,$\eta_{c,O_2} \to \infty$。实际上不会发生这种情况。因为当电位降低到一定数值时,其他的还原反应就开始了。例如,当反应的电极电位达到氢的平衡电位后,氢的去极化过程(图中 $\varphi_{0,H_2}EF$ 曲线)就开始与氧的去极化过程同时进行(图中 DEF 段),两条极化曲线加合,得到总的阴极极化曲线 $\varphi_{0,O_2}ABCDEF$ 曲线。

4.2.3　吸氧腐蚀的控制过程及特点

金属发生氧去极化腐蚀时,通常阳极过程发生金属活性溶解,腐蚀过程处于阴极控制之下。氧去极化腐蚀速度主要取决于溶解氧向电极表面的传递速度和氧在电极表面的放电速度。因此,可粗略地将氧去极化腐蚀分为三种情况:

① 如果腐蚀金属在溶液中的电位较高,腐蚀过程中氧的传递速度又很大,则金属腐蚀速度主要由氧在电极上的放电速度决定,这时阳极极化曲线与阴极极化曲线相交于氧还原反应的活化极化区(图4.8 交点 K)。例如,铜在强烈搅拌的敞口溶液中的腐蚀。

② 如果腐蚀金属在溶液中的电极电位很低,腐蚀过程中氧的传输速度太小,阴极过程将由氧去极化和氢离子去极化两个反应共同组成。如图4.8 中交点 M 所示,此时腐蚀电流密度大于氧的极限扩散电流密度。例如,镁在中性介质中的腐蚀。

③ 如果腐蚀金属在溶液中的电位较低,且处于活性溶解状态,而氧的传输速度又有限,则金属腐蚀速度将由氧的极限扩散电流密度决定。如图4.8 所示,阳极极化曲线和阴极极化曲线相交于氧的扩散控制区(如点 L)。

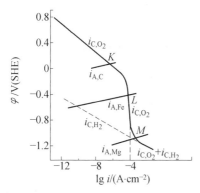 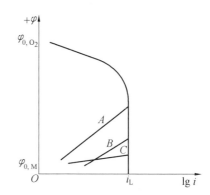

图4.8　不同金属在中性溶液中的　图4.9　不同合金在吸氧腐蚀的阴极扩散控制下
　　　　腐蚀极化图　　　　　　　　　　　具有相同的腐蚀速度

多数情况下,氧向电极表面的扩散速度决定了整个吸氧腐蚀过程的速度。因为氧在水溶液中的溶解度是有限的。例如,对于水与空气呈平衡状态的体系,水中氧的溶解度仅为 10^{-4} mol/L。因此,这类介质中,吸氧腐蚀速率往往被氧向金属表面的扩散速度所控制,而不是被活化控制。也就是说,金属腐蚀速度与氧在阴极还原的极限扩散电流密度相一致。

扩散控制的腐蚀过程中,由于腐蚀速度是由氧的扩散速度决定的,因而在一定范围内,腐蚀电流密度将不受阳极极化曲线的斜率和起始电位的影响。如图4.9 中 A、B、C 三种合金的阳极极化曲线不同,但腐蚀电流密度都一样,这种情况下腐蚀速度与金属本身的性质无关。例如钢铁在海水中的腐蚀,普通碳钢和低合金钢的腐蚀速度没有明显区别。

扩散控制的腐蚀过程中,金属中不同的阴极性杂质或微阴极数量的增加,对腐蚀速度的增加只起很小的作用。图4.10 所示为不同的锌合金在充空气的 0.1 mol/L KCl 溶液中吸氧量(mL)随时间的变化。可见与金属在酸性溶液中的析氢腐蚀(图4.2)截然不同,杂质对锌合金的吸氧腐蚀不产生影响,不同锌合金的吸氧腐蚀速度差别很小。这是因为当微阴极在金属表面分散得比较均匀时,即使阴极的总面积不大,实际上可用来输送氧的溶液体积基本上都已被用于氧向阴极表面的扩散了(图4.11)。继续增加微阴极的数量或面积并不会引起扩散过程的显著加强,因而不会显著增加腐蚀速度。

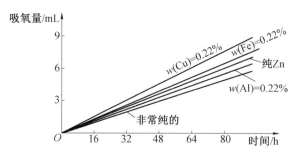

图 4.10　不同锌合金在充空气的 0.1 mol/L KCl 溶液中腐蚀量随时间的变化

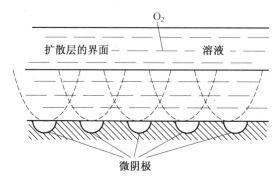

图 4.11　氧向微阴极扩散途径示意图

4.2.4　影响吸氧腐蚀的因素

如果吸氧腐蚀受阴极控制,且供氧速度很快,腐蚀电流密度小于氧的极限扩散电流密度,则金属的腐蚀速度主要取决于阴极氧还原反应的活化过电位。因而金属中的阴极杂质、合金成分和组织、微阴极面积等都将影响吸氧腐蚀速度。但大多数情况下,供氧速度有限,吸氧腐蚀受氧的扩散过程控制。这种情况下,金属的腐蚀速度就等于氧的极限扩散电流密度

$$i_{corr} = i_{L,O_2} = \frac{nFD_{O_2}C_{O_2}^0}{\delta} \tag{4.16}$$

因此,凡是影响氧的极限扩散电流密度 i_L 的因素,也就是说,凡是影响溶液中溶解氧的浓度 $C_{O_2}^0$、氧的扩散系数 D_{O_2} 以及扩散层厚度的因素,都将对腐蚀速度的大小产生影响。

1. 溶解氧浓度的影响

随着溶液中溶解氧浓度的增大,氧的极限扩散电流密度增大,导致吸氧腐蚀速度增大,如图 4.12 所示。溶解氧浓度大的阴极极化曲线 2 比溶解氧浓度小的曲线 1 初始电位高,即 $\varphi_{0,2} > \varphi_{0,1}$,且极限扩散电流密度大,因而氧浓度大的腐蚀速度大($i_{corr,2} > i_{corr,1}$),腐蚀电位也较高($\varphi_{corr,2} > \varphi_{corr,1}$)。但如果腐蚀金属具有钝化特性,则当氧浓度增大到一定程度时,由于 i_{1,O_2} 达到了该金属的致钝电流密度 i_{pp}(详见下章),则该金属反而由活化状态转为钝态,氧去极化的腐蚀速度将显著降低(图 5.7)。可见,溶解氧对金属腐蚀往往有着相反的双重影响,这对研究具有钝化行为的金属在中性溶液中的腐蚀有重要意义。

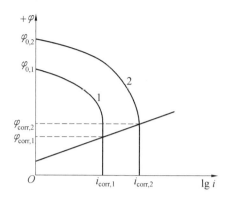

图 4.12　溶液中溶解氧浓度对扩散控制的腐蚀过程影响示意图

1— 溶解氧浓度小;2— 溶解氧浓度大

2. 温度的影响

一般来讲,溶液温度升高有利于溶液的热运动及提高界面电极反应速度。温度升高,溶液黏度降低,从而溶解氧的扩散系数增大,故温度升高会加速腐蚀。但对于敞开体系,当温度升到一定程度,尤其接近沸点时,氧的溶解度急剧降低,而使腐蚀速度减小。因此,如图 4.13 所示,敞开体系下铁在水中的腐蚀速度在 80 ℃ 附近达到最大值。对于封闭体系,温度升高使气相中氧分压增大,有增加氧溶解度的趋势,这与温度升高使氧在溶液中溶解度降低的作用大致抵消,因此腐蚀速度将一直随温度升高而增大。

3. 盐质量分数的影响

溶盐量对金属的腐蚀有双重作用。一方面,在中性溶液中,当盐的质量分数较小时,随着盐质量分数增加,溶液的电导率增大,腐蚀速度有所上升。例如,当 NaCl 质量分数增到 3% 时(大约相当于海水中 NaCl 的质量分数),铁的腐蚀速度达到最大值,如图 4.14 所示。另一方面,随 NaCl 质量分数进一步增加,由于氧的溶解度显著降低,铁的腐蚀速度反而下降。

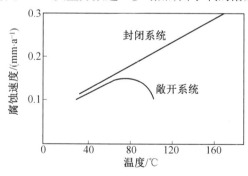

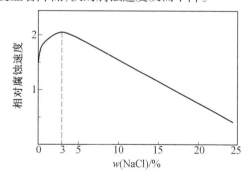

图 4.13　温度对铁在水中腐蚀速度的影响　　　图 4.14　NaCl 质量分数对铁在充气溶液中腐蚀

速度的影响

4. 溶液搅拌和流速的影响

溶液搅拌或流速增加,可使扩散层厚度减小,氧的极限扩散电流密度增加,因而腐蚀速度增大。如图 4.15(a) 所示,在层流区内,腐蚀速度随流速的增加而缓慢上升。当流速增加到开始出现湍流的速度,即临界速度为 v_{cri} 时,湍流液体击穿了紧贴金属表面的、几乎静止的边界层,并使保护膜发生一定程度的破坏,因此腐蚀速度急剧增加。实际上腐蚀类型已由层流下的均匀腐蚀,变成湍流下的磨损腐蚀(即湍流腐蚀)。当流速上升到某一数值后,阳极极化曲线不会再与吸氧反应极化曲线的浓差极化部分相交,而与活化极化部分相交(图4.15(b))。这时腐蚀速度不再受阳极氧的极限扩散电流密度控制,腐蚀类型也不再是全面腐蚀,而变为湍流腐蚀了。随着流速进一步提高到高流速区,将引起空泡腐蚀(7.4节)。

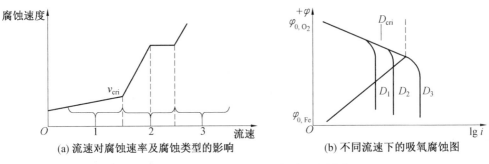

(a) 流速对腐蚀速率及腐蚀类型的影响　　　　　(b) 不同流速下的吸氧腐蚀图

图 4.15　溶液流速对吸氧腐蚀的影响

有钝化倾向的金属或合金尚未进入钝态时,增加溶液流速或加强搅拌作用都可能使阴极极限扩散电流密度达到或超过致钝电流密度,从而促使金属或合金钝化,降低腐蚀速度(图5.8)。

4.2.5　析氢腐蚀与吸氧腐蚀的比较

析氢腐蚀和吸氧腐蚀各自的阴极过程特征及二者对照比较见表4.4。

表 4.4　析氢腐蚀与吸氧腐蚀的比较

比较项目	析氢腐蚀	吸氧腐蚀
去极化性质	带电氢离子,迁移和扩散能力都很大	中性氧分子,只能靠扩散和对流传输
去极化剂浓度	浓度大,酸性溶液中 H^+ 放电,中性及碱性溶液中去极化反应为 $H_2O + e^- \longrightarrow H + OH^-$	浓度不大,其溶解度随温度升高和盐质量分数增大而减小
阴极控制原因	主要是活化极化,遵循塔费尔定律 $$\eta_H = a_H + b_H \lg i_C$$	浓差极化 $$\eta_{O_2} = \frac{2.3RT}{nF} \lg \left(1 - \frac{i_C}{i_L}\right)$$
阴极反应产物	反应产物以氢气泡逸出,电极表面溶液得到搅拌	腐蚀产物为 OH^-,靠扩散或迁移离开,电极表面溶液无附加搅拌

第5章　金属的钝化

5.1　钝化现象与阳极钝化

5.1.1　钝化现象

钝化的概念最初来自法拉第对铁在硝酸溶液中变化的观察。若把一块工业纯铁放入不同浓度的硝酸中,就会发现铁的溶解速度并不随硝酸浓度的增长而单调增加,而是当硝酸增加到一定浓度后,铁的溶解速度开始急剧下降。当继续增加硝酸浓度,铁的溶解速度将仍然很低,如图5.1所示。室温下铁在浓硝酸中变得稳定了不发生反应,这一异常现象称为钝化(Passivation)。即在某些环境条件下金属失去了化学活性。此外发现,经过浓硝酸处理过的铁再放入稀硝酸(或水、水蒸气和其他介质)中,也能使这种稳定性保持一定时间。

其他金属如铬、镍、钴、钼、铝、钽、钨、钛等也同样具有这种钝化现象。其他强氧化剂(如硝酸钾等)也可使一些金属产生钝化,而一些非氧化性介质也能使某些金属(如镁在氢氟酸中,铝和铌在盐酸中)产生钝化,溶液或大气中的氧也是一种钝化剂。除此以外,一些具有活化 – 钝化转变的金属,当外加阴极极化时,也可使其转入钝化状态。

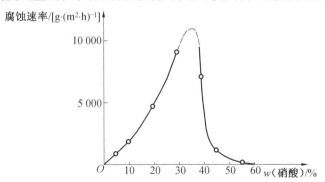

图5.1　铁溶解速度与 HNO_3 质量分数的关系

钝化前后,金属或合金有几个显著的变化。

(1)金属的腐蚀速度显著降低。

金属处在钝化状态时,其腐蚀速率非常低。当由活化态转入钝化态时,腐蚀速率将减小 $10^4 \sim 10^8$ 数量级。这主要是由于腐蚀体系中的金属表面形成了一层极薄的钝化膜。钝化膜的厚度一般为3 nm 或更薄,它是一层具有很高电阻的半导体氧化膜或者是气体等物质的吸附膜。膜内含有相当量的结合水,其性质极为脆弱,当从金属表面除去或从腐蚀环境中取出时,其钝化将发生变化。

（2）金属的电极电位发生突变,且明显正移。

钝化会使金属的电位朝正方向移动0.5～2 V。例如,铁钝化后电位由 −0.5～+0.2 V 升高到 +0.5～+1.0 V,铬钝化后电位由 −0.6～+0.4 V 升高到 +0.8～+1.0 V。因此有 人这样描述钝化:当活泼金属的电极电位变得接近于较不活泼贵金属的电极电位时,活泼的 金属就钝化了。

（3）近代表面测试分析仪器可以发现该金属或合金的表面发生了变化。

随着测量技术的进步,特别是电化学技术、示踪原子、椭圆偏振法和俄歇电子能谱与 X 射线光电子能谱等近代表面分析仪器的广泛应用,使得较深入地研究金属的钝化过程成为 可能。在有关金属钝化方面,依然有大量未知的问题有待于进一步研究。

5.1.2 阳极钝化

由钝化剂引起的金属钝化,通常称为"化学钝化"。阳极极化也可引起金属的钝化。某 些金属在一定的介质中(通常不含有 Cl 离子),当外加阳极电流超过某特定数值后,可使金 属由活化状态转变为钝态,称为阳极钝化或电化学钝化。如18 − 8 型不锈钢在质量分数为 30% 的硫酸中会发生溶解。但若外加电流使其阳极极化,当极化到 − 0.1 V(SCE) 之后,不 锈钢的溶解速度将迅速下降至原来的数万分之一,并且在 − 0.1～1.2 V(SCE) 范围内一直 稳定。Fe、Ni、Cr、M 等金属在稀硫酸中均可因阳极极化而引起钝化。

金属钝化过程比较复杂,至今还不能用严格的数学解析方法表达出来,目前只是运用图 形分析方法描述钝化过程。金属的阳极钝化可以用控制阳极电位(恒电位法) 或控制阳极 电流(恒电流法) 的方法来达到,如图 5.2 所示。用恒电位法测得的金属阳极极化曲线所反 映的电化学行为比较显著,可以较方便地分析各种金属的钝化、活化规律,如图 5.2(a) 所 示。若采用恒电流法则很难观察到钝化区内电流随电位的变化,如图 5.2(b) 所示。正常测 定得 ABCD 曲线,返程则得 DFA 曲线,都无法得到如图 5.2(a) 所示的曲线。

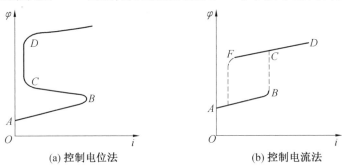

(a) 控制电位法　　　　　(b) 控制电流法

图 5.2　不同方法测得的阳极钝化曲线

图 5.3 所示是用控制电位法测得的具有活化 − 钝化行为的金属,如不锈钢的阳极极化 曲线示意图。它揭示了金属活化、钝化的各特性点和特征区。由图可知,从金属的开路电位 起,随着电极电位逐渐升高,电流密度迅速增大,在 B 点达到最大值。电极电位继续升高,电 流密度却开始大幅度下降,到达 C 点后,电流密度保持一个很小的数值,而且在 CD 电极电位 范围内,当电极电位急剧增加时,电流密度几乎不随电极电位而改变。超过 D 点后,电流密 度又随电极电位升高而增大。因此,可将此极化曲线划分成几个不同阶段:

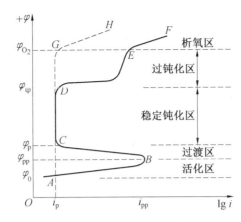

图 5.3　可钝化金属典型阳极极化曲线示意图

1. 活性溶解区 *AB* 段

金属进行正常的阳极溶解,溶解速度受活化极化控制,其中直线部分为塔费尔直线。

2. 活化、钝化过渡区 *BC* 段

点 *B* 对应的电极电位称为初始钝化电位(Primary Passive Potential),也称为致钝电位。点 *B* 对应的临界电流密度称为致钝电流密度,用 i_{pp} 表示。因为一旦电流密度超过 i_{pp},电极电位大于 φ_{pp},金属就开始钝化,此时电流密度急剧降低。由于 *BC* 段为活化 – 钝化过渡区,在此电极电位区间,金属表面状态发生急剧变化,并处于不稳定状态。

3. 稳定钝化区 *CD*

当电极电位达到 *C* 点后,金属转入完全钝态,通常把这点的电极电位称为初始稳态钝化电位 φ_p。*CD* 电极电位范围内的电流密度通常很小,在 $\mu A/cm^2$ 数量级,而且几乎不随电极电位变化。这一微小的电流密度称为维钝电流密度 i_p。维钝电流密度很小,反映了金属在钝态下的溶解速度很小。

4. 过钝化区 *DE* 段

当电极电位超过 *D* 点后电流密度又开始增大。*D* 点的电极电位称为过钝化电位 φ_{tp}(Transpassive Potential)。此电极电位区段电流密度又增大了,通常是由于形成了可溶性的高价金属离子,如不锈钢在此区段有高价铬离子形成,引起钝化膜的破坏,使金属又发生了腐蚀。

5. 氧析出区 *EF* 段

当达到氧的析出电位后,电流密度开始增大,这是由于氧的析出反应造成的。对于某些体系,由于不存在 *DE* 过钝化区,阳极极化曲线直接达到 *EF* 析氧区,如图 5.3 中虚线 *DGH* 所示。

由此可见,通过控制电位法测得的阳极极化曲线,可显示出金属是否具有钝化行为以及钝化性能的好坏。可以测定各钝化特征参数,如 φ_{pp}、i_{pp}、φ_p、φ_{tp} 及稳定钝化电位范围等。同时还可用来评定不同金属材料的钝化性能,以及不同合金元素或介质成分对钝化行为的影响。

5.2　金属的自钝化

上节讨论了借助外加电源进行阳极极化而使金属发生钝化的"阳极钝化"。本节讨论在没有任何外加极化的情况下，由于腐蚀介质中氧化剂（去极化剂）的还原引起的金属钝化，即金属的自钝化。实现金属的自钝化，必须满足下列两个条件：

① 金属的致钝电位 φ_{pp} 必须低于氧化剂的氧化 – 还原平衡电位 $\varphi_{0,C}$，即 $\varphi_{0,C} > \varphi_{pp}$。

② 在致钝电位 φ_{pp} 下，氧化剂阴极还原反应的电流密度 i_C 必须大于该金属的致钝电流密度 i_{pp}，即在 φ_{pp} 下 $i_C > i_{pp}$。这样才能使金属的腐蚀电位落在该金属的阳极钝化电位范围内，如图 5.4 中的交点 e。

因为金属腐蚀是腐蚀体系中阴、阳极共轭反应的结果，对于一个可能钝化的金属腐蚀体系，如具有活化 – 钝化行为的金属在一定的腐蚀介质中，金属的腐蚀电位能否落在钝化区，不仅取决于阳极极化曲线上钝化区范围的大小，还取决于阴极曲线的形状和位置。图 5.4 所示为阴极极化对钝化的影响。假若图中阴极极化过程为活化控制，极化曲线为塔费尔直线，但可能有三种不同的交换电流，因此阴极极化的影响可能出现三种不同的情况。

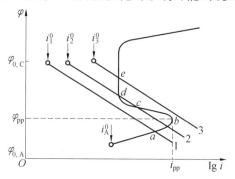

图 5.4　阴极极化对金属钝化的影响

第一种情况，图 5.4 中阴极极化曲线 1 与阳极极化曲线只有一个交点 a，该点处于活化区。点 a 对应着该腐蚀系统的腐蚀电位和电流密度，此种情况如钛在不含空气的稀硫酸或稀盐酸中的腐蚀。第二种情况，图 5.4 中阴极极化曲线 2 与阳极极化曲线有三个交点，点 b 在活化区，点 d 在钝化区，点 c 处于过渡区，所以金属处于不稳定状态。金属可能处于活化态，也可能处于钝化态，即钝化很不稳定。这种情况如不锈钢浸在除去氧的酸中，钝化膜遭到破坏又得不到及时修补，使金属腐蚀。点 b 和点 d 各处于稳定的活化区和钝化区，分别对应着高的腐蚀速度和低的腐蚀速度。第三种情况，图 5.4 中阴极极化曲线 3 与阳极极化曲线交于 e 点，这类体系或合金处于稳定的钝态，金属会自发地钝化，所以称为自钝化。如不锈钢或钛处于含氧的酸溶液中、铁在浓硝酸中就属于此类情况。

下面将这三种情况的理论极化曲线与实测极化曲线加以对比，图 5.5 所示为它们的对应关系。从中可看出，金属钝态稳定性与阴极极化是密切相关的。图中第一种情况实测曲线的起始电位对应腐蚀系统的混合电位，即理论曲线图中阴、阳极极化曲线的交点位置。图中第二种情况，c – d 间对应实测极化曲线出现负电流，这显然是由于腐蚀系统的还原速度大于氧化速度。由图还可看出,只有当阴极电流密度超过阳极的最大电流密度(i_{pp})时,即图中第三种情况,该金属才可能发生钝化。因此可以得出这样一个结论,即金属腐蚀系统中的致钝电流密度 i_{pp} 越小,致钝电位 φ_{pp} 越低,则金属越易钝化,耐蚀性越好。金属自动进入钝态与很多因素有关,如材料性质、氧化剂的氧化性强弱、浓度、溶液组分、温度等。

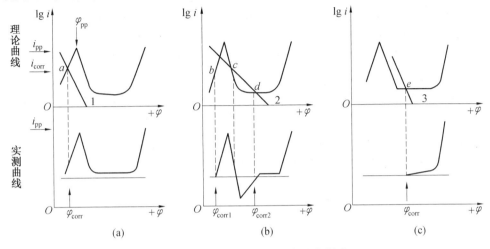

图 5.5　阴极极化曲线对钝态稳定性的影响

不同的金属具有不同的自钝化趋势。常见金属自钝化按趋势减小顺序依次为:Ti、Al、Cr、Be、Mo、Mg、Ni、Co、Fe、Mn、Zn、Cd、Sn、Pb、Cu。但这一趋势并不代表总的腐蚀稳定性,只能表示钝态所引起的阳极过程阻滞而使腐蚀稳定性增加。如果将容易产生自钝化金属和钝性较弱的金属合金化,同样可使合金的自钝化趋势得到提高,使耐蚀性明显增大,此外,在可钝化金属中添加一些阴极性组分(如 Pt、Pd)进行合金化,也可促进自钝化,并提高合金的热蚀性,这是因为腐蚀表面与附加的阴极性成分相接触,从而引起表面活性区阳极极化加剧而进入钝化区。

自钝化的难易不但与金属材料本身有关,还受电极还原过程的条件所控制。较常见的有,由电化学反应控制的还原过程引起的自钝化和由扩散控制的还原过程引起的自钝化。上面已阐述过的三种阴极极化的第三种情况就是属于前者。图5.6所示的铁和镍在硝酸中的腐蚀就是这种情况的典型例证。该图说明了氧化剂浓度和金属材料对自钝化的影响。当铁在稀硝酸中时,因 H^+ 和 NO_3^- 的氧化能力不够高或浓度不够大,它们只有小的阴极还原速度(i_{C,H^+} 或 i_{C,NO_3^-}),这就不足以使铁的阳极极化提高到铁的致钝电位 φ_{pp} 和致钝电流 $i_{pp,Fe}$。结果腐蚀电位和腐蚀电流密度稳定在极化曲线的交点 1 或交点 2,因此铁被剧烈地溶解。若把硝酸浓度加大,则 NO_3^- 的初始电位就

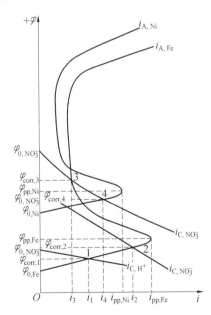

图 5.6　氧化剂浓度和金属材料对自钝化的影响

会向正移,使腐蚀电位和腐蚀电流密度相交于交点 3,此时铁就进入了钝态。

可是在这种情况下,对于致钝电位较高的 Ni 来说,却反而落入交点 4,进入活化区。由此可见,对于金属腐蚀,不是所有的氧化剂都能作为钝化剂,只有初始还原电位高于金属的阳极致钝电位且极化阻力(阴极极化曲线斜率)较小的氧化剂,才有可能使金属进入自钝化。

若自钝化的电极还原过程是由扩散控制,则自钝化不仅与进行电极还原的氧化剂浓度有关,还取决于影响扩散的其他因素,如金属转动、介质流动和搅拌等。如图 5.7 所示,当氧浓度较小时,极限扩散电流密度(i_{L1})小于致钝电流密度($i_{pp,Fe}$),使共轭阴、阳极极化曲线交于点 1 活化区,金属便不断地溶解。如增大氧浓度,使 $i_{L2} > i_{pp,Fe}$ 时,则金属便进入钝化状态,其腐蚀稳定电位交于阳极极化曲线的钝化区。此时氧通过共轭极化使金属溶解,同时又与溶解的金属产物结合而使金属表面发生钝化。若对介质进行搅拌,相当于提高了介质同金属表面的相对运动速度,则由于扩散层变薄,进而提高了氧的还原速度,$i_{L2} > i_{pp}$(图 5.8)。这样共轭极化曲线便交于点 2,进入钝化区。

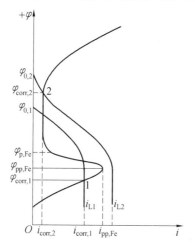 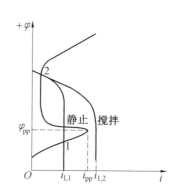

　　图 5.7　氧化剂浓度对金属自钝化的影响　　　图 5.8　溶液搅拌对金属自钝化的影响

溶液组分如溶液酸度、卤素离子、络合剂等也能影响金属钝化。通常金属在中性溶液中比较容易钝化,这与离子在中性溶液中形成的氧化物或氢氧化物的溶解度较小有关。在酸性或碱性溶液中金属较难钝化,这是因为在酸性溶液中金属离子不易形成氧化物,而在碱性溶液中又可能形成可溶性的酸根离子(例如 MO_2^{2-})。许多阴离子(尤其是卤素离子)的存在,甚至可以使已经钝化了的金属重新活化。例如,氯离子的存在可以使不锈钢出现点蚀现象。活化剂质量分数越大,破坏越快。活化剂,按其活化能力的大小可排列为如下次序,条件不同,此次序会有所变化:

$$Cl^- > Br^- > I^- > F^- > ClO_4^- > OH^- > SO_3^-$$

电流密度、温度以及金属表面状态对金属钝化也有显著影响。例如,当外加阳极电流密度大于致钝电流密度 i_{pp} 时,可使金属进入钝化状态。将阳极电流密度提高,可加速金属钝化、缩短钝化时间。温度对金属钝化影响也很大,当温度升高时,往往由于金属阳极致钝电流密度的变大及氧在水中溶解度的下降,而令金属难于钝化。反之,温度降低,金属容易出现钝化。

金属表面氧化物的存在促使金属钝化。用氢气处理后的铁暴露于空气中后,其表面形成氧化膜,若在碱中进行阳极极化,其表面会立即出现钝化。若未在空气中暴露,处理后直接在碱中进行阳极极化,则需经较长时间后材料表面才能出现钝化。

5.3　钝化理论

金属钝化是一种界面现象,它没有改变金属本体的性能,只是使金属表面在介质中的稳定性发生了变化。金属由活性状态变为钝态是一个很复杂的过程,目前对其机理还存在着不同的看法,还没有一个完整的理论可以解释所有的钝化现象。下面扼要介绍目前认为能较满意地解释大部分实验事实的两种理论,即成相膜理论和吸附理论。

5.3.1　成相膜理论

成相膜理论:金属表面可生成一层致密的、覆盖性良好的固体产物薄膜,这层产物膜会构成独立的固相膜层,把金属表面与介质隔离开来,阻碍阳极过程的进行,导致金属溶解速度降低。正是这层膜的作用使金属处于钝态。

成相膜理论的证据是能够直接观察到钝化膜的存在,除了用椭圆偏光法已经直接观察到成相膜的存在外,用 X 射线及电子衍射、电子探针、原子吸收、电化学法等也能测定出膜的结构、成分和厚度。如测出铁在硝酸溶液中的钝化膜厚度为 2.5 ~ 3.0 nm,碳钢的钝化膜厚度为 9 ~ 10 nm,不锈钢上的,钝化膜厚度为 0.9 ~ 1.0 nm。利用电子衍射对钝化膜进行相分析,证实了大部分钝化膜是由金属氧化物组成的。例如,铁的钝化膜是 $\gamma - Fe_2O_3$、$\gamma - FeOOH$,铝的钝化膜是无孔的 $\gamma - Al_2O_3$。除此以外,有些钝化膜是由金属难溶盐组成的,如硫酸盐、磷酸盐、硅酸盐等。由于膜的溶解是一个纯粹的化学过程,其溶解速度应与电位无关。

钝化膜极薄,金属离子和溶液中某些阴离子可以通过膜进行迁移,即成相膜具有一定的离子导电性。因而金属达到钝态后并未完全停止溶解,只是溶解速度降低了。

如果将钝化金属通以阴极电流进行活化,得到的阴极充电曲线上往往出现电位变化缓慢的水平阶段,如图 5.9 所示。这表明还原钝化膜时,需要消耗一定的电量。在某些如 Ca、Ag、Pb 等金属上呈现出的活化电位与致钝电位很相近,这说明这些金属上钝化膜的生长与消失是在接近于可逆条件下进行的。这些电位往往与该金属的已知化合物的热力学平衡电位相近,而且电位随溶液 pH 的变化规律与氧化物电极反应的平衡电极电位相符合,即与下述电极反应的电极电位相符:

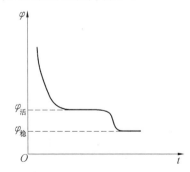

图 5.9　钝态金属的阴极充电曲线示意图

$$M + nH_2O \longrightarrow MO_n + 2nH^+ + 2ne^-$$

或
$$M + nH_2O \longrightarrow M(OH)_n + nH^+ + ne^-$$

此外,根据热力学计算,多数金属氧化物的生成电位都比氧的析出电位低得多。因此,金属有可能不通过原子氧或分子氧的作用,而直接由阳极反应生成氧化物。以上事实证明了成相膜的存在,有力地支持了这一理论。

只有在金属表面上直接生成固相产物才能导致钝化。这种表面膜层很可能是由于表面金属原子与定向吸附的水分子(酸性溶液),或与吸附的 OH^-(碱性溶液)之间的相互作用而形成的。一旦钝化膜形成,在适当的条件下,膜会继续增长。这可能是金属离子与阴离子在膜/溶液界面上,或在金属/膜界面上(由膜的性质而定)发生进一步作用的结果。

卤素等阴离子对金属钝化现象的影响有两方面。当金属还处在活化态时,它们可以和水分子以及 OH^- 等在电极表面上竞争吸附,延缓或阻止钝化过程的进行;当金属表面上存在固相的钝化膜时,它们又可以在金属氧化物与溶液之间的界面上吸附,凭借着扩散和电场作用进入氧化膜内,成为膜层内的杂质组分,这种掺杂作用能显著地改变膜层的离子电导和电子电导性,使金属的氧化速度增大。

5.3.2　吸附理论

吸附理论把腐蚀金属的钝化归因于氧或含氧粒子在金属表面的吸附。由于此类吸附改变了金属/溶液界面的结构,阳极反应的活化能显著提高。吸附理论认为金属的钝化是由于金属本身的活化能力降低,而不是膜的隔离作用。

此理论的主要实验依据是电量的测量结果。因为某些情况下,只需要在每平方厘米电极上通过十分之几毫库仑的电量就能使金属产生钝化。例如,铁在 0.05 mol/L NaOH 溶液中用 10^{-3} A/cm^2 的电流极化时发现,只需要通过 0.3 mC/cm^2 的电量就能使铁钝化,这种电量远不足以生成氧的单分子吸附层。其次是测量界面电容,该理论认为,如果界面上产生了即使是极薄的膜,界面电容值也应比自由表面上双电层的数值要小得多(因为 $C = D/4\pi d$)。但测量结果表明,在 1Cr18Ni9 不锈钢表面,金属发生钝化时界面电容改变不大,无法说明成相氧化物膜的存在。又如在铂电极上只要有质量分数为6%的表面充氧,就能使铂的溶解速度降为原来的四分之一;若有质量分数为12%的铂表面充氧,则其溶解速度就会降为原来的十六分之一。实验表明,金属表面所吸附的单分子层不一定必须完全覆盖金属表面,只要在最活泼、最先溶解的表面(如金属晶格的顶角及边缘)吸附着单分子层,便能抑制阳极过程,使金属钝化。

在金属表面吸附的含氧粒子究竟是哪一种,这要由腐蚀系统中的介质条件来定。可能是 OH^-,也可能是 O_2^-,多数情况下还可能是氧原子。实际上,引起钝化的吸附粒子不只限于氧粒子,如汞和银在氯离子作用下也可以发生钝化。吸附粒子为什么会降低金属本身反应能力呢? 这主要是因为金属表面的原子 – 离子价键处于未饱和态,当含有氧粒子时,易于吸附在金属表面,使表面的价健饱和,失去原有的活性。同时,由于氧吸附层形成过程中不断地把原来吸附在金属表面的 H_2O 分子层排挤掉,这样就降低了金属离子的水化速度,即减慢了金属的离子化过程。

吸附理论还能解释一些成相膜理论难以解释的事实。例如,不少无机阴离子能在不同程度上引起金属钝态的活化或阻碍钝化过程的发展,而且常常是在较高的电位下显示其活化作用,这一点用成相膜理论很难说清楚。从吸附理论出发,认为钝化是由于表面上吸附了某种含氧粒子,而各种阴离子在足够高的电位下,可能或多或少地通过竞争吸附,从电极表面上排除引起钝化的含氧粒子,这就解释了上述事实。根据吸附理论还可解释 Cr、Ni、Fe 等金属及其合金上出现的过钝化现象。我们知道,增大极化电位可以引起两种后果:一是含氧粒子在金属表面的吸附量随着电位升高而增多,导致阻化作用的加强;另一方面是电位升高,增强了界面电场对金属溶解的促进作用。这两种作用在一定电位范围内基本上相互抵消,因而有几乎不随电位变化的稳定钝化电流。在过钝化电位范围内则是后一因素起主导作用,使在一定正电位下生成可溶性、高价的金属含氧离子(如 CrO_4^{2-}),此种情况下氧的吸附不但不起阻化作用,反而促进高价金属离子的生成。

5.3.3　两种理论的比较

这两种钝化理论都能较好地解释大部分实验事实,也都有大量的实验事实作为支持,说明这两种理论都部分反映了钝化现象的本质。然而无论哪一种理论都不能较全面、完整地解释各种钝化机理。这两种理论的相同之处是都认为由于在金属表面生成一层极薄的钝化膜而阻碍了金属的溶解,而对于表面成膜的解释,却各不相同。吸附理论认为,只要形成单分子层的二维膜就能导致金属产生钝化;而成相膜理论认为,要使金属得到保护(不溶解),至少要形成几个分子层厚的三维膜,而最初形成的单分子吸附膜只能减轻金属的溶解,增厚的成相膜才能达到完全钝化。两种钝化理论之间的差别涉及对钝化、吸附膜和成相膜的定义问题,并无多大本质性区别。事实上,金属在钝化过程中的不同条件下,吸附膜和成相膜可分别起主要作用。

因此,在不同的具体条件下,表面无论形成成相膜还是吸附性氧化物膜,都有可能成为钝化的原因。弄清楚在什么条件下生成成相膜、什么条件下生成吸附膜,以及钝化膜的组成与结构等问题,正是当前在进一步深入研究的课题。

第6章 局部腐蚀

6.1 局部腐蚀与全面腐蚀的比较

金属腐蚀按腐蚀形态可分为全面腐蚀和局部腐蚀两大类。

全面腐蚀(General Corrosion)通常是均匀腐蚀(Uniform Corrosion),它是一种常见的腐蚀形态。其特征是腐蚀分布于金属整个表面,腐蚀结果是使金属不断变薄,最终破坏。例如碳素钢在稀硫酸中的腐蚀及钢铁材料在大气中的腐蚀等。

全面腐蚀的电化学过程特点是腐蚀电池的阴、阳极面积非常小,甚至在显微镜下也难以区分,而且微阴极和微阳极的位置变幻不定,整个金属表面在溶液中都处于活化状态,金属表面各点随时间有能量起伏,能量高时(处)为阳极,能量低时(处)为阴极,因而整个金属表面都遭到腐蚀。金属全面腐蚀速度通常以失重(增重)法及腐蚀深度法来表示。

局部腐蚀(Localized Corrosion)是相对全面腐蚀而言的。其特点是腐蚀仅局限或集中在金属的某一特定部位。局部腐蚀时阳极区和阴极区是截然分开的,其位置可用肉眼或微观检查方法加以区分和辨别。腐蚀电池中的阳极溶解反应和阴极区腐蚀剂的还原反应发生在不同区域,而次生腐蚀产物又可在其他位置形成。

局部腐蚀可分为电偶腐蚀、点蚀、缝隙腐蚀、晶间腐蚀、选择性腐蚀、磨损腐蚀、应力腐蚀断裂、氢脆和腐蚀疲劳等。后四种属于应力作用下的腐蚀,将在下一章讨论。

全面腐蚀虽可造成金属的大量损失,但其危害性远不如局部腐蚀大。因为全面腐蚀速度易于测定,容易发觉,而且在工程设计时可预先考虑留出腐蚀余量,从而防止设备过早地被腐蚀破坏。某些局部腐蚀则难以预测和预防,往往在没有先兆的情况下,使金属突然发生破坏,造成重大工程事故或人身伤亡。局部腐蚀很普通,经对767例腐蚀失效事故进行统计,得出:全面腐蚀占17.8%;局部腐蚀占80%左右,其中点蚀、应力腐蚀和腐蚀疲劳占有较大比例。

引起局部腐蚀的原因很多,例如下列各种情况:

① 异种金属接触引起的宏观腐蚀电池(电偶腐蚀),也包括阴极性镀层微孔或损伤处所引起的接触腐蚀。

② 同一金属上的自发微观电池。如晶间腐蚀、选择性腐蚀、孔蚀、石墨化腐蚀、剥蚀(层蚀)以及应力腐蚀断裂等。

③ 由差异充气电池引起的局部腐蚀,如水线腐蚀、缝隙腐蚀、沉积腐蚀、盐水滴腐蚀等。

④ 由金属离子浓差电池引起的局部腐蚀。

⑤ 由膜-孔电池或活性-钝性电池引起的局部腐蚀。

⑥ 由杂散电流引起的局部腐蚀。

在发生局部腐蚀的情况下,阳极区面积通常比阴极区面积小得多,使阳极区腐蚀非常强,虽然金属失重不大,但危害性很大。例如点蚀能使容器穿孔而报废,晶间腐蚀能使晶粒间丧失结合力,导致材料的强度丧失。表 6.1 总结了全面腐蚀和局部腐蚀的主要区别。

表 6.1　全面腐蚀与局部腐蚀的比较

项目	全面腐蚀	局部腐蚀
腐蚀形貌	腐蚀分布在整个金属表面	腐蚀破坏集中在一定区域,其他部分不腐蚀
腐蚀电池	阴、阳极在表面上变换不定,且不可辨别	阴、阳极可以分辨
电极面积	阳极面积 = 阴极面积	阳极面积 < 阴极面积
电位	阳极电位 = 阴极电位 = 腐蚀电位	阳极电位 < 阴极电位
腐蚀产物	可能对金属有保护作用	无保护作用

从图 6.1 所示的腐蚀极化图中也可看出局部腐蚀与全面腐蚀的区别。图 6.1(a) 所示为局部腐蚀的极化图。由于局部腐蚀阴、阳极间有欧姆电压降 IR,其中 I 为腐蚀电流强度,R_L 为溶液电阻,因此阳极电位 φ_A 比阴极电位 φ_C 低,二者之差等于 IR_L。全面腐蚀可忽略溶液电阻,如图 6.1(b) 所示,即 $R \to 0$,使阴、阳极极化曲线交于一点,因此阴、阳极电位相等,都等于腐蚀电位。对于局部腐蚀,阴、阳极面积不等,因而稳态腐蚀下,虽然阴、阳极通过的电流强度相等(即 I_{corr}),但阴、阳极电流密度不相等,故极化图横坐标只能用电流强度,而不能用电流密度。对于全面腐蚀,可把整个金属表面既看成阳极,又看成阴极,故稳态腐蚀下,不但阴、阳极电流强度相等,而且电流密度也相等,因此极化图的横坐标也可用电流密度表示。

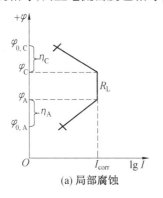
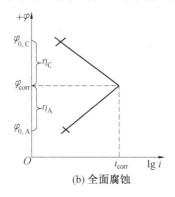

图 6.1　腐蚀极化图

6.2　电偶腐蚀

当两种电极电位不同的金属相接触并放入电解质溶液中时,即可发现电位较低的金属腐蚀加速,而电位较高的金属腐蚀速度减慢(得到了保护)。这种在一定条件(如电解质溶液或大气) 下产生的电化学腐蚀,即由于同电极电位较高的金属接触而引起腐蚀速度增大的现象,称为电偶腐蚀或双金属腐蚀、接触腐蚀。

　　该种腐蚀实际为宏观原电池腐蚀,它是一种最普遍的局部腐蚀类型。这类腐蚀的例子很多,如黄铜零件与纯铜管在热水中相接触造成的腐蚀。在此电偶腐蚀中黄铜腐蚀被加速,产生脱锌现象。如果黄铜零件接到一个镀锌的钢管上,则连接面附近的锌镀层变成阳极而被腐蚀,接着钢也逐渐产生腐蚀,黄铜在此电偶中却作为阴极而得到保护。又如,活塞式航空发动机由于汽缸(38CrMoAl合金钢经氮化处理)的镜面与胀图(生铁)倒角在特定的气体环境下相接触而引起的点状接触腐蚀。此外,碳钢与不锈钢、钢与轻金属相接触也会形成电偶腐蚀。有时虽然两种不同的金属没有直接接触,但在某些环境中甚至也有可能形成电偶腐蚀,如循环冷却水系统中铜部件可能被腐蚀,腐蚀下来的 Cr^{2+} 又通过介质扩散到轻金属表面,沉积出铜。这些疏松微小的铜粒与轻金属间构成数量众多的电池效应,致使局部产生严重的浸蚀,这一情况称为间接电偶腐蚀。

　　电偶腐蚀主要发生在不同材料相互接触的界面,而在远离接触区域腐蚀程度则轻很多。

6.2.1　电偶腐蚀的推动力与电偶序

　　在前面腐蚀电化学中已提及过电动序的概念。电动序即标准电位序,是由热力学公式计算得出的,它是按金属标准电极电位的高低排列成的次序表。此电位是指金属在活度为1的该金属盐溶液中的平衡电位。实际上,金属通常不是纯金属,而是合金,有些金属表面还有自然氧化膜。此外溶液也不可能恰好是该金属离子,且活度为1。因此电位序的电位与实际金属或合金在介质中的电位可能相差甚远。电偶腐蚀与相互接触的金属在溶液中的实际电位有关,由它构成了宏观腐蚀电池。产生电偶腐蚀的动力来自两种不同金属接触的实际电位差。一般来说,两种金属的电极电位差越大,电偶腐蚀越严重。

　　实际电位是指腐蚀电位序(电偶序)中的电位。电偶序是根据金属或合金在一定条件下测得的稳定电位(非平衡电位)的相对大小排列的次序。表 6.2 为常用材料在土壤中的电偶序,从近似电位值的大小可判断这些材料偶合时的阴、阳极性。

表 6.2　常用材料在土壤中的电偶序

材料	电位(近似值)/V
碳、焦炭、石墨	+ 0.1
高硅铸铁	+ 0.1
铜、黄铜、青铜	+ 0.1
软钢	+ 0.1
铅	− 0.2
铸铁	− 0.2
生锈的软钢	+ 0.1 ~ + 0.2
干净的软钢	− 0.5 ~ + 0.2
铝	− 0.5
锌	− 0.8
镁	− 1.3

在电偶序中通常只列出金属稳定电位的相对关系,而很少列出具体金属的稳定电位值。其主要原因是实际腐蚀介质变化很大,如海洋环境中海水的温度、pH、成分及流速都很不稳定,测得的电位值波动范围大,数据重现性差,加上测试方法的差异,数据差别较大,因此只能提供一种经验性数据,但表中的上下关系却可以定性地比较出金属的腐蚀倾向。

电偶序数据也可作为其他环境中研究电偶效应的参考依据。但为了更好地考虑一些实际破坏事故,最好是实际测量有关金属或合金在具体环境介质中的稳定电位(自腐电位)和进行必要的电偶实验,以获取切实的结果。电偶的实际电位差是产生电偶腐性的必要条件,它标志着发生电偶腐蚀的热力学可能性,但它不能决定腐蚀电偶的效率,因还需知道极化性能以及腐蚀行为的特性等。

6.2.2　电偶腐蚀机理

由电化学腐蚀动力学可知,两金属偶合后的腐蚀电流强度与电位差、极化率及欧姆电阻有关。接触电位差越大,金属腐蚀越严重,因为电偶腐蚀的推动力越大。电偶腐蚀速度又与电偶电流成正比,其大小可用下式表示:

$$I_g = \frac{\varphi_C - \varphi_A}{\dfrac{P_C}{S_C} + \dfrac{P_A}{S_A} + R} \tag{6.1}$$

式中　　I_g——电偶电流强度;

　　　　φ_C、φ_A——阴、阳极金属偶接前的稳定电位;

　　　　P_C、P_A——阴、阳极金属的极化率;

　　　　S_C、S_A——阴、阳极金属的面积;

　　　　R——欧姆电阻(包括溶液电阻和接触电阻)。

由式(6.1)可知,电偶电流随电位差的增大和极化率、欧姆电阻的减小而增大,从而使阳极金属腐蚀速度加大,阴极金属腐蚀速度降低。

在电偶腐蚀中,为了较好地表示两种金属偶接后阳极金属溶解速度增加了多少倍,常用电偶腐蚀效应表示之。例如,两种金属偶接后,阳极金属 1 的腐蚀电流密度 $i_{A,1}$ 与未偶合时该金属的自腐蚀电流密度 i_1 之比 γ 称为电偶腐蚀效应

$$\gamma = \frac{i_{A,1}}{i_1} = \frac{i_g + i_{C,1}}{i_1} = \frac{i_g}{i_1} \tag{6.2}$$

式中　　i_g——阳极金属的电偶电流密度,即单位阳极面积上的电偶电流;

　　　　$i_{C,1}$——阳极金属 1 上的阴极还原电流密度,相对于 i_g,$i_{C,1}$ 一般很小,可忽略。

由式(6.2)可知,γ 越大,电偶腐蚀越严重。依据混合电位理论,利用腐蚀极化图可以更好地说明电偶腐蚀关系。图 6.2 所示为金属 1 和金属 2 偶接后的电极动力学行为。当两种不同的金属在同一电解液中组成电偶时,两者都发生极化。它们各自以一种新的速度重新进行腐蚀。偶接后的腐蚀电位和极化参数有些什么改变呢? 假设金属 1 的电位比金属 2 的电位低,且两者表面积相同,又同在一个腐蚀介质(如含有 H^+ 为去极化剂的溶液)中,此时两种金属都有其各自的电极反应

金属 1 上:　　　　　　$M_1 \longrightarrow M_1^{2+} + 2e^-$　　($i_{A,1}$)

$$2H^+ + 2e^- \longrightarrow H_2 \uparrow \quad (i_{C,1})$$

金属 2 上：
$$M_2 \longrightarrow M_2^{2+} + 2e^- \quad (i_{A,2})$$
$$2H^+ + 2e^- \longrightarrow H_2 \uparrow \quad (i_{C,2})$$

两金属偶接之前，金属 1 和 2 的自腐蚀电位分别为 φ_1 和 φ_2，它们的自腐蚀电流分别为 i_1 和 i_2（图 6.2）。i_1 和 φ_1 是由金属 1 的理论阳、阴极极化曲线 $i_{A,1}$ 和 $i_{C,1}$ 的交点决定的。i_2 和 φ_2 是由金属 2 的理论阴、阳极极化曲线 $i_{C,2}$ 和 $i_{A,2}$ 的交点决定的。曲线 i_A 是金属 1 的实际阳极极化曲线，代表金属 1 上氧化反应速度 $i_{A,1}$ 与还原反应速度 $i_{C,1}$ 之差，即 $i_A = i_{A,1} - i_{C,1}$。

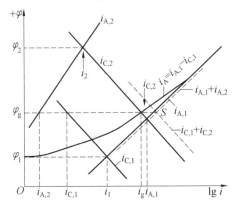

图 6.2　电偶腐蚀极化图

当两种金属偶接后，体系总的混合电位为 φ_g，即电偶电位。它是由总的氧化反应曲线 $(i_{A,1} + i_{A,2})$ 和总的还原反应曲线 $(i_{C,1} + i_{C,2})$ 的交点 S 决定的。由交点 S 作水平线，与纵轴相交得 φ_g。水平线 $\varphi_g S$ 与阳极极化曲线 i_A 的交点可得电偶电流 i_g，与 $i_{A,1}$ 和 $i_{C,1}$ 曲线的交点可得 $i_{A,1}$ 和 $i_{C,1}$。同样与 $i_{A,2}$ 和 $i_{C,2}$ 曲线的交点可得 $i_{A,2}$ 和 $i_{C,2}$。电偶电位 φ_g 处于两金属的自腐蚀电位 φ_1 和 φ_2 之间，可通过实验测得。根据实验测得的 φ_g 作水平线 $\varphi_g S$，与阳极极化曲线 i_A 的交点也可得到电偶电流 i_g。i_g 也可由实验直接测得。

由图 6.2 可以看出，形成腐蚀电偶后，电极电位较低的金属 1 的腐蚀速度由 i_1 增加到 $i_{A,1}$，表面腐蚀加速。而电极电位较高的金属 2 的腐蚀速度却由 i_2 减小到 $i_{A,2}$，即得到保护。由于 $i_{A,1} = i_g + i_{C,1}$，而 $i_{C,1}$ 已降到很小的数值，通常可忽略，因而可得电偶腐蚀效应 $\gamma = i_{A,1}/i_1 = i_g/i_1$。实验测得 i_g 和 i_1 后就可求得 γ 的近似值。由上述分析可看出，电偶腐蚀加速了电极电位较低金属的腐蚀，并使电极电位较高的金属得到保护，而且在两金属交界处腐蚀最严重（图 1.1(e)）。

6.2.3　影响电偶腐蚀的因素

除了材料因素外，影响电偶腐蚀的因素还有以下几方面。

1. 面积效应

电偶腐蚀率与阴、阳极相的面积比有关。通常，增加阳极面积可以降低腐蚀率。电化学腐蚀原理表明小阳极和大阴极构成的电偶腐蚀最危险，如浸入海水中大铜板上带有铁铆钉试件的腐蚀就是如此，作为小阳极铁柳钉受到严重腐蚀，如图 6.3(a) 所示。反之，大阳极和小阴极的连接,则危险性较小。如大铁板上带有铜铆钉,电偶效应就大大降低了,如图 6.3(b) 所示。

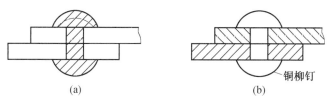

图 6.3 不同阴、阳极面积比时,电偶腐蚀的示意图

若电偶腐蚀为阴极扩散控制的话,阴、阳极面积比对腐蚀速度影响的情况就较复杂了。如当阴极去极化剂(氧化剂)是氧,阴极过程往往受氧的扩散所控制,阴极金属仅起氧电极的作用。下面具体分析在这种情况下两种金属偶合面积比的影响问题。

将两种金属 1 和 2 联成电偶,浸入含氧的中性电解液中,电偶腐蚀受阴极氧的扩散控制。假定金属 2 的电极电位比金属 1 的高,如 Pt 或不锈钢等惰性金属,如图 6.4 所示。当连成电偶后,其中 A_1 和 C_1 分别表示金属 1 的阳极区和阴极区;S_1 表示金属 1 的表面积;S_2 表示金属 2 的表面积。因金属 2 是惰性金属,忽略共阳极溶解电流 $I_{A,2}$,相当于在此金属上只发生氧的还原反应。

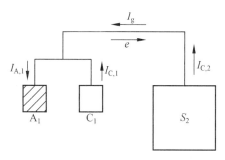

图 6.4 大面积惰性阴极加速电偶腐蚀示意图

根据混合电位理论,在电偶电位 φ_g 下,两金属总的氧化反应电流和还原反应电流相等,即

$$I_{A,1} = I_{C,1} + I_{C,2} \tag{6.3}$$

式中　$I_{A,1}$——金属 1 的阳极溶解电流;

　　　$I_{C,1}$——金属 1 上还原反应电流;

　　　$I_{C,2}$——金属 2 上还原反应电流。

设 S_1 和 S_2 分别为金属 1 和金属 2 的表面积,则

$$i_{A,1}S_1 = i_{C,1}S_1 + i_{C,2}S_2 \tag{6.4}$$

因阴极过程受氧的扩散控制,不管金属 1 还是金属 2,氧都是靠扩散到达 S_1 和 S_2,故其阴极电流密度相等,都等于氧的极限扩散电流密度 i_L。

$$i_{C,1} = i_{C,2} = i_L \tag{6.5}$$

代入式(6.4),整理可得

$$i_{A,1} = i_L\left(1 + \frac{S_2}{S_1}\right) \tag{6.6}$$

此即"集氧面积原理"表达式。

因电偶电流为

$$I_g = I_{A,1} - I_{C,1} = I_{C,2} \tag{6.7}$$

$$i_g = i_L \frac{S_2}{S_1} \tag{6.8}$$

可见，i_g 与金属2的面积成正比，S_2 越大，"集氧作用"越大，i_g 越大，电偶腐蚀越严重。由式(6.8)代入式(6.6)可得金属1的腐蚀速度 $i_{A,1}$ 和电偶腐蚀效应 γ：

$$i_{A,1} = i_g \left(1 + \frac{S_2}{S_1} \right) \tag{6.9}$$

$$\gamma = \frac{i_{A,1}}{i_{corr,1}} = \frac{i_g}{i_{corr,1}} \left(1 + \frac{S_2}{S_1} \right)$$

因腐蚀受阴极氧的扩散控制，$i_{corr,1} = i_L$，故

$$\gamma = 1 + \frac{S_2}{S_1} \tag{6.10}$$

可见，当 $S_2 \gg S_1$ 时，电偶腐蚀速度大大增加。因此常用大面积的惰性电极(如不锈钢或 Pt 片)进行加速电偶腐蚀实验。当 $S_2 \ll S_1$ 时，$\gamma \approx 1$，即很小的惰性电极对大面积金属总的腐蚀速度影响不大，但可能引起明显的局部腐蚀。因为 $i_{corr,1}$ 和 i_g 可实验测量，故可求得 $i_{A,1}$ 和 γ 等参数。

2. 环境因素

通常，在一定的环境中耐蚀性较低的金属是电偶的阳极。但有时在不同的环境中同一电偶的电位会出现逆转，从而改变材料的极性。同一对电偶在不同的介质中阴阳极会出现逆转。如锡和铁，在水中锡为阴极，铁为阳极；但在大多数有机酸中锡为阳极遭到腐蚀，而铁为阴极得到保护。又如钢和锌偶合后在一些水溶液中锌被腐蚀，钢得到保护。如水温较高(80 ℃ 以上时)，电偶的极性就会逆转，钢成为阴极而被腐蚀。又如镁和铝偶合后在中性或微酸性氯化钠溶液中，镁呈阳极性，可是随着镁的不断溶解，溶液变碱性，铝反而成为阳极。

3. 溶液电阻的影响

在双金属腐蚀的实例中很容易从连接处附近的局部浸蚀来识别电偶腐蚀效应。这是因为在电偶腐蚀中阳极金属的腐蚀电流分布是不均匀的，在连接处由电偶效应所引起的加速腐蚀最大，距离接合部位越远，腐蚀也越小。此外，介质的电导率也会影响电偶腐蚀率。如电导性较高的海水，可以使活泼金属的受侵面扩大(扩展到离接触点较远处)，从而降低浸蚀的严重性。但在软水或大气中，浸蚀集中在接触点附近，浸蚀严重，危险性大。

6.2.4　控制电偶腐蚀的措施

前面已提及过两种金属或合金的电位差是电偶效应的动力，是产生电偶腐蚀的必要条件，在实际结构设计中应尽可能使相互接触金属间的电位差达最小值。经验认为，电位差小于 50 mV 时电偶效应通常可以忽略不计。在飞行器结构中材料品种繁杂，某些零部件又往往因其特殊功用而需要采用某种规定的合金材料。因此，如何防止或减小电偶效应是一个

相当重要的问题,除规定接触电位差小于一定值外,还应采用消除电偶效应的措施。飞机结构中规定金属或合金电位差在 0.25 V 以下的才允许接触,但仍应采用一定程度的消除电偶效应的措施。

在生产过程中不要把不同金属的零件堆放在一起,在任何情况下有色金属零件都不能和黑色金属零件堆放在一起,以免引起锈蚀。铁屑落在镁合金零件上、用金刚砂砂纸打磨镁合金时,金刚砂粒落在或嵌入镁合金表面、用喷钢铁零件的砂子(里面含有铁锈、铁屑、热处理残盐等污物)喷镁合金零件等,都易引起镁合金锈蚀。

为了避免出现大阴极和小阳极的不利面积效应,螺钉、螺帽、焊接点等通常采用比基体稍稳定的材料,以使被固接的基体材料呈阳极性,避免强烈的电偶效应。或采用牺牲阳极保护法,接上比两接触金属更不耐蚀的第三块金属。

隔绝或消除阴极去极化剂(如溶解 O_2 和 H^+),也是防止电偶腐蚀的有效办法,因为这些物质是腐蚀体系中进行阴极反应所不可缺少的。所以,当钢和铜接触用于封闭的热水系统时,若加入适当的水溶性缓蚀剂,则可以较好地防止电偶腐蚀。

6.3　点　　蚀

6.3.1　点蚀的形貌特征及产生条件

点蚀又称孔蚀,是常见的局部腐蚀之一,是化工生产和航海事业中常遇到的腐蚀破坏形态。蚀孔有大有小,多数情况下为小孔。一般情况下,点蚀表面直径等于或小于它的深度,只有几十微米,分散或密集分布在金属表面上,孔口多数被腐蚀产物所覆盖,点蚀的几种形貌如图 6.5 所示。蚀孔的最大深度与按失重计算的金属平均腐蚀深度的比值称为点蚀系数,点蚀系数越大表示点蚀越严重。

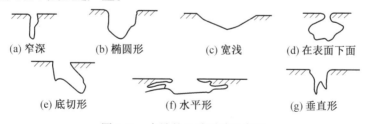

(a) 窄深　　　(b) 椭圆形　　　(c) 宽浅　　　(d) 在表面下面

(e) 底切形　　　　(f) 水平形　　　　(g) 垂直形

图 6.5　点蚀的几种形貌示意图

腐蚀从起始到暴露需经历一个诱导期,诱导期长短因材料及腐蚀条件而异。蚀孔通常沿着重力方向或横向发展,并向深处加速进行,但有些蚀孔也会因外界等因素的改变而停止发展,铝在大气中的某些蚀孔就常出现这种现象。

由于钝态的局部破坏,金属容易钝化的孔蚀现象尤为显著。如铝及铝合金、不锈钢、耐热钢、钛合金等,在大多数含有氯离子或氯化物的腐蚀介质中,都有发生点蚀的可能。在阳极极化条件下介质中只要含有氯离子,金属就很容易发生点蚀。点蚀随着氯离子浓度增大而加速,其他阴离子如 Br^-、$S_2O_3^{2-}$、I^- 或过氯酸盐或硫酸盐等也可诱发点蚀。尤其是当钝化膜表面存在机械裂缝、擦伤、夹杂物或合金相、晶间沉淀、位错露头、空穴等缺陷造成膜的厚度不均匀时,更易诱发局部破坏。缺陷处易显露基体金属,成为电偶的阳极,而未被破坏处则成为阴极,于是就形成了活性－钝性腐蚀电池,使点蚀的产生具备了条件。可见,既有钝化剂又有活化剂的腐蚀环境,是易钝化金属产生点蚀的必要条件,而钝化膜的缺陷及活性离子的存在是引起点蚀的主要原因。

此外,当金属上有机械保护的阴极性镀层(如钢上镀铬、镀镍、镀锡、镀铜等)时,在镀层的孔隙处也会发生底部金属的点状腐蚀。因为,当这些镀层上某点发生破坏时,破坏区下的金属基体与镀层未破坏区形成电偶腐蚀电池,由于阳极面积比阴极小得多,阳极电流密度很大,很快就被腐蚀成小孔。

发生点蚀需在某一临界电位以上,该电位称为点蚀电位(或称击穿电位)。点蚀电位随介质中氯离子质量分数的增加而下降,使点蚀易于发生。

6.3.2　点蚀的电化学特性

当做动电位阳极极化扫描时,在极化电流密度达到某个预定值后,立即自动回扫,可得到环状阳极极化曲线,如图 6.6 所示。一些易钝化金属在大多数情况下,回扫曲线出现这种滞后现象。

图中,i_e 为开始反向回扫时的电流值,φ_{br} 称为点蚀电位(临界破裂电位、击穿电位),对应钝化膜开始破裂,极化电流迅速增大,自该电位起发生点蚀。正反向极化曲线所包络的面积,称为滞后包络面积(滞后面积),包络曲线称为滞后环。正反向极化曲线的交点(φ_{rp})称为保护电位或再钝化电位,即低于 φ_{rp} 时不会生成小蚀孔。在滞后包络面积中(电位 $\varphi_{br} \sim \varphi_{rp}$

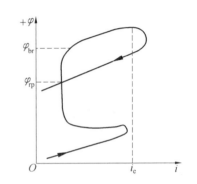

图 6.6　可钝化金属典型的"环状"阳极极化曲线示意图

间),原先已生成的小蚀孔仍能继续扩展,只有在低于电位 φ_{rp} 的钝化区,已形成的点蚀将停止发展并转入钝态。

实验表明,滞后包络面积越大,局部腐蚀的倾向性也越大。现代腐蚀基础研究和工程技术中,已把破裂电位、保护电位和滞后包络面积作为衡量点蚀敏感性的重要指标。

图 6.7(a)所示为纯铁在含 10^{-2} mol/L 的氯化物溶液中的极化滞后行为。图 6.7(b)所示为在电位－pH 坐标中划分出了免蚀区、腐蚀区、钝化区、点蚀区以及保护电位的图线。该线几乎与 pH、Cl^- 含量无关,把钝化区分成完全钝化区和不完全钝化区。φ_{rp} 线以下表明设有蚀孔萌生表明 φ_{rp} 以下没有蚀孔萌生,钝化膜完好。φ_{rp} 线以上、φ_{br} 线以下区域表示点蚀不会萌生,但已形成的蚀坑可继续发展。图 6.7(b)表明 pH = 6 以下无钝化,仅引起全面性腐蚀,图中点 1 和点 2 的连线表示铁在 pH = 8、含 10^{-2} mol/L 氯化物溶液中不同电位时的腐蚀行为。当受浸的溶液不含有氧或其他氧化剂时,其自腐电位在点 1,会引起析氢型的全面性腐蚀。当仅在铁基体的部分表面存在脱氧状态时,全面性腐蚀就变成局部腐蚀了(点3)。若有溶解氧,腐蚀电位则上升到点 2,发生点蚀。上述各种情况中的腐蚀产物为氧化物或氢氧化物,如 Fe_3O_4 或 $Fe(OH)_3$,缝隙和蚀孔内部因有如下的水解反应

$$3Fe^{2+} + 4H_2O \longrightarrow Fe_3O_4 + 8H^+ + 2e^-$$

$$Fe^{3+} + 3H_2O \longrightarrow Fe(OH)_3 + 3H^+$$

其固态腐蚀产物堆积在缝隙和蚀孔内部,造成阻塞;另由于水解反应生成的 H^+ 造成内部酸化,蚀坑内腐蚀性更强。

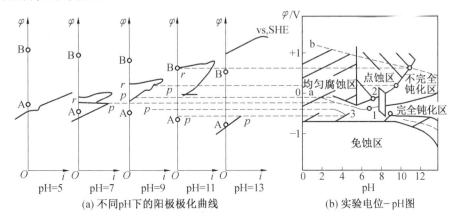

(a) 不同pH下的阳极极化曲线　　　　(b) 实验电位 - pH图

图 6.7　纯铁在含有 10^{-2} mol/L(355 mg/kg) 的氯化物溶液中

由上述纯铁的实验电位 - pH图可以看出:点蚀倾向随着电位的升高而增大,随着 pH 的增大而减小。可见,点蚀与电位和 pH 有密切的关系。很多实验证明,提高溶液的 pH,可使材料的破裂电位显著升高,从而引起点蚀的出现。

保护电位(φ_{rp})反映了蚀孔重新钝化的难易,是评价钝化膜是否容易修复的特征电位。φ_{rp} 越高,越接近 φ_{br} 值,说明钝化膜的自修复能力越强。实验表明,一切易钝化金属或合金都能测得滞后现象的数据。已测到钢的保护电位值为 -400 ~ 200 mV(SHE),铜的保护电位值为 270 ~ 420 mV(SHE)。

点蚀电位(φ_{br})也是判断材料抗点蚀性能的一个重要参数。表 6.3 为加入不同质量分数的 Mo 的 Fe - 15Cr - 13Ni 钢在 25 ℃ 下,0.1 mol/L NaCl 溶液中的不同 φ_{br} 值。表中数据说明随着 Mo 质量分数的提高,φ_{br} 值也提高,其抗点蚀性增强。

表 6.3　Mo 质量分数对 Fe - 15Cr - 13Ni 钢点蚀电位的影响

$w(Mo)/\%$	0.0	0.42	0.92	1.40	1.80	2.40
$\varphi_{br}/mV(SHE)$	280	300	340	400	535	732

6.3.3　点蚀机理

点蚀的发生、发展可分为两个阶段,即蚀孔的成核和蚀孔的生长过程。点蚀的产生与腐蚀介质中活性阴离子(尤其 Cl^-)的存在密切相关。在钝化章节中已经说明:处于钝态的金属仍有一定的反应能力,钝化膜的溶解和修复(再钝化)处于动态平衡。当介质中存在活性阴离子时,平衡即被破坏,使溶解占优势。关于蚀孔成核的原因现有两种说法。一种说法认为,点蚀的发生是氯离子和氧竞争吸附所造成,当金属表面上氧的吸附点被氯离子所替代时,点蚀就发生了。其原因是氯离子选择性吸附在氧化膜表面阴离子晶格周围,置换了水分子,Cl^- 就有一定概率和氧化膜中的阳离子形成络合物(可溶性氯化物),促使金属离子溶入溶液中,在新露出的金属特定点上生成小蚀坑,成为点蚀核。另一说法认为,氯离子半径小,可穿过钝化膜进入膜内,产生强烈的导电感应离子,使膜在特定点上维持高的电流密度并使阳离子杂乱移动,当膜 – 溶液界面的电场达到某一临界值时,就发生点蚀。关于小孔腐蚀机理,仍然是一个有争议性的问题。

蚀核既可在光滑的钝化金属表面上任何位置形成,更易在钝化膜缺陷、夹杂物和晶间沉积处优先形成。在大多数情况下,蚀核将继续长大,当长至一定的临界尺寸(一般孔径大于30 μm)时,出现宏观蚀坑。若在外加阳极极化作用下,只要介质中含有一定量氯离子,在一定的阳极(破裂)电位下就会加速膜上“变薄”点的破坏。电极界面的金属阳离子不形成水化的氧化物离子,而是形成氯离子的络合物,促进“催化”反应的进行,并随静电场的增大而加速。一旦膜被击破,溶解速度就会急剧增大,便可使蚀核发展成蚀孔。

若含氯离子的介质中有溶解氧或阳离子氧化剂(如 Fe^{3+}),也可促使蚀核长大成蚀孔,因为氧化剂可使金属的腐蚀电位上升至点蚀临界电位以上。蚀孔一旦形成,点蚀的发展是很快的。

关于点蚀的发展机理也有很多学说,现较为公认的是蚀孔内发生的自催化过程。图6.8所示为铝材上点蚀自发进行的情况,此过程是一种自催化闭塞电池作用的结果,现对其进行以下扼要说明。

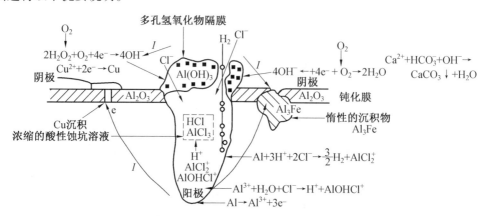

图6.8　铝点蚀成长(发展)的电化学机理示意图

在蚀孔内部,孔蚀不断向金属深处腐蚀,Cl^- 向孔内迁移而富集,金属离子的水化使孔内溶液酸化,使致钝化电位升高,并使再钝化过程受到抑制。这是因为,当点蚀一旦发生,点蚀孔底部金属铝便发生溶解,即

$$Al \longrightarrow Al^{3+} + 3e^-$$

如果是在含氯离子的水溶液中,则阴极为吸氧反应(蚀孔外表面),孔内溶解氧浓度下降而孔外富氧形成氧浓差电池。孔内金属离子不断增加,在孔蚀电池产生的电场作用下,蚀孔外阴离子(Cl^-)不断地向孔内迁移、富集,孔内氯离子质量分数增大。同时由于孔内金属离子质量分数的增大而发生以下水解

$$Al^{3+} + H_2O + Cl^- \longrightarrow H^+ + AlOHCl^+$$

结果孔内溶液中氢离子浓度增大,pH 减小,溶液酸化。这相当于使蚀孔内金属处于 HCl 介

质中,金属铝处于活化溶解状态。水解产生的氢离子和孔内的离子又促使蚀孔侧壁的铝继续溶解,从而发生自催化反应。

$$Al + 3H^+ + 2Cl^- \longrightarrow \frac{3}{2}H_2 \uparrow + AlCl_2^+$$

孔内浓盐溶液的高导电性,使闭塞电池的内阻很低,腐蚀不断发展。由于孔内浓盐溶液中氧的溶解度很低,又加上扩散困难,因此闭塞电池局部供氧受到限制。所有这些,阻碍了孔内金属的再钝化,使孔内金属处于活化状态。

蚀孔口形成了 Al(OH)$_3$ 腐蚀产物沉积层,阻碍了扩散和对流,使孔内溶液得不到稀释,从而造成了上述电池效应。

由于闭塞电池的腐蚀电流使周围得到了阴极保护,因而抑制了蚀孔周围的全面腐蚀。碳钢和不锈钢的点蚀成长机理与铝基本类似。

6.3.4　影响点蚀的因素和防止措施

点蚀与金属的本性,合金的成分、组织、表面状态,介质的成分、性质、pH、温度和流速等因素有关。金属本性对点蚀倾向有重要的影响。具有自钝化特性的金属或合金,对点蚀的敏感性较高。点蚀电位越高,说明金属耐点蚀的稳定电位范围越大。表 6.4 为几种金属与合金在氯化物介质中耐点蚀的性能。在 25 ℃、0.1 mol/L NaCl 溶液中铝最易发生点蚀,铬和钛最稳定,镍、锆、18 - 8 不锈钢居中。铝及其合金的点蚀倾向与氧化膜状态、第二相种类、合金退火温度及时间有关。钛的点蚀仅发生在质量分数较大的沸腾氯化物(质量分数为 45% 的 MgCl$_2$、质量分数为 61% 的 CaCl$_2$、质量分数为 96% 的 ZnCl$_2$)及非水溶液中。如在含有少量水的含溴甲醇溶液中,随着水含量的增加,钛则转变为稳定的钝化状态。铬、钼、氮、镍等元素对提高不锈钢耐点蚀性能十分有效,这些元素的增加,使点蚀电位升高,从而降低点蚀速率。铬含量的增加,可使钝化膜的稳定性得到提高。钼的作用在于钼以 MoO$_4^{2-}$ 的

形式溶解并吸附在金属表面,抑制了离子的破坏作用,或可能形成类似于 $O{=}Mo\diagdown^{Cl}_{Cl}$ 结构

的保护膜,防止了离子的穿透。不锈钢中加入适量的 V、Si、稀土等元素对提高其耐点蚀性能也有一定作用。此外,提高合金的均匀性,如降低硫化物夹杂、降低含碳量、适当的热处理等也可增强其抗点蚀的能力。

表 6.4　在 25 ℃、0.1 mol/L NaCl 溶液中各金属与合金的点蚀电位

金属与合金	点蚀电位 φ_b/V	金属与合金	点蚀电位 φ_b/V
Al	- 0.4	含 Cr 质量分数为 30% 的 Cr - Fe	0.62
Ni	0.28	含 Cr 质量分数为 12% 的 Cr - Fe	0.20
Zr	0.46	Cr	1.0
18 - 8 不锈钢	0.26	Ti	1.20

　　表面状态如抛光、研磨、浸蚀、变形对点蚀也有一定影响。例如,电解抛光可使钢的耐点蚀能力提高。一般光滑、清洁的表面不易发生点蚀,有灰尘或有非金属和金属杂屑的表面易引起点蚀。经冷加工变形的粗糙表面或加工后的焊渣都会引起点蚀。

　　金属的点蚀一般易发生在含有卤素阴离子的溶液中,尤以氯化物、溴化物浸蚀性最强。但材料易发生点蚀的介质也有一定的特定性。如不锈钢的点蚀易发生在含卤素阴离子溶液中,而铜则对 SO_4^{2-} 更敏感。当腐蚀介质中存在浸蚀性卤化物阴离子时,氧化性的金属离子(Fe^{3+}、Cu^{2+}、Hg^{2+})能促使点蚀的产生。溶液中含有 $FeCl_3$、$CuCl_2$、$HgCl_2$ 等二价以上重金属氯化物时,由于金属离子强烈的还原作用,还原电位较高,即使在缺氧的情况下也能在阴极上进行还原,加强阴极去极化作用,从而促进点蚀的形成和发展。所以,实验室中常用质量分数为 10% 的 $FeCl_3 \cdot H_2O$ 或质量分数为 6% 的 $FeCl_3$ 水溶液作为加速腐蚀的介质。

　　在卤素离子的质量分数等于或超过临界质量分数时点蚀才能发生,点蚀电位随着介质中氯离子质量分数的增大而下降。因此,也可把产生点蚀的最小 Cl^- 或 Br^-、I^- 质量分数作为评定点蚀趋势的一个参量。点蚀电位与卤素离子质量分数可有如下关系:

Cr17 不锈钢
$$\varphi_{br}^{Cl^-} = -0.084\lg C_{Cl^-} + 0.020$$

$$\varphi_{br}^{Br^-} = -0.098\lg C_{Br^-} + 0.013$$

$$\varphi_{br}^{I^-} = -0.265\lg C_{I^-} + 0.265$$

18 - 8 不锈钢
$$\varphi_{br}^{Cl^-} = -0.115\lg C_{Cl^-} + 0.247$$

$$\varphi_{br}^{Br^-} = -0.126\lg C_{Br^-} + 0.294$$

　　式中数值随钢种及卤素离子种类而定。上述关系式中表面卤素离子质量分数对点蚀产生、点蚀电位影响很大。该临界值与金属或合金的本性、热处理制度、介质温度、其他阴离子(如 OH^-、SO_4^{2-})和氧化剂(O_2、H_2O_2 等)的特性有关。在碱性介质中随着 pH 增大,金属的 φ_{br} 显著正移,而在酸性介质中 pH 的影响则不大。介质温度的升高可使点蚀电位降低,点蚀加速。但温度较高(如对 Cr18Ni9 钢,温度大于 150 ~ 200 ℃,Cr17Ni2Mo 钢温度大于 200 ~ 250 ℃)时,点蚀电位又变正。这可能是温度升高,参与反应物质的运动速度加快,蚀孔内反应物的积累减少以及氧溶解度下降的缘故。

　　防止点蚀的措施,首先是材料因素(加入合适的抗点蚀的合金元素,降低有害杂质),其次是改善热处理制度和环境因素的问题。环境因素中尤以卤素离子的质量分数影响最大。此外,可采取提高溶液的流动速度、搅拌溶液、加入缓蚀剂、降低介质温度及采用阴极极化法等措施,使金属的电位低于临界点蚀电位。对于具体的材料要用具体的防护措施。下面列举防止铝及铝合金点蚀的方法:

　　① 降低 Si、Fe、Cu 等能生成沉淀相的元素的含量,提高抗点蚀能力。

　　② 加入 Mn、Mg 等能与 Fe、Si 等形成电极电位较低的活泼相的元素,提高抗点蚀能力。

　　③ 避免在 500 ℃ 左右退火,因为在这种条件下得到的沉淀相增多。

　　④ 包覆纯铝,提高抗蚀性。

　　⑤ 降低含有氯化物、氧、碳酸氢钙和微量铜的水溶液物质的含量。

6.4　缝隙腐蚀

6.4.1　缝隙腐蚀产生的条件

金属表面存在异物或结构上的原因会造成缝隙,此缝隙一般在 0.025 ~ 0.1 mm 范围内。由于此种缝隙的存在,缝隙内溶液中与腐蚀有关的物质(如氧或某些阻蚀性物质)迁移困难,引起缝隙内金属的腐蚀,这种现象称为缝隙腐蚀。缝隙腐蚀是一种很普遍的局部腐蚀。不论是同种或异种金属相接触(如铆接、焊接、螺纹连接等)均会引起缝隙腐蚀。即使金属同非金属(如塑料、橡胶、玻璃、木材、石棉、织物以及各种法兰盘之间的衬垫等)相接触也会引起金属的缝隙腐蚀。金属表面的一些沉积物、附着物,如灰尘、砂粒、腐蚀产物的沉积等也会给缝隙腐蚀创造条件。几乎所有的金属、所有的腐蚀性介质都有可能引起金属的缝隙腐蚀。其中以依赖钝化而耐蚀的金属材料在含有 Cl^- 的溶液中最易发生此类腐蚀。

6.4.2　缝隙腐蚀机理

关于缝隙腐蚀的机理已有一些理论上的解释。目前普遍为大家所接受的缝隙腐蚀机理是氧浓差电池(图 6.9(a))与闭塞电池自催化效应(图 6.9(b))共同作用的结果。

在缝隙腐蚀初期,阳极溶解

$$M \longrightarrow M^{n+} + ne^-$$

和阴极还原

$$O_2 + 2H_2O + 4e^- \longrightarrow 4OH^-$$

是在包括缝隙内部的整个金属表面上均匀出现,但缝隙内的 O_2 在孕育期就消耗尽了,致使缝隙内溶液中的氧靠扩散补充,氧扩散到缝隙深处很困难,从而中止了缝隙内氧的阴极还原反应,使缝隙内金属表面和缝隙外金属自由暴露表面之间组成宏观电池。缺乏氧的区域(缝隙内)电位较低为阳极区,氧易到达的区域(缝隙外)电位较高为阴极区。结果缝隙内金属溶解,金属阳离子不断增多,这就吸引缝隙外溶液中的负离子(如 Cl^-)移向缝隙内,以维持电荷平衡。

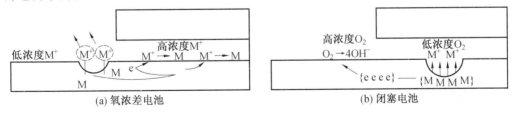

图 6.9　缝隙腐蚀机理示意图

如图 6.10 所示,所生成的金属氯化物在水中水解成不溶的金属氢氧化物和游离酸。即 $M^+Cl^- + H_2O \longrightarrow MOH + H^+Cl^-$ 结果使缝隙内 pH 下降,可低至 2 ~ 3,这样 Cl 离子和低 pH 共同加速了缝隙腐蚀。由于缝内金属溶解速度的增加,相应缝外邻近表面的阴极极化过程(氧的还原反应)速度增加,从而保护了外部表面。缝内金属离子进一步过剩又促使氯离子迁入缝内,形成金属盐类。水解、缝内酸度增加,更加速金属的溶解,这与自催化孔蚀相似。

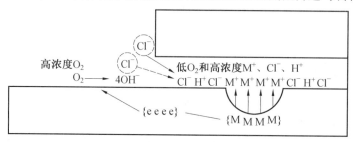

图 6.10 缝隙腐蚀机理示意图

对于活化 – 钝化金属不锈钢、铝合金等来说,增加 Cl^- 和 H^+ 浓度都有利于缝隙内钝态的破坏,这有以下两种解释。

一类是缝隙内溶液 pH 的下降,将导致金属的弗来德电位(即金属由钝态转变为活化状态时的电位)升高。这可从以下的表达式中看出:

$$\varphi_F = \varphi_F^{\ominus} - 0.059 pH$$

式中　　φ_F—— 弗来德电位;

　　　　$\varphi_F^{\ominus}$——pH = 0 时的弗来德电位。

弗来德电位上升意味着原来的钝化状态可能转变为活化状态,即缝隙内金属表面的钝化膜发生全面的破坏。缝内活化阳极和缝外钝化阴极构成大阴极、小阳极面积比的电偶电池,两极电位差通常为 50 ~ 100 mV,有时甚至高达 600 mV,造成缝隙内金属的严重腐蚀。这种腐蚀称为活化型缝隙腐蚀,多数发生在还原介质和材料耐蚀性较差(腐蚀电位较低)的场合。腐蚀的发生取决于去钝化 pH 的大小。

另一类是点蚀型缝隙腐蚀,一般发生在氧化性介质(如充气的海水)和材料耐蚀性较好(腐蚀电位较高)的场合。这种缝隙腐蚀起源于点蚀,由于 Cl^- 浓度增大,钝化金属的点蚀电位降低,以至电位超过点蚀电位,使缝隙内金属钝化发生破裂。这类缝隙腐蚀的发展与 Cl^- 质量分数有很大关系。

6.4.3　缝隙腐蚀与点蚀的比较

缝隙腐蚀与点蚀有许多相似之处,两者在成长阶段的机理也很一致,都是以形成闭塞电池为前提。由于特殊的几何形状或腐蚀产物在缝隙、蚀坑或裂纹出口处的堆积使通道闭塞,限制了腐蚀介质的扩散,腔内的介质组分、浓度和 pH 与整体介质有很大差异,从而形成了闭塞电池腐蚀。但是,它们在形成过程上有所不同,缝隙腐蚀是在腐蚀前就已存在缝隙,腐蚀一开始就是闭塞电池作用,而且缝隙腐蚀的闭塞程度较点蚀的大。点蚀是通过腐蚀过程的进行逐渐形成蚀坑(闭塞电池),而后加速腐蚀的。或者说,前者是由于介质的质量分数差引起的,而后者一般是由钝化膜的局部破坏引起的。与点蚀相比较,对同一种金属而言,缝隙腐蚀更易发生。从环形阳极极化曲线上的特征电位来看,缝隙腐蚀的临界电位要比点蚀电位低。在 φ_{br} ~ φ_{rp} 区间,对点蚀来说,原有的点蚀可以发展,但不产生新的蚀孔;而缝隙腐蚀在该电位区间内,蚀孔既能发生也能发展。此外,在腐蚀形态上是点蚀较窄而深,缝隙腐蚀较广而浅。

6.4.4　影响因素及防治措施

缝隙腐蚀的难易与很多因素都有关。不同金属材料耐缝隙腐蚀的性能不同。如不锈钢随着 Cr、Mo、Ni 等元素含量的增加,其耐缝隙腐蚀性能就会提高。又如金属钛在高温和较浓的 Cl$^-$、Br$^-$、I$^-$、SO$_4^{2-}$ 溶液中易产生缝隙腐蚀,但若在钛中加入 Pd 进行合金化,这种合金会有极强的耐缝隙腐蚀性能。缝隙腐蚀的速率和深度与缝隙大小关系密切,一般在一定限度内缝隙越窄,越易出现缝隙腐蚀。缝隙外部面积大小也会影响其速率,外部面积越大,缝内腐蚀越严重。

溶液中氧的含量、Cl$^-$ 质量分数、溶液 pH 等对缝隙腐蚀速率都有影响。一般而言,随着溶液酸度的提高,氧或 Cl$^-$ 含量的增大,缝隙腐蚀程度也增大。此外,溶液的流速和温度对缝隙腐蚀大小也有影响,但要具体分析。流速增大,缝外溶液的氧含量也增加,导致缝隙腐蚀速率增大。但是,当由沉积物引起缝隙腐蚀时,情况就不同了,此时流速的加大反而使缝隙腐蚀减轻,这可能是流速较大将沉积物冲掉的缘故。在敞开的溶液中,当温度升高(如大于 80 ℃)时,溶氧量的下降,同样会使缝隙腐蚀速度下降。一般情况下,温度越高,缝隙腐蚀的危险性越大。

在工程结构中缝隙是不可避免的,所以缝隙腐蚀也难以完全避免,缝隙腐蚀的结果会导致部件强度降低。由于缝内腐蚀产物体积的增大,会引起局部应力,装配困难,所以应尽量避免能引起缝隙腐蚀产生的因素和条件。防止或减少缝隙腐蚀的措施如下:

① 合理设计,尽量减少缝隙的存在,同时选择具有较稳定钝性的合金。

② 焊接比铆接或螺钉连接好,对焊优于搭焊。焊接时要焊透,避免产生焊孔和缝隙。搭接焊的缝隙要用连续焊、钎焊或捻缝的方法将其封塞。

③ 螺钉接合结构中可采用低硫橡胶垫片、不吸水的垫片(聚四氟乙烯),或在接合面上涂以环氧、聚胺或硅橡胶密封膏,以保护连接处;或涂以有缓蚀剂的油漆,如对钢可用加有 PbCrO$_4$ 的油漆,对铝可用加有 ZnCrO$_4$ 的油漆。

④ 如果缝隙难以避免时,则采用阴极保护,如在海水中采用锌或镁的牺牲阳极法。

⑤ 选用耐缝隙腐蚀的材料。选用在低氧酸性介质中不活化并具有尽可能低的钝化电流和较高的活化电位的材料。如在静止海水中无缝隙腐蚀的材料有 Ti 和 Ni – 16Cr – 16Mo – 5Fe – 4W – 2.5Co,其他耐缝隙腐蚀的材料有 18Cr – 12Ni – 3MoTi 等。一般 Cr、Mo 等质量分数高的合金,其抗缝隙腐蚀性也较好。Cu – Ni、Cu – Sn、Cu – Zn 等铜基合金也有较好的抗缝隙腐蚀性能。

⑥ 带缝隙的结构若采用缓蚀剂法防止缝隙腐蚀,要采用高质量分数的缓蚀剂。这是由于缓蚀剂进入缝隙时常受到阻滞,其消耗量大。否则因用量不当,反而会加速腐蚀。

6.5　丝状腐蚀

丝状腐蚀是钢、铝、镁、锌等涂装金属产品上常见的一类大气腐蚀。如在镀镍的钢板上、在铬或搪瓷的钢件上,都曾发现这种腐蚀;而在清漆或瓷漆下面的金属上这类腐蚀发展得特别严重。因多数发生在漆膜下面,因此也称为膜下腐蚀。在不涂装的裸露金属表面上也有丝状腐蚀出现。这种腐蚀所造成的金属损失虽然不大,但它损害金属制品的外观,有时会以丝状腐蚀为起点,发展成缝隙腐蚀或点蚀,还可能由此而诱发应力腐蚀。据报道,在铝上就发现过从丝状腐蚀发展为点蚀和晶间腐蚀的现象。在镁制产品上也有从丝状腐蚀而诱发点蚀,并使镁制品穿孔的例证。

6.5.1　丝状腐蚀特征

丝状腐蚀是一种浅型的膜下腐蚀,一旦产生便发展很快,最后形成密集的网状花纹分布于金属表面,如图6.11所示。丝状腐蚀的形成使金属表面上的漆膜出现无明显损伤的隆起,失去保护膜的作用。其特征是腐蚀产物显丝状纤维网的样子,沿着线迹所发生的腐蚀在金属上掘出了一条可觉察的小沟,深度为

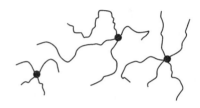

图6.11　丝状腐蚀示意图

$5 \sim 8~\mu m$,而且在小沟上每隔一段距离就有一个较深的小孔。在铁上腐蚀产物呈红丝状,丝宽 $0.1 \sim 0.5~\mu m$。丝状腐蚀一般由蓝色呈"V"字形的活性头和棕褐色非活性的而形态如丝的身部所组成。

6.5.2　丝状腐蚀机理

丝状腐蚀是大气条件下一种特殊的缝隙腐蚀。丝状腐蚀开始发展往往是由一些漆膜的破坏处、边缘棱角及较大的针孔等缺陷或薄弱处,形成引发中心(活化源)。这些引发中心随同大气中少量的腐蚀介质,如氯化钠、硫酸盐的离子和氧、水分一起产生了引发或活化作用,激发丝状腐蚀点的形成。在这个以引发中心为核心的一个很小的活化区域内,由于空气透过不均形成氧浓差电池,有可能生成酸性环境,推动着丝状腐蚀向前发展。

丝状腐蚀的机理如图6.12所示。氧透过膜(有机涂膜、金属氧化膜等)进行扩散,特别是发生横向扩散,致使头尾之间的V形界面处氧的浓度最高,而头部中心氧的浓度低,形成了氧浓差电池。活性头部形成闭塞电池,金属在其心部发生阳极溶解,生成 Fe^{2+} 的浓溶液,为蓝色流体。主要初始腐蚀产物是 $Fe(OH)_2$,它含有从大气中透过漆膜进来的水分,并可能由金属离子水解生成酸。丝的头部 $pH < 1$,而尾部 $pH = 7 \sim 8.5$。同时。头部周边生成的 OH^- 浸蚀界面处的漆膜,使膜同金属间的结合变弱。V形界面处以及它后面丝的躯体和尾部,则成为较大面积的阴极。由于腐蚀产物的沉淀并进一步氧化为 $Fe(OH)_2$,组成稳定的腐蚀产物 $Fe_2O_3 \cdot H_2O$(铁锈)。这种大面积的阴极促进头部向前发展。

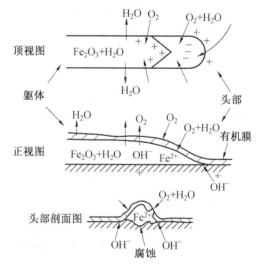

图6.12　丝状腐蚀机理示意图

6.6　晶间腐蚀

6.6.1　晶间腐蚀的形态及产生条件

晶间腐蚀是一种由微电池作用而引起的局部破坏现象,是金属材料在特定的腐蚀介质中沿着材料晶界产生的腐蚀。这种腐蚀主要是从表面开始,沿着晶界向内部发展(图6.13),直至成为溃疡性腐蚀,整个金属强度几乎完全丧失。晶间腐蚀常常造成设备突然破坏。其特征是:在表面还看不出破坏时,晶粒之间已丧失了结合力、失去金属声音,严重时只要轻轻敲打就可破碎,甚至形成粉状。因此,它是一种危害性很大的局部腐蚀。

 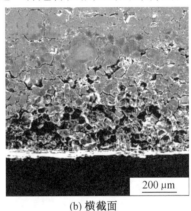

(a) 正面　　　　　　　　　　　　　(b) 横截面

图 6.13　晶间腐蚀典型形貌

晶间腐蚀的产生必须具备两个条件:① 晶界物质的物理化学状态与晶粒不同;② 特定的环境因素,如潮湿大气、电解质溶液、过热水蒸气、高温水或熔融金属等。前者,实质是指晶界的行为,是产生晶间腐蚀的内因。从电化学腐蚀原理可知,腐蚀常局部地从原子排列较不规则的地方开始引起局部腐蚀,常用金属及合金都由多晶体组成,其表面有大量晶界或相界。晶界具有较大的活性,因为晶界是原子排列较为疏松而紊乱的区域。对于晶界影响并不显著(晶界只比基体稍微活泼一些)的金属来说,在使用中仍发生均匀腐蚀。但当晶界行为受到强烈影响时,晶界就会变得非常活泼,在实际使用中就会产生晶间腐蚀。影响晶界行为的原因大致有如下几种:

① 合金元素贫乏化。由于晶界易析出第二相,因此造成晶界某成分的贫乏化。例如,18 – 8 不锈钢因晶界析出沉淀相($Cr_{23}C_6$),晶界附近留下贫铬区;硬铝合金沿晶界析出$CuAl_2$,导致贫铜区的出现。

② 晶界析出不耐蚀的阳极相。如 Al – Zn – Mg 系合金在晶界析出连续的 $MgZn_2$,Al – Mg 合金和 Al – Si 合金很可能沿晶界分别析出易腐蚀的新相 Al_3Mg_2 和 Mg_2Si。

③ 杂质或溶质原子在晶界区偏析。例如,铝中含有少量铁(铁在铝中溶解度低)时,铁易在晶界析出;铜铝合金或铜磷合金在晶界可能有铝或磷的偏析。

④ 晶界处因相邻晶粒间的晶向不同,晶界必须同时适应各方面情况。另外晶界的能量

较高,刃型位错和空位在该处的活动性较大,使之产生富集。这样就造成了晶界处远比正常晶体组织松散,形成过渡性组织。

⑤ 新相析出或转变,造成晶界处具有较大的内应力。对于黄铜,表面张力的缘故,使锌在黄铜的晶界处富集。

由于上述情形,晶界行为发生了显著的变化,造成晶界、晶界附近和晶粒之间在电化学上的不均匀性。一旦遇到适合的腐蚀介质,这种电化学不均匀性就会引起金属晶界和晶粒本体的不等速溶解,引起晶间腐蚀。

6.6.2　晶间腐蚀机理

下面从晶界结构分别列举出几种金属材料的晶间腐蚀原因。

1. 奥氏体不锈钢的晶间腐蚀

经固溶处理的奥氏体不锈钢当在 450 ~ 850 ℃ 温度范围内保温或缓慢冷却,然后在一定腐蚀介质中暴露一定时间后就会产生晶间腐蚀。在 650 ~ 750 ℃ 范围内加热一定时间,这类钢的晶间腐蚀更为敏感。例如 649 ℃ 加热 1 h 就是一种人为敏化处理的方法。利用这种方法可使奥氏体不锈钢(如 18 − 8 钢)更容易产生晶间腐蚀。为什么在上述情况下易产生晶间腐蚀倾向呢?

含碳质量分数高于 0.02% 的奥氏体不锈钢中,碳与铬能生成碳化物($Cr_{23}C_6$)。而高温淬火加热时,Cr 以固溶态溶于奥氏体中,并呈均匀分布,使合金各部分铬质量分数均在钝化所需值,即 Cr 质量分数在 12% 以上,使合金具有良好的耐蚀性。这种过饱和固溶体在室温下虽然暂时保持这种状态,但它是不稳定的,如果加热到敏化温度范围内,碳化物就会沿晶界析出,铬便从晶粒边界的固溶体中分离出来。由于铬的扩散速度远低于碳的扩散速度,因此 Cr 不能及时从晶粒内固溶体中扩散补充到边界,因而只能消耗晶界附近的铬,造成晶界铬的贫乏区。贫铬区的质量分数远低于钝化所需的极限值,其电极电位比晶粒内部的电极电位低,更低于碳化物的电极电位。而贫铬区和碳化物紧密相连,当遇到腐蚀介质时就会发生短路电池效应,形成腐蚀电池。该情况下碳化铬和晶粒呈阴极,呈阳极的贫铬区被迅速浸蚀。

贫铬区宽度很窄。18 − 8 奥氏体不锈钢在 650 ℃ 敏化处理 2 h,贫铬区总宽度为 150 ~ 200 nm,其中贫铬严重区宽度不到 50 nm。这样,贫铬区和晶界、晶粒间存在小阳极和大阴极的不利面积比,贫铬区保护了晶粒。结果使很窄的贫铬区受到了强烈的腐蚀,而晶粒本体却腐蚀甚微。图 6.14 和图 6.15 所示分别为敏化处理后的奥氏体不锈钢晶界处碳化物及碳和铬的质量分数分布情况。

贫铬理论较早地阐述了奥氏体不锈钢产生晶间腐蚀的原因及机理,已被大家所公认。奥氏体不锈钢在多种介质中晶间腐蚀都以贫铬理论来解释。其他很多实验和观点也支持了这一理论。如测量晶界区和晶粒本体的阳极极化行为,也有力地证实了这一理论,如图 6.16 所示。图上还标着不同实验介质所处的腐蚀电位区间,一些不锈钢在不同介质中所产生晶间腐蚀的电位区间也不同,这与实际情况相符合。在还原性介质或强氧化性介质中,不锈钢的腐蚀电位处于活化区和过钝化区(图 6.16 所示位置),此种情况下钢的整体已耐蚀,因此讨论晶间腐蚀已无意义。但是对于大多数产生晶间腐蚀的奥氏体不锈钢来说,都是处

于活化 – 钝化过渡电位以及除过钝化区以外的各电位区间,这些区间的晶间腐蚀都是由于存在贫铬区。图 6.16 说明了在相当广泛的电位区间内,不同含铬量的钢,随其含铬量的降低,临界钝化电流密度和维钝电流密度都有明显的增加。也就是说晶界区的电流密度远大于晶粒本体的电流密度,即晶界区的腐蚀速度远大于晶粒本体的腐蚀速度。

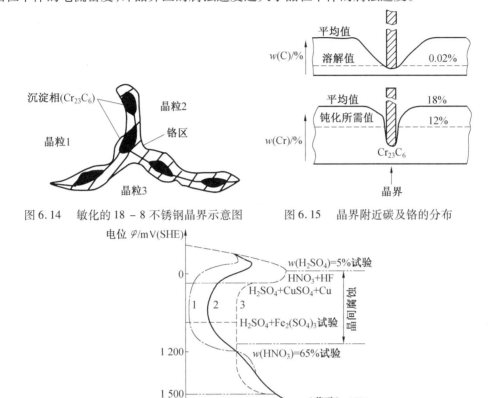

图 6.14　敏化的 18 – 8 不锈钢晶界示意图　　　　图 6.15　晶界附近碳及铬的分布

图 6.16　Cr18Ni9 不锈钢在非充气 H_2SO_4 溶液中的阳极极化曲线示意图
1—固溶的 Cr18Ni9 钢(模拟晶粒本体);
2—敏化处理后的 Cr18Ni9 钢;
3—低 Cr – 9Ni 钢(模拟贫铬晶界区)

Cr18Ni9 钢阳极极化曲线随着敏化程度而变化。敏化处理的钢(750 ℃ 加热 30 h)的临界钝化电流密度和维钝电流密度都有明显的增加。若继续延长敏化时间,其电流密度又接近于固溶处理材料,这与贫铬理论一致。即加热时间过长,析出的碳化物颗粒逐渐聚集长大,晶界贫铬区不再连续,而且铬不断从晶粒内部向晶界区扩散,从而减弱晶界区的贫铬程度,提高了钢的耐蚀性。

敏化处理的不锈钢放入 1 mol/L H_2SO_4 溶液中进行恒电位极化(0 ~ + 350 mV)实验,并分析溶液中 Cr、Ni 和 Fe 的质量分数。结果发现,极化前溶液中的铬质量分数为18.6%,而当极化到 + 350 mV 时,溶液中铬的质量分数却降为 13.7%,并且在此电位下不锈钢显示出晶间腐蚀,这些事实都与贫铬理论一致。

2. 晶界相析出引起的晶间腐蚀

图 6.17 所示为奥氏体 γ 相和 σ 相的阳极极化曲线。在过钝化电位下,σ 相发生严重腐蚀,其阳极溶解电流急剧上升,这可能是沿晶界分布的 σ 相自身的选择性溶解的缘故。对于低碳或超低碳不锈钢来说,因碳化物析出引起的晶间腐蚀倾向大大减少。而超低碳不锈钢,特别是高铬、含钼钢在 650 ~ 850 ℃ 加热或热处理时,易引起 σ 相(FeCr 金属间化合物)在晶界沉淀而产生晶间腐蚀敏感性。18 - 8 铬镍奥氏体不锈钢若在产生 σ 相的区间长时间加热,冷加工变形后在产生 σ 相的温度区间加热,或钢中添加 Mo、Ti、Nb 等合金元素,也可能出现 σ 相。有 σ 相的奥氏体不锈钢只能在强氧化性介质,如沸腾的质量分数为 65% 的 HNO_3 中才能检验出晶间腐蚀倾向。

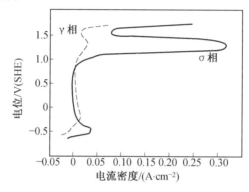

图 6.17　γ 相及 σ 相阳极极化曲线

3. 铁素体不锈钢的晶间腐蚀

高铬铁素体不锈钢在 900 ℃ 以上高温加热,然后空冷或水冷,就会引起晶间腐蚀倾向。而若在 700 ~ 800 ℃ 重新加热则可消除晶间腐蚀敏感性。这类钢产生晶间腐蚀的条件虽然与奥氏体不锈钢不同,但其腐蚀机理却被认为与奥氏体不锈钢相似,仍用贫铬理论来解释。即由于晶界析出亚稳碳化物(Cr_7C_3),晶界附近出现贫铬区。除 C 外,N 也是有害元素,它们在铁素体中固溶量比在奥氏体中的还少,而 Cr 在这类铁素体中的扩散速度却比在奥氏体中快得多(相差两个数量级)。所以即使高温快冷,也能使碳化物或氮化物在晶界析出。

关于铁素体不锈钢的晶间腐蚀机理,还有特殊相或金属间化合物优先溶解所致的观点。例如由于沿晶界析出碳、氮化物引起晶界内应力增大,造成变形部分优先溶解、部分马氏体的优先溶解,以及析出的渗碳体型碳化物的优先溶解等。

6.6.3　不锈钢晶间腐蚀敏感性的评定方法

不锈钢晶间腐蚀实验方法较多,这里介绍几种较常用的实验方法。Huey 实验法(ASTM,A - 262)在美国应用较广。此法是将试样在沸腾的质量分数为 65% 的 HNO_3 中煮沸五个周期(每周期 48 h,更换新溶液)。此方法能显著提高不锈钢的腐蚀速率,合格标准为:淬火 - 退火 304 钢,0.46 mm/a;CF - 8 钢,0.76 mm/a;304L 钢(677 ℃ 加热 1 h 后),0.61 mm/a。除此之外,还有用其他介质的方法,如硫酸 - 硫酸铜法、硫酸 - 硫酸铜 - 铜屑法、硫酸 - 硫酸铜 - 锌法、硫酸 - 硫酸铁法、硝酸 - 氢氟酸法以及草酸电解浸蚀法等来测定不锈钢晶间腐蚀的敏感性。其中草酸电解浸蚀法（Streicher）是一种较经济快速的草酸筛选实验（ASIM, A – 262 – 55T），可迅速显示晶间腐蚀敏感性。该法是将磨光的金相试样浸入质量分数为10%的草酸中在 $1\ A/cm^2$ 电流密度下电解浸蚀 1.5 min，然后对其表面进行放大（250 ~ 500 倍）观察。评定标准："台阶结构"为合格，"沟槽结构"为不合格。表 6.5 所列为我国制定的不锈耐酸钢晶间腐蚀实验方法，国家标准为 GB/T 1223—1975。其中草酸电解浸蚀实验最常用。

电化学方法也是评定晶间腐蚀行之有效的方法，正如前面所述的那样，具有晶间腐蚀敏感性的不锈钢，其阳极行为显示低的极化率，并可用极化曲线判断易引起晶间腐蚀的电位区段。在此电位值下进行长时间的恒电位浸蚀，以获得电位与晶间腐蚀的关系，从而评定不锈钢晶间腐蚀敏感性并研究其机理。

除了上述化学法或电化学法评定外，不锈钢晶间腐蚀敏感性还可用其他一些方法进行评定。例如，用金相显微镜观察，确定晶界是否受到浸蚀及晶界的浸蚀深度；或将腐蚀实验后的试样弯曲90°、180°，在放大 10 ~ 20 倍下观察其弯曲外表面，看其是否出现裂纹；或用电阻法检测煮沸后试样电阻率的变化（此法对薄片和丝状金属检测更为灵敏）；声响法是最简单常用的方法，将腐蚀实验后的试样自 1 m 高处自由下落在板上，判断其声音是否变哑，以失去金属声为准，一般晶间腐蚀严重的试样无金属声。

表 6.5　不锈耐酸钢晶间腐蚀倾向实验方法（GB/T 1223—1975）

实验方法	实验溶液	实验条件	溶液量
C 法	$H_2C_2O_4 \cdot 2H_2O$（HG 3—988—76, AR）100 g 蒸馏水 900 mL	20 ~ 50 ℃, $1\ A/cm^2$, 1.5 min	
T 法	$CuSO_4 \cdot 5H_2O$（GB/T 665—2007, AR）100 g H_2SO_4（相对密度 1.84, GB 1763—1979, AR）100 mL 铜屑（GB 466—468—64, 四号铜） 蒸馏水 1 000 mL	沸腾 24 h 防止溶液蒸发损失	液面高出最上层试样 20 mm 以上
L 法	$CuSO_4 \cdot 5H_2O$（GB/T 665—2007, AR）100 g H_2SO_4（相对密度 1.84, GB 1763—1979, AR）100 mL 蒸馏水 1 000 mL	沸腾 24 h 防止溶液蒸发损失	按试样表面积计算，每 1 cm^2 不少于 5 mL
F 法	质量分数65% HNO_3（相对密度 1.39, GB 625—1989, AR）277 mL 蒸馏水 593 mL NaF（GB 1264—1977, AR）20 g 70 ℃ 时加入	（70 ±1）℃, 沸腾 3 h 防止溶液蒸发损失	按试样表面积计算，每 1 cm^2 不少于 5 mL
X 法	质量分数（65 ±0.5）% HNO_3（GB 625—1989, AR）	沸腾三个周期，每周期48 h, 防止溶液蒸发损失，每一周期更换溶液	按试样表面积计算，每 1 cm^2 不少于 10 mL, 对于钢丝每个试样不少于 160 mL

6.7　选择性腐蚀

选择性腐蚀,是指腐蚀在合金的某些特定部位有选择性地进行。或者说,腐蚀是从一种固溶体合金表面除去其中某种元素或某一相,其中电位较低的金属或相发生优先溶解而被破坏。最典型的例子是黄铜脱锌和铸铁的石墨化腐蚀,其他合金体系在酸溶液中,也会发生选择性腐蚀。如铝黄铜、铝青铜(当含铝量较高时,例如92Cu－8Al),易在酸性溶液特别是在氢氟酸中,发生选择性腐蚀。对双相结构的铝黄铜,这类腐蚀敏感性更大,当介质中含有少量 Cl⁻ 时,就会在合金的缝隙中产生强烈的脱铝腐蚀。硅青铜脱硅、Co－W－Cr合金脱钴也属于选择性腐蚀。

6.7.1　黄铜脱锌

一般含有质量分数为30%的Zn、质量分数为70%的Cu的Cu－Zn合金(黄铜),在水溶液中锌易被抽取(溶解),而留下多孔的铜,这种现象称为脱锌。这种腐蚀是用作海水冷却的黄铜冷凝管破坏的主要形式,腐蚀结果会使黄铜的强度大大降低。脱锌易于用肉眼判断:脱锌后合金的颜色有显著的变化,即由黄色变为紫红色,但其总尺寸改变不大。外貌有呈均匀型的、层型的、也有呈局部(塞)型的。一般来说,锌含量较高的黄铜在酸性介质中易发生均匀型或层型脱锌,而锌含量较低的黄铜在一些微酸性的或中性、碱性介质中易发生塞型脱锌,但也有例外的。连续层型的脱锌不太危险,而塞型的破坏最危险。这是因为,这类脱锌能生成疏松的铜,填满脱锌区,形成疏松的脱锌塞,使材料变脆,强度降低,这类腐蚀类似于溃疡形式深入到金属中去,严重时会导致管壁穿通。不流动介质对脱锌有利,这可能是由于金属表面上生了膜或有沉积物,易造成腐蚀。

黄铜的组织结构和成分是很重要的影响因素。黄铜中锌的质量分数越高,其脱锌倾向和腐蚀速率也越大。一般含锌质量分数高于15%的黄铜才出现脱锌。含锌质量分数超过35%的黄铜形成双相结构。这种混合型的黄铜(α＋β)固溶体,往往会发生局部腐蚀。即α相先被腐蚀,然后脱锌蔓延到α基体,因为含铜量较高的α相对于含铜量较低的α相来说是阴极。β相发生优先溶解,这一过程常会引起腐蚀表面上铜的重新析出。

关于黄铜脱锌的机理,目前有两种观点。一种认为是合金表层中的锌发生选择性溶解,而合金内部的锌通过空位迅速扩散并继续溶解,结果使表层电位较高的金属铜被遗留下来,形成疏松状态的铜层。但有人认为这种说法理由尚不够充分,其观点是溶液或离子要通过复杂曲折的空位是相当困难的,不易使脱锌达到相当深度,或将使脱锌变得极为缓慢。目前多数学者的看法认为是铜重新析出的缘故,即表层合金的锌和铜一起溶解,锌离子留在溶液中,而电位较高的铜离子在靠近溶解地点的表面上迅速析出。也就是说离子镀回到原基体上。其实这两种说法都能解释一些实际脱锌现象,只是适用于不同的腐蚀条件而已。一般在稀盐酸中发生锌的选择性溶解,而在浓度较高的盐酸中或在海水中则发生铜重新析出的脱锌破坏。在有氧存在的情况下,阴极还进行氧的还原反应,从而加大了腐蚀速率。在纯水中则为水的阴极还原生成 H_2 或 OH^-,但腐蚀较缓慢,即脱锌也可在无氧的情况下进行。下面列举黄铜在海水中的脱锌腐蚀过程(图6.18),以说明黄铜的选择性腐蚀。阳极反应为

$$Zn \longrightarrow Zn^{2+} + 2e^-$$
$$Cu \longrightarrow Cu^+ + e^-$$

阴极反应为

$$\frac{1}{2}O_2 + H_2O + 2e^- \longrightarrow 2OH^-$$

锌溶解成 Zn^{2+} 留在溶液中,而一价铜离子则与海水中的氯化物发生反应,形成 Cu_2Cl_2。然后分解为 Cu 和 $CuCl_2$,即

$$Cu_2Cl_2 \longrightarrow Cu + CuCl_2$$

分离出的二价铜离子迅速地在靠近溶解位置的合金表面上进行阴极还原,析出铜,使该处出现多孔、类似于化学镀铜的组织,黄铜遭到了脱锌破坏。

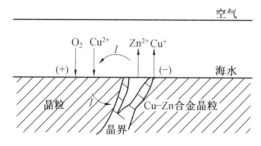

图 6.18　黄铜选择性腐蚀示意图

　　黄铜脱锌的防止办法通常是采用脱锌敏感性较低的合金材料,如采用锌质量分数较小的红黄铜(Zn 质量分数为 15%)。这种合金几乎不产生脱锌,但不耐冲击腐蚀。或在黄铜中添加少量的 As(质量分数 0.001% ~ 0.02%)能显著地降低黄铜的脱锌。这是由于 As 的加入可提高铜重新析出的过电位。添加锡或铝组分也可增加黄铜的耐蚀性,如海军黄铜(Cu 质量分数 70%、Zn 质量分数 29%、Sn 质量分数 1%)能广泛地应用于海洋环境中。为了进一步改善海军黄铜的耐蚀性,还可加入极少量的砷、锑、磷。一般加入砷质量分数为 0.04%,生产中多采用砷而避免用磷,因为磷在一些情况下会引起晶间腐蚀倾向。除此之外,也可采用阴极保护法或降低介质浸蚀性(如去氧)的措施。这些办法能较好地防止黄铜的脱锌,但不太经济。

6.7.2　石墨化腐蚀

　　灰口铸铁易在活性较轻微的环境中产生石墨化腐蚀。由于铁基体发生了选择性腐蚀而石墨沉积在铸铁的表面,表现如同"石墨",故称石墨化腐蚀。

　　这类腐蚀中石墨为阴极,铁为阳极。原电池腐蚀的结果形成以铁锈孔隙和石墨为主的海绵状多孔体,铸铁强度降低且失去金属性能。失强程度随着浸蚀深度的增加而加大,严重时可用小刀轻轻地削切。

　　石墨化是一个缓慢的过程,埋在土壤中的灰口铸铁最易发生这类腐蚀。若在腐蚀性较强的环境中,由于发生金属的迅速溶解,因此铸铁的整个表面趋于均匀性腐蚀。这种情况一般不发生石墨化腐蚀。此外,若不存在残余连在一起的石墨网状结构,或不含游离碳的铸铁也不会发生石墨化腐蚀。例如球墨铸铁、白口铸铁就可避免该种腐蚀。

第7章 应力作用下的腐蚀

金属构件通常在应力(内应力、负荷)与环境介质的共同作用下使用,导致金属材料遭受严重的破坏。由于受力状态不同(如拉伸应力、交变应力,振动力及摩擦力等),金属材料在介质作用下造成的腐蚀破坏形态可以是多种多样的。常见的有应力腐蚀断裂、腐蚀疲劳、磨损腐蚀、湍流腐蚀、空泡腐蚀和微振腐蚀。此外,由于氢的存在或金属与氢反应也可引起机械性破坏。这种破坏形式有脱碳、氢鼓泡、氢腐蚀、氢脆,统称氢损伤。这些腐蚀破坏往往是在应力水平低于材料屈服极限的情况下造成,其破坏形式是以裂纹的扩展而引起的失稳断裂。其中应力腐蚀断裂最为突出,工程设计人员应予以足够的重视。

7.1 应力腐蚀断裂

7.1.1 应力腐蚀断裂产生的条件及特征

应力腐蚀断裂是指金属材料在拉应力和腐蚀环境的共同作用下产生的破坏现象。应力与环境两者缺一不可,相互促进,但它们并不是简单的加和。应力腐蚀断裂是危害最大的腐蚀形态之一,它往往导致低应力脆断,是一种"灾难性的腐蚀"。例如飞机失事、桥梁断裂、油气管的爆炸等,危害极大。工程上常用的奥氏体不锈钢、钢合金、钛合金及高强度钢和高强度铝合金等,对应力腐蚀都很敏感。这些材料即使在腐蚀性不太严重的环境中,如含有少量 Cl^- 的水、有机溶液、潮湿大气及蒸馏水中,也会引起应力腐蚀断裂。近二十年来,随着宇航工业、原子能工业、化工和石油工业的高速发展,对应力腐蚀断裂行为的研究已日益引起人们的重视。

图 7.1 所示为金属基复合材料的应力腐蚀裂纹形貌。应力腐蚀断裂是一种较常见的局部腐蚀。产生这类腐蚀必须同时具备几个条件:特定环境(包括介质成分、浓度、杂质和温度)、足够大的拉伸应力(超过某极限值)、特定的合金成分和组织(包括晶粒大小、晶粒取向、形态、相结构、各类缺陷、加工状态等)。应力腐蚀断裂具有高度的选择性,在使用环境中对应力腐蚀不敏感的合金,即使在拉应力作用下也不会发生应力腐蚀断裂。

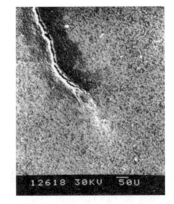

图 7.1 金属基复合材料应力腐蚀裂纹形貌

拉伸应力可能有以下几个来源:

① 金属构件在制备过程中产生的残余应力。由残余应力造成的腐蚀断裂故障占应力腐蚀断裂总数的 40%。

② 工作时产生的外应力和使用中所承受的载荷等。

③ 由体积效应(腐蚀产物的体积往往大于其金属的体积)造成的不均匀应力。

环境因素,尤其是腐蚀介质,是产生应力腐蚀断裂的重要条件,只有在一定合金和一定环境的组合情况下才能发生这类腐蚀断裂。如黄铜遇到少量氨气或氨溶液会产生断裂,不锈钢在含 Cl^- 的介质中、碳钢在含 OH^- 的溶液中,都有应力腐蚀的危险。表7.1列举了一些易产生应力腐蚀断裂的合金和环境介质。

表 7.1　常用合金易产生应力腐蚀断裂的环境

合金		环境
低碳钢		NaOH 水溶液
低合金钢		NO_3^-、HCl、H_2S、NaOH、醋酸、NH_4CNS 溶液,氨水(水质量分数小于0.2%),碳酸盐和重碳酸盐溶液,湿的 CO - CO_2 - 空气,海洋大气,工业大气,浓硝酸,硝酸和硫酸混合酸
高强度钢		蒸馏水,湿大气,H_2S,Cl^-
奥氏体不锈钢		Cl^-,海水,二氯乙烷,湿的氯化镁绝缘物,F^-、Br^-,NaOH－H_2S,NaCl － H_2O_2 溶液,连多硫酸($H_2S_{(n)}O_6$,$n = 2 \sim 5$),高温高压含氧高纯水,H_2S,含氯化物的冷凝水气
铜合金	Cu － Zn,Cu － Zn － Sn	NH_3 气体及溶液
	Cu － Zn － Ni,Cu － Sn	浓 NH_4OH 溶液,空气
	Cu － Sn － P	胺
	Cu － P,Cu － As,Cu － Sb	含 NH_3 湿大气
	Cu － Au	NH_4OH、$FeCl_3$、HNO_3 溶液
铝合金	Al － Cu － Mg,Al － Mg － Zn	海水
	Al － Zn － Mg － Mo(Cu)	海水
	Al － Cu － Mg － Mn	NaCl、NaCl － H_2O_2 溶液
	Al － Zn － Cu	NaCl、NaCl － H_2O_2、KCl、$MgCl_2$ 溶液
	Al － Cu	NaCl － H_2O_2、NaCl 溶液
	Al － Mg	空气,海水,$CaCl_2$、NH_4Cl 溶液
镁合金	Mg － Al	HNO_3、NaOH、HF 溶液,蒸馏水,NaCl － H_2O_2 溶液,海滨大气,NaCl － K_2CO_3 溶液,水,SO_2 － CO_2 － 湿空气
	Mg － Al － Zn － Mn	
钛及钛合金		红烟硝酸,N_2O_4(含 O_2,不含 NO,24 ~ 74 ℃),HCl,Cl^- 水溶液,固体氯化物(大于 290 ℃),海水,CCl_4,甲醇,甲醇蒸气,三氯乙烯,有机酸

温度升高,金属易发生应力腐蚀断裂。但温度过高,由于金属表面全面腐蚀的进行,抑制了应力腐蚀断裂。对某些体系,存在一个临界断裂温度,在此温度应力腐蚀敏感性最大。

合金与介质组成的腐蚀体系不同,在应力作用下,发生应力腐蚀的电位就不同。RW Staehle 总结奥氏体不锈钢在各种环境下的应力腐蚀断裂后提出:发生应力腐蚀断裂有三个电位区(敏感电位区),如图7.2 所示区域 1、2、3,即活化 - 阴极保护电位过渡区、活化 - 钝化电位过渡区,以及钝化 - 过钝化电位过渡区。这些区域已由实例所证明。如含 20%(质量分数)Ni 不锈钢(加 Cu 和 Mo)在 4 mol/L 沸腾 H_2SO_4 中,其应力腐蚀断裂电位接近或稍高于自腐蚀电位,

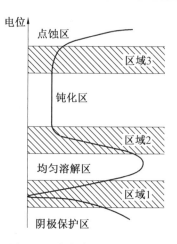

图 7.2　应力腐蚀电位区示意图

相当区域 1;碳钢在碱溶液中的应力腐蚀断裂发生于区域 2;而 18 - 8 不锈钢应力腐蚀断裂却发生在区域 2(靠近阳极最大电流处)和区域 3(过钝化区)以及区域 1(外加阴极电流区)。图 7.3 所示为敏化 18 - 8 不锈钢在 300 ℃、每千克溶液含 20 mg SO_4^{2-} 溶液中的阴、阳极极化曲线及在预先选定好的各电位点下进行恒电位浸泡实验的结果。说明该种材料在上述三个区域内都能产生应力腐蚀断裂。

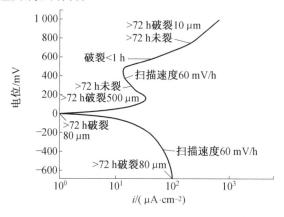

图 7.3　敏化 18 - 8 不锈钢在 200 mg/kg SO_4^{2-} 水溶液中的极化曲线(300 ℃)

总之,凡是能促使钝化膜不稳定的电位区域,都易产生应力腐蚀断裂。因为在这些电位下合金表面的活性点更易于产生溶解破坏,形成裂纹源。

应力腐蚀断裂的特征,可简要归纳为如下几点:

① 在金属无裂纹、无蚀坑或缺陷的情况下,应力腐蚀可分为三个阶段:

a. 萌生阶段。在这一阶段腐蚀过程的局部化和拉应力作用的结果使裂纹生核。所以也将这一阶段称为孕育期(Incubation)。

b. 裂纹扩展。由裂纹源或蚀坑达到极限应力值(单位面积所能承受最大载荷)为止的阶段,称为裂纹扩展期(Propagation)。

c. 失稳断裂阶段。由于拉应力的局部集中,裂纹急剧生长导致零件破坏。萌生阶段受

应力影响很小。时间长约占断裂总时间的 90% ,后两阶段时间短,为总断裂时间的 10% 。当有裂纹存在时,应力腐蚀断裂过程只有裂纹扩展和失稳断裂两个阶段。

②金属和合金腐蚀量很微小,腐蚀局限于微小的局部。同时,产生应力腐蚀断裂的合金表面往往存在钝化膜或保护膜。

③裂纹方向宏观上和主拉伸应力的方向垂直,微观上略有偏移。

④宏观上属于脆性断裂,即使塑性很高的材料也是如此。微观上,在断裂面仍有塑性流变痕迹。

⑤有裂纹分叉现象。断口形貌呈海滩条纹、羽毛状、撕裂、扇形和冰糖块状图像。

⑥应力腐蚀裂纹形态有沿晶型穿晶型和混合型,视具体合金 – 环境体系而定。例如铝合金、高强度钢易产生沿晶型的应力腐蚀,奥氏体不锈钢易产生穿晶型的应力腐蚀,而钛合金为混合型的。即使是同种合金,随着环境、应力的改变裂纹形态也会随之改变。

7.1.2　应力腐蚀断裂机理

影响应力腐蚀断裂的因素较多,迄今还没有完整、统一的机理解释。不仅对不同腐蚀体系观点不一,对同一体系见解也不一致。在此扼要讨论几种主要理论。

1. 快速溶解理论

快速溶解理论认为:金属在应力和腐蚀的共同作用下,局部位置产生微裂纹。这种窄纹在形成阶段并非真正破裂,而是裂纹前沿金属快速溶解。图 7.4 所示为腐蚀的模型。金属裂纹的外表面(C) 是阴极区,进行阴极反应,如

$$O_2 + 2H_2O + 4e^- \longrightarrow 4OH^-$$

$$2Cu(4NH_3)^{2+} + H_2O + 2e^- \longrightarrow Cu_2O + 2NH_4^+ + 2NH_3(\alpha – 黄铜在氨水液中)$$

裂纹的前沿是阳极区,构成了大阴极小阳极的应力腐蚀电池。应力腐蚀断裂是由裂纹尖端 A^* 的快速溶解引起的。这是因为,裂纹侧面 A 由于具有一定的表面膜(氧化膜),溶解受到抑制,溶解速度很小。而裂纹尖端前沿区由于应力集中而迅速屈服形变,在形变过程中金属晶体的位错连续地达到前沿表面,形成大量的

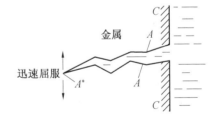

图 7.4　应力腐蚀断裂模型

瞬间活性点,裂纹前沿具有非常大的溶解速度。据报道,裂纹尖端处的电流密度高于 $0.5 \ A/cm^2$,而裂纹两侧的电流密度仅为 $10^{-5} \ A/cm^2$,两者相差 $10^4 \ A/cm^2$ 。同时裂纹尖端宽度很窄(估计不大于 10 mm),新的腐蚀介质不停地被吸入阳极区。因此,裂纹尖端前沿区的实际溶解量很小,不会产生浓差极化的特征,这就保证了裂纹尖端的快速溶解。

可能形成裂纹源的位置:金属表面存在的晶界、亚晶界、露头的位错群、滑移带上位错堆积区,淬火、冷加工造成的局部应变区,或异种杂质原子造成的畸变区以及所谓堆垛层错区等。这些区域在一定条件下都可能构成裂纹源,发生阳极溶解,并向纵深发展。

2. 表面膜破裂理论

在腐蚀介质中金属表面总是存在不同程度的保护膜,膜层在应力或活性离子(如 Cl⁻)

的作用下易引起破坏。一方面,裸露出的基体金属与其余表面膜构成小阳极与大阴极的腐蚀电池,新鲜表面就产生阳极溶解。另一方面,基体金属具有自动修复表面膜的能力(对一定的应力腐蚀断裂体系而言)。

对于沿晶型应力腐蚀断裂来说,由于晶界处缺陷和杂质较多,电负性较大,在应力和腐蚀介质作用下易遭受腐蚀断裂。对于穿晶型应力腐蚀断裂来说,往往是在应力作用下滑移阶梯对膜的破坏所致。我们知道,金属表面膜个别区域总会存在局部弱点,在应力作用下金属基体内部位错会沿滑移面产生移动,形成滑移阶梯,当滑移阶梯大而表面膜又不能随滑移阶梯的形成而发生相应的变形时,膜就会破裂而裸露出基体金属。图7.5所示为滑移阶梯和局部溶解的示意图。图7.5(a)所示为在应力很小且氧化膜较完整、塑性好,同时腐蚀介质中活性离子又很小的情况下,膜不产生破裂。若膜较完整且强度较大,则即使外加应力增大,造成位错在滑移面上塞积,也不会暴露基体金属,如图7.5(b)所示。只有当外加应力增大到一定程度时,位错开动后,膜才破裂。裸露的基体金属与腐蚀介质相接触,从而产生快速阳极溶解,在此过程中形成了"隧洞",如图7.5(c)、(d)所示。图7.5 滑移阶梯和局部溶解"隧洞"的形成是由于表面膜破裂造成裸露金属暴露在腐蚀介质中产生阳极溶解,快速溶解促使局部金属被腐蚀了一个相当大的区域,阳极溶解直至遇到障碍(如,由于 O_2 的吸附、活性离子的转换、形成的钝化膜以及电位高的合金组分的沉积等)才终止。这些障碍促进了表面膜的形成,使溶解区重新进入钝态,在上述过程中形成"隧洞"。此时位错停止移动,即位错停止沿滑移面滑移(位错锁住),造成位错重新开始塞积,如图7.5(e)所示。在应力或活性离子的作用下,位错再次开动表面钝化,又形成无膜区,金属又发生快速溶解。上述步骤不断进行,膜一次次修复(再钝化),结果导致穿晶型应力腐蚀断裂。

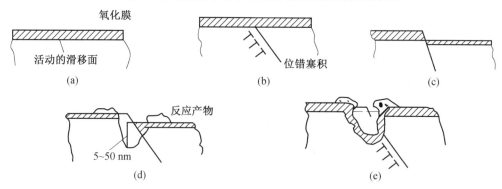

图7.5　滑移阶梯和局部溶解

由于钢种和环境不同,金属再钝化和活化的程度也不同,因而应力腐蚀敏感性也不同。一般来说,钝化电位越低、钝化临界电流密度越小的腐蚀体系,其钝化膜修复所需的时间越短,膜越难破裂。

这种钝化破裂理论在某些应力腐蚀体系(如铜合金在氨溶液中)是较适用的。应力腐蚀断裂速度基本上受表面膜生长速度所控制。但该理论有一定的局限性,如有人发现不锈钢长期暴露在130 ℃下的 $MgCl_2$ 溶液中,电位和极化数据表明其不能生成钝化膜,却发生了断裂;对18 - 8不锈钢的预裂纹实验也证明尖端再钝化速度并非是其断裂的关键因素,该理论也无法解释各类体系的特性离子破坏作用。

3. 电化学阳极溶解理论 – 自催化效应

在已存在阳极溶解的活化通道上,腐蚀沿这些途径优先进行,而应力又使之张开,从而加速金属破坏。假如金属表面已形成裂纹或蚀坑,则裂纹或蚀坑内部便出现闭塞电池而使腐蚀加速,并且裂纹内部(小阳极)与金属表面(大阴极)构成了浓差电池,促进裂纹尖端阳极快速溶解。这个氧浓差电池传递着活性阴离子(如 Cl^-)进入裂纹内部,因而使裂纹内形成了一种浓缩的电解质溶液,且由于水解而被酸化。这种闭塞电池作用,也是一个自催化的腐蚀过程,在应力作用下使裂纹不断地扩展,直至破裂。

4. 氢在应力腐蚀断裂中的作用

氢原子扩散入金属内部,在应力腐蚀中是十分重要的现象。因此,较早就有学者提出氢脆理论,认为腐蚀的阴极反应形成的氢原子扩散到裂缝尖端,这一区域变脆,在拉伸应力和腐蚀介质作用下氢不断产生并扩展至裂纹尖端,导致裂纹最终断裂。氢在应力腐蚀中起主要作用是毫无疑问的。但就氢进入金属内是如何引起断裂的,下列观点还没有统一:① 氢降低了裂缝前缘原子键结合能;② 吸附氢的作用使表面能下降;③ 由于氢气造成高内压促进位错活动;④ 生成氢化物等。应力腐蚀断裂的现代观念,把阳极溶解和氢扩散致脆的过程结合起来,能较好地分析一些腐蚀体系的应力腐蚀断裂。

图 7.6 所示为解释奥氏体不锈钢在氯化物介质中的裂纹形成和扩展的模型。裂纹的形成和扩展主要与裂纹尖端处氢进入晶格有关。晶内的氢促使沿滑移带形成小片马氏体成为裂纹扩展的敏感途径(微小阳极区),引起裂纹尖端的优先溶解。这种微区内的析氢反应,必须保持裂纹尖端的电位比氢的平衡电位低得多,才可能生成,这就要求在裂纹区有限的微小容积中有腐蚀氧化产物形成。即取决于阳极反应生成不溶性的氧化物。如奥氏体不锈钢在氯化物介质中,Cr 氧化生成 Cr_2O_3,促使酸度增大。其反应为

$$2Cr + 3H_2O \longrightarrow Cr_2O_3 + 6H^+ + 6e^-$$

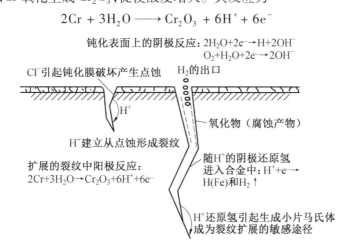

图 7.6　奥氏体不锈钢在氯化物介质中的裂纹形成和扩展的模型

若生成可溶性氯的络合物和水,则有下列反应:

$$Cr + 6H_2O \longrightarrow Cr(H_2O)_6^{2+} + 2e^-$$

$$Cr + 6Cl^- \longrightarrow CrCl_6^{3-} + 3e^-$$

这种情况不能达到提高酸度的目的。由于阳极反应中,即使阳极氧化的量极少,也能在

这狭小的容积(裂纹尖端)中得到高浓度的 H^+，形成很高的酸度。计算表明，一个10^{-4} cm 宽的裂纹中，假如两侧有 2 mm 厚的钝化膜，就能形成 1 mol/L 浓度的酸。当然，裂纹中有效酸度不仅取决于阳极反应所形成的 H^+ 的量，而且还取决于 H^+ 的活度系数。阴极反应由两部分组成，外部钝化表面主要是氧的还原反应。裂纹内部，微阴极上主要是 H^+ 的还原反应。还原氢被合金吸附，促进沿滑移带形成小片马氏体。由此看来，裂纹发展是与裂纹尖端的阴、阳极极化过程密切相关的。

5. 吸附理论

阳极溶解理论都包括电化学过程，但应力腐蚀过程中的一些现象，如环境的选择性、开裂临界电位与腐蚀电位的关系、断口形貌的匹配等问题，用电化学理论不能合理地解释。为此，Uhlig 提出应力吸附开裂理论，他认为应力腐蚀断裂一般并不是由金属的电化学溶解所引起，而是由环境中某些浸蚀性物质对金属内表面的吸附，使金属原子间的结合力削弱，在拉应力作用下引起断裂。这是一种主要以机械方式导致应力腐蚀断裂的理论。该理论用离子的特性吸附来解释应力腐蚀断裂的离子选择性问题，但是对有些现象仍未给出完满解释，如碳钢为什么只能(或优先)吸附 NO_3^- 而不是 Cl^-，奥氏体不锈钢则只能吸附 Cl^- 而非 NO_3^-，黄铜只能吸附 NH_4^+ 而不是其他离子等。此外，为何存在潜伏期，裂纹的发生和发展有何区别等应力腐蚀问题也未能得到解释。

7.1.3　防止应力腐蚀断裂的措施

防止应力腐蚀断裂的基本对策包括：降低或消除应力、控制环境、改善材料。

1. 降低或消除应力

① 改进结构设计，避免或减少局部应力集中。

② 消除应力处理。可采取热处理退火、喷丸等方式减少残余应力。其中消除应力退火是减少残余应力的最重要手段，特别是对焊接件，退火处理尤为重要。

③ 按照断裂力学进行结构设计。由于构件中不可避免地存在宏观或微观裂纹和缺陷，用断裂力学进行设计比用传统力学方法具有更高的可靠性。

2. 控制环境

① 改善使用条件。每种合金都有其特定的应力腐蚀敏感介质，减少和控制有害介质的量是十分必要的。

② 加入缓蚀剂。每种材料 – 环境体系都有某些能抑制或减缓应力腐蚀的物质，这些物质由于改变电位、促进成膜、阻止氢的侵入或有害物质的吸附、影响电化学反应动力学等原因而起到缓蚀作用，因而可防止或减缓应力腐蚀。

③ 采用保护涂层。使用有机涂层可使材料表面与环境隔离，或使用对环境不敏感的金属作为敏感材料的涂层，都可减少材料的应力腐蚀敏感性。

④ 电化学保护。由于应力腐蚀发生在三个敏感的电位区间，理论上可通过控制电位进行阴极或阳极保护，防止应力腐蚀发生。

3. 改善材料

① 正确选择材料。尽量选择在给定环境中尚未发生过应力腐蚀断裂的材料，或对现有

可供选择的材料进行实验筛选,择优使用。

②开发耐应力腐蚀的新材料。

③改善冶炼和热处理工艺。采用冶金新工艺,减少杂质,提高材料纯度;通过热处理改变组织,消除有害物质的偏析、细化晶粒等,降低材料应力腐蚀敏感性。

7.1.4　应力腐蚀实验方法

应力腐蚀实验是指在应力和腐蚀介质同时作用下对材料进行的腐蚀实验。根据施加应力的方法不同,可分为恒载荷实验和恒应变实验。前种方法实验周期较长,后种方法不能准确地测定应力值,实验重现性较差。另外,在实验过程中塑性变形或裂纹的产生会引起应力松弛。为此,通常将两种实验方法结合应用。

1. 恒载荷实验

如图 7.7 所示,恒载荷实验的优点在于裂纹的扩展使净断面应力加大,可加速断裂过程。此种实验方法较严格,如杠杆式拉伸应力实验机,其最大负荷 500 kg,精度 1%。试样固定于溶液盒内,盒内装有加热器、水银接触温度计、电位测量用毛细管。恒温下进行实验,必要时还可对实验进行电化学测量,能较精确地测出最初应力值。该实验周期较长。

2. 恒应变实验

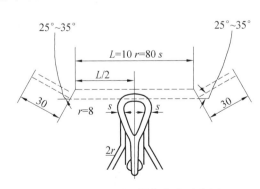

图 7.7　恒载荷腐蚀实验装置示意图

恒应变试验应用更广泛,试样和夹具简单。试件通过塑性形变至预定形态,应力来自加工变形产生的残余应力。这种方法使用的试件形状很多,有环形、U 形、叉形、弯梁试件等,通常只能定性地测试,不能测得应力。一般应力大于屈服强度(生产中设备的残余应力也常等于或超过屈服强度)。

①环形试样:适用于厚度不大于 2 mm 的板材。图 7.8 和图 7.9 所示为环形试样的尺寸要求和加载方法。用铆钉或专门夹具固定试样,使板条保持环形,造成一定的变形和应力。铆钉处应涂上清漆绝缘保护,或用同种材料钉固定。然后放入待实验的腐蚀介质中进行应力腐蚀实验。此时最大拉应力在环的顶端外部。

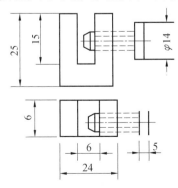

图 7.8　环形试样夹具

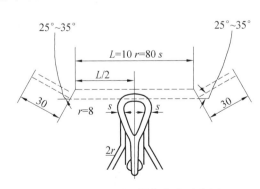

图 7.9　环形试样加负载示意图

②U 形试样:若不需要知道精确应力的话,可采用制备较简便的 U 形试样。它能近似地计算外加应变 ε 值:

$$\varepsilon = \frac{t}{2r} \tag{7.1}$$

式中　　r—— 顶端弧半径;

　　　　t—— 试样厚度($t < r$)。

如图 7.10 所示为几种典型的 U 形试样。其原理是将试样弯曲成不同程度,以造成不同程度的应力。此时,应力是由弹性变形或弹性变形结合塑性变形而引起的。此时试样顶端产生塑性变形,根部受弹性应力,这种试件适用于有足够韧性、弯曲后不出现裂纹的材料。这种方法也可采用如图 7.11 所示的夹具,把试样弯曲成弓形,进行类似的实验。

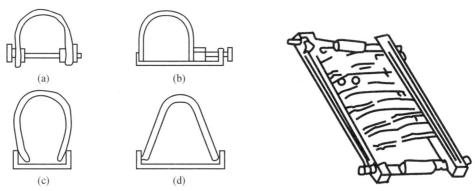

图 7.10　几种典型的 U 形试样　　　　图 7.11　弓形试样夹具

③ 叉形试样:此类试样适用于挤压件、模压件及其他大截面的半成品或制品实验。材料厚度大于或等于 6 mm,试样形状及尺寸如图 7.12 所示。借助螺栓或有机玻璃夹具将试样的尾端间缩小一半(从 6 mm 减至 3 mm),以在腐蚀介质中出现可见裂纹或完全断裂为止,记录时间。用螺栓夹紧试样时,应涂有机胶,防止电偶腐蚀。

为避免引起应力腐蚀断裂,制取挤压铝合金试样应使试样的长边与材料挤压方向垂直,而制取挤压镁合金试样时,应使试样的长边平行于材料的挤压方向。

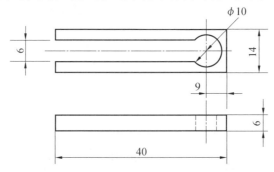

图 7.12　叉形试样(图中尺寸为 mm)

④ 弯梁试样:该试样通常由板材制成。试样的尺寸可根据具体要求而改变,加载方式可用两点、三点和四点加载,如图 7.13 所示。试样小而便宜,适用于大量的长期暴露实验。这种试样的优点是可以借助应变仪或利用适当校正的弯梁公式,计算出所承受的应力。

弯梁试样的凸面最高点承受最大纵向拉应力,拉应力沿试样厚度由上向下降低;试样最凹点承受最大压应力,应力的分布与加载方式、试样宽度与厚度的比例有关。当外加应力低于材料的弹性极限而挠度较低时,可采用如下公式计算所承受的应力,否则误差较大。

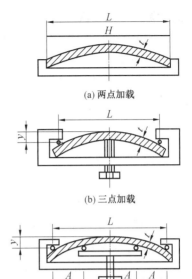

(a) 两点加载

(b) 三点加载

(c) 四点加载

图 7.13　弯梁试样加载示意图

两点弯梁试样最大拉应力 σ 与试样长度的关系式为

$$L = \frac{KtE}{\sigma}\arcsin\left(\frac{H\sigma}{KtE}\right) \tag{7.2}$$

式中　　L—— 试样的长度;

　　　　H—— 两支点间距离;

　　　　t—— 试样厚度;

　　　　E—— 弹性模量;

　　　　K—— 常数。

三点弯梁试样最大弹性应力计算式为

$$\sigma = \frac{6Ety}{L^2} \tag{7.3}$$

式中　　σ—— 最大抗拉强度;

　　　　E—— 弹性模量;

　　　　t—— 试样厚度;

　　　　y—— 最大挠度;

　　　　L—— 外部支点间距离。

四点弯梁试样最大弹性应力计算式为

$$\sigma = \frac{12Ety}{3L^2 - 4A^2} \tag{7.4}$$

式中　　A—— 支点间的距离,且 $y/L < 0.1$;其余符号同上。当 $A = 0$ 时,则式(7.4) 改写为

$$\sigma = \frac{4Ety}{L^2} \tag{7.5}$$

弯梁试样暴露在大气中,一般采用不锈钢夹具。在常温腐蚀液中实验,可采用硬塑料做夹具,以防电偶腐蚀。

在上述两项传统的恒载荷或恒应变腐蚀实验中,经常测定的是两种指标:测定从实验开始到腐蚀断裂(出现裂纹或完全断裂) 所经过的时间,或者测定经过一定时间后试样强度和延伸率损失,从而评定材料抗应力腐蚀的性能。有时为了研究和比较试样腐蚀断裂后表面腐蚀的不均匀性以及裂纹数量和分布,可在光学显微镜、扫描电子显微镜等仪器下观察裂纹特征。

3.预制裂纹的应力腐蚀实验

预制裂纹的应力腐蚀实验已得到广泛使用。早期的应力腐蚀实验都是以光滑试样为基础。这种试样的应力腐蚀断裂历程包括裂纹的形成(形核)和扩展、断裂两个阶段,测得的时间是这两部分寿命的总和,其中90%是裂纹源的形核寿命。因此,所测结果反映了材料裂纹萌生的敏感性,而对裂纹扩展性能反映不确切,再加上数据的分散性,有时会和材料实际使用结果不相符合,把由于裂纹形成时间长而未断裂误认为没有应力腐蚀敏感性。光滑试样实验是把材料看作完整无缺的,但实际上,由于冶炼、冷热加工,不可避免地会引入裂纹或缺陷。况且构件在工作过程中会受疲劳负载或腐蚀介质的作用,这些都可能引起裂纹源。断裂力学自20世纪60年代引入以来,为存在裂纹的材料提供了实用的分析方法。这种方法是建立在线弹性力学基础上,不考虑裂纹的成核过程,因此它和光滑试样实验互为补充。

断裂力学运用弹性及塑性力学去研究裂纹尖端的应力场,分析裂纹扩展的条件和规律,定量地给出稳定的裂纹扩展速率(da/dt)和裂纹尖端的应力水平,更准确地描述应力腐蚀断裂过程,预测临界裂纹尺寸和构件的寿命。

这种实验方法采用的试样有一尖锐的预制裂纹。通常是在试样平滑面上机械加工一缺口,起到应力集中的作用,在缺口根部用高频疲劳的方法按具体试样要求预制疲劳裂纹,然后给试样加一定载荷并浸入相应的实验介质中。用读数显微镜定时测量,同时记录裂纹长度 a,算出相应的应力强度因子及裂纹扩展速率,并绘制应力强度因子 K_I 和裂纹扩展速率 da/dt 的关系曲线图。此外,通过预制裂纹实验还可获得应力腐蚀临界应力强度因子 K_{ISCC},此值对于构件的选材和设计有重要价值。应力腐蚀裂纹扩展速率是衡量应力腐蚀开裂敏感性的重要参数之一。

在预制裂纹试样的应力腐蚀实验中,由于加力方法和试件几何形状的不同,应力强度因子 K_I 随裂纹长度 a 的扩展可以是增大、减小或恒定。因而可把预制裂纹试样分为两类,一类是指 K_I 随裂纹扩展而增大或恒定,一般为恒载荷试样;另一类指 K_I 随裂纹扩展而减小,则可以是恒位移或恒载荷试样,这要视试样和加载方式而定。上述各种试样中,应用较多的是楔形张开加载(WOL)试样、双悬臂梁(DCB)试样、悬臂梁试样及燕型试样四种。

K_{ISCC} 值的测定方法与材料性质、试样形状、加力方式有关,尤其与材料的平面应变断裂韧性 K_{IC} 值密切相关。如选择一定的起始应力强度因子 K_{Ii} 值(小于 K_{IC} 值) 在特定介质中加载,测定各个 K_{Ii} 值下试样的断裂时间,可找到一个 K_{Ii} 的临界值(低于此值,则在所实验的时间内试样不断裂),即为该种材料在此介质中的 K_{ISCC}。也可只用一个试样来测定,即加一定的 K_{Ii} 值,间隔一定时间后观察是否破断。若未断,则加较高的 K_{Ii} 值重复进行,直至发生破断为止,测得的 K_{Ii} 值即为 K_{ISCC} 值。采用预制裂纹试样进行应力腐蚀实验,也可配合电化学测试方法,如测量裂纹尖端的电位－时间曲线、极化曲线、恒电位下应力腐蚀实验等,以便研究裂纹尖端的电化学行为及电位对应力腐蚀的影响。

4. 慢应变速率法(SSRT)

慢应变速率法是将拉力试件放在一定环境中(如装有溶液的容器),装入特制的慢应变速率实验机中,用固定的、缓慢的应变速率拉伸试样,直到拉断为止。通常所用的应变速率为 10^{-4} ~ 10^{-8} m/s。在此应变速率范围内,裂缝尖端的变形、溶解、成膜和扩散将处于产生应力腐蚀破裂的临界平衡状态。此方法通过强化应变来加速应力腐蚀的发生与发展过程。SSRT方法提供了在传统应力腐蚀实验不能迅速激发SCC的环境里确定延性材料SCC敏感性的快速实验方法,它能使任何试样在很短的时间内发生断裂,因此是一种相对苛刻的加速实验方法。

普通拉伸机的应变速率较大($\varepsilon = 10^{-3} \sim 10^{2}$ m/s),因而无法用拉伸实验来反映应力腐蚀敏感性。因为无论是根据阳极溶解机理还是氢致开裂机理,无裂纹试样产生应力腐蚀裂纹均需要较长的孕育期,故拉断后延伸率及断面收缩率不会有明显的变化。但如果把拉伸速率减慢(慢拉伸实验),这时应力腐蚀过程就能充分展示。断裂后的塑性指标就会明显下降,断口形貌也会有明显变化。

应变速率是研究应力腐蚀敏感性的一个重要参量。应力腐蚀破裂的严重性与应变速率成函数关系。在一定的应变速率范围内,应力腐蚀破裂最严重。对大多数材料及其相应的环境,应力腐蚀最敏感的应变速率为 10^{-6} m/s,当应变速率小于此值时,由于裂纹尖端有足够的时间再钝化,因此能够阻碍应力腐蚀裂纹的扩展。

5. 电化学方法在应力腐蚀开裂研究中的应用

金属材料在特定的应力条件及腐蚀介质中会发生应力腐蚀开裂,由于影响因素多且复杂,至今学术界对这种现象发生的原因,只提出各种可能的解释,并未得到统一的见解。一些研究表明,当施加阳极极化时,钢及钛合金焊接件的应力腐蚀开裂过程得到加速,裂纹扩展速率增大。因而确定材料的应力腐蚀开裂与电化学过程密切相关。

电化学阻抗谱(EIS)及电化学噪声(EN)是目前较为常用且有效的研究与监测金属材料腐蚀电化学过程的手段。电化学阻抗谱是研究电化学反应动力学及电极界面现象最常用的测试方法。电化学噪声是指材料的电极电位及电流密度等电化学状态参数在腐蚀过程中的非平衡随机波动行为,对于变化异常迅速的电化学腐蚀过程来说,电化学噪声具有极强的监测能力,因而近年来在电化学腐蚀领域的研究中应用越加普遍。相比于失重法、动电位极化曲线法、恒电流及恒电压法等传统的腐蚀测试技术,电化学噪声具有许多独一无二的优势。电化学噪声已成为研究监测腐蚀瞬态过程的有力手段并受到了越来越多的关注,将其应用于常规测试方法难于测量的腐蚀体系已经成为目前腐蚀科学领域的热点问题。

在慢应变速率拉伸测试过程中采集电化学阻抗谱及电化学噪声信号,通过分析相关数据,可获得应力腐蚀开裂过程中相关电学元件的变化规律,从而更好地解释应力腐蚀机理。

7.2　金属的氢脆和氢损伤

氢对很多金属的力学性能有显著的影响,它能使金属材料的塑性和断裂强度显著降低,使设备和构件遭到严重破坏,以至发生事故。金属材料在冶炼、加工及使用过程中,经常会有氢进入材料,由于氢的存在或与氢发生反应而引起金属设备破坏,称为金属的氢损伤。根据氢引起金属破坏的条件、机理和形态,可将氢损伤分为脱碳、氢腐蚀、氢鼓泡和氢脆四类。前两类指的是在高温气体氢环境中引起金属的氢损伤。脱碳常常发生在高温湿气的环境中,是一种化学性腐蚀。

氢损伤与氢的关系密切,下面主要讨论氢的来源,氢在金属中的存在形式、传输方式,以及氢脆和氢损伤的机理等问题。

7.2.1　氢的来源及在金属中的存在形式

1. 氢的来源

氢来源于内氢和外氢两个方面。内氢,即在冶炼、焊接、酸洗、电镀、阴极充氢等过程中,进入金属内部的氢;外氢,即在氢气或致氢气体(如 H_2S、H_2O 等)中工作或由腐蚀阴极过程引入金属内部的氢。冶炼过程中炉内的水分分解可产生氢,钢锭中含氢量可达 6 ~ 15 $cm^3/100$ g,钢中的"白点"和铝合金中出现的"亮片"皆由此引起。金属零件在热处理后或电镀前都要进行酸洗,酸洗时除了氧化皮溶解外,还会发生金属与酸的电化学作用,导致阴极区析氢,其中部分氢原子进入金属,电镀过程本身就伴随着阴极充氢。焊接是一种局部冶炼过程,易引入氢。焊条中含有水分和含氢物质,焊接时会分解成氢进入金属。

致氢气体(如 H_2、H_2S 和 H_2O 等)可在金属表面分解成原子氢而进入金属。如石化工业中的输油气管线、反应塔等。其受力件是在含氢或 H_2S 气体中工作,因氢进入金属而引起氢脆。析氢腐蚀时产生的氢主要因金属接触含氢离子的溶液,水化质子(H_3O^+)在金属表面产生活性氢原子[H],或复合成氢分子,由于含氢物质与金属表面反应生成[H],或逸出氢气;气态氢在金属表面的吸附、分解而产生活性原子氢等。这些活性氢原子是引起金属材料脆化的主要因素。有些情况,虽然整体介质不发生析氢,但在蚀坑、缝隙和裂纹内,由于闭塞电池的作用,蚀坑、缝隙或裂纹内的 pH 下降,有可能达到析氢条件,如应力腐蚀过程中由于裂纹的闭塞效应,裂纹尖端的溶液会酸化,裂纹尖端的酸化现象为氢的析出提供了热力学可能。其阴极反应产生的原子氢进入金属后,在金属的滞后断裂过程中将起决定性作用,则此种应力腐蚀断裂就是氢脆。

2. 氢的存在形式

氢常以 H^-、H、H^+、H_2、金属氢化物、固溶体、碳氢化合物等形式存在于金属中,也可与位错结合形成气团($\perp$ H)存在。当氢与碱金属(如 Li、Na、K)或碱土金属作用时,可形成氢化物(如 NaH)。在这类化合物中 Na 和 H^- 以离子键方式结合在一起,氢以 H^- 形式存在。还有一种观点认为,过渡族金属的 d 带没有填满,当氢原子进入金属后,分解为质子和电子,即 $H \rightarrow H^+ + e^-$。氢的 1s 电子进入金属的 d 带,氢以质子状态存在于金属中。当金属 d 带填满后,多余的氢将以原子状态存在。也有观点认为,氢原子具有很小的原子半径(0.053 nm),能处于点阵的间隙位置,如 C – Fe 的四面体间隙和 α – Fe 的八面体间隙。最近,有研究者又提出电子屏蔽概念,认为氢以原子态"H^+ e^-"存在于金属中,或者说氢以"屏蔽的离子"(Screened Ion)即穿有"电子外衣"的离子状态存在于金属中。因此可用原子氢来讨论氢在金属中的作用。

氢溶解在金属中可形成固溶体,氢在金属中的溶解度与温度和压力有关。氢溶入固态金属或从中析出,都服从 Sievert 平方根定律:

$$C_H = k\sqrt{p_{H_2}} \tag{7.6}$$

即恒温下,平衡时金属中氢的浓度 C_H 与氢压 p_{H_2} 的平方根成正比。式中 k 为常数,与温度有关。

氢在金属中如果超过固溶度,可有分子氢(H_2)、金属氢化物、氢原子气团三种状态。当金属氢浓度超过固溶度时,氢原子往往在金属的缺陷(如晶界、相界、微裂纹等)处聚集而形成分子氢。氢在 V、Ti、Nb、Zr 等 ⅣB 或 ⅤB 族金属中容易形成氢化物。虽然氢在这些金属中固溶度较大,但由于氢在金属中分布不均匀,故当局部区域的氢浓度超过固溶度时就可形成金属氢化物。如 $TiH_x(x=1.53\sim1.99)$,氢与 Ni 也能形成氢化物。氢原子与位错结合成气团($\perp$ H),可视为一种相,气团的凝聚和蒸发就是这种相的形成和分解。

7.2.2　氢脆和氢损伤的类型

氢脆是由氢引起的材料的脆化,从而导致材料塑性及韧性下降。氢脆是高强度金属材料的一个潜在破坏源。航空、航天工业经常使用的高强度钢、钛合金等,对氢脆是很敏感的。氢脆大致可分为两大类。第一类氢脆的敏感性随应变速率增加而升高,第二类氢脆的敏感性随应变速率增加而降低。第一类氢脆是在材料加负荷之前已经在内部存在某种氢脆源,在应力作用下加快了裂纹的形成及扩展;第二类氢脆则不同,它在加负荷之前并不存在断裂源,而是在应力作用下由于氢与应力的交互作用逐步形成断裂源而导致脆性断裂。

1. 第一类氢脆

属于这类氢脆的有氢腐蚀、氢鼓泡、氢化物型。这三种氢损伤造成金属永久性损伤,使材料的塑性或强度降低。即使再通过除氢处理,强度和塑性也不能恢复,此种氢脆称为不可逆氢脆。

(1) 高温氢腐蚀。

低碳钢在高温高压的氢气环境中使用时,钢中的碳(Fe_3C) 能和 H_2 反应生成甲烷(CH_4),造成表面严重脱碳和沿晶网状裂纹,使强度大大下降。其反应为

$$C + 2H_2 \rightleftharpoons CH_4$$
$$Fe_3C + 2H_2 \rightleftharpoons 3Fe + CH_4$$

由于一个 CH_4 分子由 2 个 H_2 分子生成,故升高氢压有利于 CH_4 的产生。因此工作压力越高,脱碳越严重。例如低碳钢制成的压力容器在大于 200 ℃ 的高温高压氢气中长期使用时,可产生很多气泡或裂纹,造成氢腐蚀。在高温高压氢中,氢扩散进入试样内部并和钢中的 Fe_3C(或石墨 C) 反应生成 CH_4。因 CH_4 分子在 $\alpha-Fe$ 中不能通过扩散而逸出,故在晶界夹杂处形成 CH_4 气泡。这种高压气体造成材料的内裂纹和鼓泡,当气泡在晶界上达到一定密度后,使晶界结合力减弱,使金属失去强度和韧性,最终造成材料的脆断。

氢腐蚀过程大致有三个阶段:

① 孕育期:在此期间,晶界碳化物及其附近有大量亚微型充满甲烷的鼓泡形核。这一阶段需要较长的时间,钢的力学性能和显微组织均无变化。这一时间的长短,决定了钢材抗氢腐蚀性能的好坏。

② 迅速腐蚀期:小鼓泡长大并沿晶界形成裂纹,使钢膨胀,力学性能显著下降。

③ 饱和期:裂纹互相连接,内部脱碳直到碳耗尽,体积不再膨胀。

温度和氢分压对氢腐蚀影响很大。一般来说,随温度升高、氢压增大以及工作应力提高,氢腐蚀速度增大。因为氢腐蚀属于化学腐蚀,其反应速度、氢的吸收、碳化物分解或碳的扩散都随温度升高而加快,从而使孕育期缩短,腐蚀加速。钢在一定氢气压下碳化物破坏有一最低温度,低于这一温度时反应极慢,使孕育期超过正常使用寿命。同样,低于某一氢分压,即使提高温度也不会产生氢腐蚀,只会引起钢的表面脱碳。冷加工变形会加速腐蚀,因

为应变易集中在铁素体和碳化物界面上,在晶界形成高密度微孔,增加了组织和应力的不均匀性,增加气泡形核位置,并有利于裂纹的扩展。

碳化物球化处理可使界面能降低,而有助于延长孕育期。钢中加入碳化物形成元素,如 Cr、Mo、V、Ni 等,可降低碳的活度和甲烷的平衡压力,对抗析氢腐蚀有利。

（2）氢鼓泡。

氢鼓泡是由于氢进入金属内部而产生的。金属内的原子氢扩散聚集在金属的夹杂物、气孔微缝隙处,促使空穴处形成分子氢,产生很高的内部氢压力（理论上计算,可达 10^{12} Pa）,使导致金属鼓泡和显著畸变。在含硫天然气及含硫石油输送、储存、炼制设备及煤气设备中,这种破坏形式尤为多见,但其破坏特征与氢脆不同。氢脆是在外力作用下产生的,而氢鼓泡无外力也能产生,氢鼓泡裂纹平行于表面,氢脆裂纹与外力方向相垂直。此外,钢材强度、组织、环境等对两者敏感性的影响也不同。

氢鼓泡破坏与钢中吸氢量密切相关,因此凡影响吸氢量的因素都能影响氢腐蚀敏感性。如在硫化氢酸性水溶液中,酸度越高、浓度越大,则出现裂纹的倾向就越大。溶液中 As_2O_3、CN^- 等,也会增加氢鼓泡的敏感性。硫化物夹杂对氢鼓泡裂纹的起源起重要作用,所以降低钢中硫的含量,可降低氢鼓泡的敏感性。但即使钢中硫的质量分数降到 0.002% ,也不能完全避免此类腐蚀,特别在钢锭的偏析部位更是如此。

氢鼓泡易发生于室温下,若提高温度可使其敏感性减小。此外,钢中的应力梯度可促进氢原子的扩散,并向孔隙中聚集而产生鼓泡裂纹。

（3）氢化物型氢脆。

氢与 Ti、Zr、Nb 等金属有较大的亲和力,当这些金属中的氢超过溶解度时,将生成这些金属的氢化物。室温时氢在 α - Ti 及其合金中的溶解度约为 0.002% ,在纯钛及 β - Ti 合金中含量很低的氢即可生成氢化钛（TiH$_2$）。因此,氢化物型氢脆是纯钛和 α - Ti 合金的主要氢脆表现。氢在 β - Ti 中的溶解度较高,因而在 β 型钛合金中很少遇到氢化物型氢脆。这类氢脆大致具有如下特点:

① 氢化物型氢脆的敏感性随温度的降低而增加,当样品有缺口时,氢脆敏感性也会增加。裂纹沿氢化物与基体金属的交界面扩展,这是由基体金属与氢化物间存在较弱的结合力及二者弹塑性的差异所致,在应力作用下造成脆性断裂。

② 与形变速率关系密切。当低速形变时无明显脆性,在高速形变（如冲击实验）时才出现脆性断裂。因此这种氢脆也称为冲击型氢脆。某些研究者认为,氢化钛虽是一种脆性相,但仍有某些塑性。低速形变时氢化物与基体金属共同变形,由于塑性变形使应力得到松弛,因而不显示脆性。

③ 氢化物的形态、分布对金属的塑性有明显影响。薄片状氢化物氢脆敏感性最大,这类氢化物易产生较大的应力集中;块状粗大的氢化物则对塑性影响较小。氢化物析出的形态、大小及基体金属晶粒大小和冷却速度也都与氢脆有关。在细晶粒中氢化物易沿晶界析出块状不连续沉淀相,故氢脆不明显。粗大晶粒且氢含量又较高的钛合金,因氢化物沿晶界呈连续的薄片状析出,裂纹易沿晶界扩展,导致氢脆。

在 β 型铁合金或银合金中由于氢溶解度很高,只有当氢含量较高时才能生成氢化物。当氢在金属中浓度较高但又不足以形成氢化物时,这种处于固溶体状态下的氢也能使某些

第7章 应力作用下的腐蚀　　　　　　　　　　　　　　　　　　·129·

金属由塑性转变为脆性。这可能是氢原子促使 β 相晶格产生严重畸变所致,这类氢脆和 O、N、P 等原子对钢所引起的冷脆性相似,故称为氢的冷脆性。

2. 第二类氢脆

第二类氢脆有两种:一种是不可逆氢脆,另一种是可逆氢脆。含有过饱和状态氢的合金在应力作用下析出氢化物而导致脆断。此类氢脆对应力是不可逆的,称为不可逆氢脆。处于固溶状态的氢合金,在慢速变形情况下产生的脆性断裂,对应力是可逆的,此种氢脆称为可逆性氢脆。通常所说的氢脆主要是指由于内氢或外氢(环境氢)所引起的可逆氢脆。

含氢金属在缓慢的变形中逐渐形成裂纹源,裂纹扩展以致脆断。若在未形成裂纹前去除负荷,静止一定时间后再进行高速变形,材料的塑性可以得到恢复。这种内部氢脆和环境氢脆都属可逆氢脆,这是氢损伤中非常危险的、也是主要的破坏形式。两种氢脆对材料脆化的本质、特征是相同的,只是氢的来源不同,对氢脆的历程及裂纹扩展速度影响不同。如高强度钢在静载持续作用下的滞后断裂,在硫化氢中的应力腐蚀断裂,钛合金(α + β 型)的内氢脆等。可逆氢脆的过程:材料中的氢在应力梯度作用下向高的三向拉应力处富集,当偏聚氢浓度达到临界值时,就会在应力场的联合作用下导致开裂。这种破坏是在一定的应力范围内产生的,即图 7.14 所示的上临界应力与下临界应力之间的应力范围。材料在大于上临界应力时发生瞬时断裂,即图中的缺口抗拉强度。低于下临界应力时无论加载时间多长也不会发生断裂。只有在上、下临界应力之间作用时材料才发生滞后破坏。经历了裂纹形核(孕育期)(图中箭头 1 所指虚线的时间),在应力继续作用下裂纹长大(箭头 2,亚临界扩展),最后发生突然断裂(失稳断裂,箭头 3)。这种破坏是一种滞后破坏,这个临界应力类似材料的疲劳极限。滞后断裂曲线与疲劳的 S – N 曲线相似,故也称静疲劳曲线。

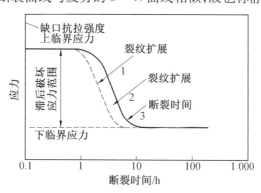

图 7.14　含氢超高强度钢破断时间与所受拉应力之间关系

7.2.3　氢脆机理

1. 氢压理论

氢压理论认为,在金属中一部分过饱和氢在晶界、孔隙或其他缺陷处析出,结合成分子氢,使这些位置造成巨大的内压力,此内压力协助外应力引起裂纹的产生和扩展。或者说产生的氢压降低了裂纹扩展所需的外应力。该理论可解释孕育期的存在、裂纹的不连续扩展、应变速率的影响等。该理论能较好地解释大量充氢时过饱和氢引起的氢鼓泡和氢诱发裂纹。该理论的有力证据是,即使没有外应力作用,高逸度氢也能诱发裂纹,特别是高逸度充氢或 H_2S 充氢能在金属表面上产生氢鼓泡,而且在其下方往往存在氢致裂纹,这是用其他理论所不能解释的。但氢压理论无法解释低氢压环境中的滞后开裂行为、氢脆存在上限温度、断口由塑性转变成脆性的原因,以及氢致滞后开裂过程中的可逆现象。一般认为,在氢含量较高时(如大量充氢),氢压理论是适用的。

2. 弱键理论

在应力诱导下,氢在缺口或裂纹尖端的三向拉伸应力区富集,导致该处金属原子间的结合键能下降,较低的外应力即可使材料断裂。氢使金属键合力减弱的本质,认为是氢的 1s 电子进入了过渡族金属元素未填满的 3d 带,因而增加 3d 带电子密度,结果使原子间的排斥力升高,使材料的原子间键合力下降,因而材料在较低的应力下就能开裂。这一理论可以解释氢致滞后开裂的各种特征,因而得到广泛支持。但原子键合力下降的证据尚不充分,而且对某些非过渡族金属的合金(如铝合金、镁合金)的可逆性氢脆,不能用此理论解释。

3. 吸附氢降低表面能理论

断裂力学给出材料发生脆性断裂的应力 σ_f。

$$\sigma_f = \sqrt{\frac{2E\gamma}{a}} \tag{7.7}$$

式中　　γ——表面能;

　　　　E——杨氏模量;

　　　　a——裂纹长度。

当裂纹尖端吸附有氢时,会使表面能下降,因而使断裂应力下降。这种理论可以解释孕育期的存在、应变速率的影响以及在氢分压较低时材料发生脆断的现象。但是,实际金属并非完全脆性材料,裂纹扩展还需做塑性功,而塑性功要比表面能大几个数量级,因而吸附氢降低表面能对断裂应力 σ_f 的影响不大。此外,这种理论也不能说明氢脆的可逆性、裂纹扩展的不连续性以及其他吸附物质的影响等。

4. 氢气团钉扎理论

氢气团钉扎理论认为,氢脆是由于金属中溶解的氢对位错移动的干扰"钉扎"作用的结果,在一定应力条件下,若存在于晶体中的应力能够推动位错移动的话,便产生滑移,导致内应力的松弛。反之,若位错因某种原因不易移动时,晶体则变脆,产生脆断。氢与位错的相互作用理论认为,氢脆只在一定的温度和形变速度范围内发生(图 7.15)。当温度低于临界温度 T_0 时,含氢的合金在形变过程中有可能形成 Cottrell 气团。若温度不太低而形变速度较低时,则氢原子气团就随位错运动而运动,但落后一定距离。这样就使位错不能自由移动,这一现象称为氢对位错的"钉扎"作用。由于钉扎作用引起材料的局部硬化,只有在外力作用下不断产生新位错,才能继续塑性变形。当运动着的新位错与氢气团遇到如晶界等障碍时,便在该处形成位错塞积和氢气聚集,在足够大的应力下便形成裂纹,并由此扩展长大。当裂纹长大并进入贫氢区后,位错的移动恢复自由,一旦基体通过塑性变形使应力松弛,裂纹就停止长大。直至氢原子在应力作用下重新在此集结后,致使脆断裂纹重新长大。如此循环,使裂纹不断地扩展,导致最后断裂。

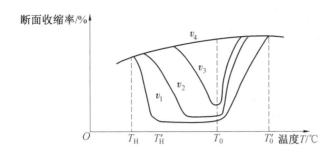

图 7.15　形变速度(v)与实验温度对氢钛合金断面收缩率的影响

氢与位错的相互作用理论能较好地解释可逆性氢脆的形成过程、特征、可逆性及形变速度、温度对含氢材料氢脆的影响等。如图 7.15 所示,当形变速度为 v_1 时,温度过低(若小于 T_H),氢扩散速度太小,跟不上位错的运动,不能形成 Cottrell 气团,氢脆也就无法出现。当温度接近 T_H 时(若形变速度仍为 v_1),氢原子的扩散速度与位错的运动速度相适应,位错开始吸引部分氢原子,引起材料的塑性降低。当温度升高至 T'_H 时,氢扩散的速度已完全和位错运动速度相吻合,塑性达最低点。温度继续上升(并不很高),由于热扩散尚不起主要作用,位错中的氢原子浓度还没有什么变化,塑性仍保持最低。当温度上升到 T_0 时,由于温度较高形成 Cottrell 气团,但由于热扩散的作用,促使已富集的氢原子离开气团而均匀向四周扩散。于是位错周围的氢原子浓度开始下降,塑性回升。当温度达到 T'_0 时,由于热扩散速度大大高于 Cottrell 气团的形成速度,氢气难以富集,氢脆被完全消除,塑性恢复到原来状态。形变速度对氢脆的影响也是如此。当形变速度为 $v_2(v_2 > v_1)$ 时,开始出现氢脆的温度必然高于 v_1 时出现的氢脆温度。因为形变速度提高后,必须在更高的温度才能使氢原子的扩散速度跟上位错运动。当形变速度为 $v_3(v_3 > v_2)$ 时,情况与 v_2 相同。当形变速度继续升至临界速度 v_4 时,氢原子的扩散永远跟不上位错运动,于是氢脆完全消失。

对该理论持反对意见的认为,氢的扩散很快,能够跟着位错一起运动,常温下不可能起"钉扎"作用。此外,该理论无法解释恒位移或恒载荷实验中的氢致滞后开裂过程。

7.2.4　减小氢脆敏感性的途径

氢脆的产生可归结为裂纹源缺陷(如晶界、共格及非共格沉淀、位错缠结、微孔等)所捕获的氢量 C_T 与引起此类缺陷开裂的临界氢浓度 C_{cr} 之间的相对大小。当 $C_T < C_{cr}$ 时,不会引起氢致开裂;当 $C_T = C_{cr}$ 时,开始出现氢致裂纹;当 $C_T > C_{cr}$ 时,裂纹扩展。因此,减少氢脆敏感性的途径在于提高 C_{cr} 和降低 C_T。降低和消除应力也非常重要,因为在应力存在下,氢发生应力诱导扩散,向三向拉应力区富集。设计时应避免或减小局部应力集中。在加工、制造、装配中尽量避免产生较大的残余应力,或者采用退火等方法消除残余应力。

降低 C_T 的途径,就是减少内氢和限制外氢进入。

可通过减少内氢改进冶炼、热处理、焊接、电镀、酸洗等工艺条件,氢进入金属,对含氢材料也可进行脱氢处理。为降低 C_T,也可通过添加陷阱使氢浓度均匀,以降低局部氢浓度。但这些陷阱必须本身具有较高的 C_{cr},否则会在这些地方首先引发裂纹。其次添加陷阱数量要足够多,且具有不可逆陷阱的作用,而且均匀分布在金属基体中。能满足这些条件的陷阱很多,例如原子级尺寸的陷阱(以溶质原子形式存在)如 Sc、La、Ca、Ta、K、Nd、Hf 等,碳化物和氮化物形成元素(以化合物形式存在)如 Ti、V、Zr、Nb、Al、B、Th 等。但应注意,加入这些元素还应综合考虑对材料其他性能的影响。

限制外氢的进入主要从建立障碍和降低外氢的活性入手。

利用物理、化学、电化学、冶金等方法在基体上施以镀层,此镀层应具有低的氢扩散性和溶解度,从而构成氢进入金属的直接障碍。例如 Cu、Mo、Al、Ag、Au、W 等金属覆盖层,或经表面热处理而生成致密的氧化膜。有时可涂覆有机涂料或衬上橡皮或塑料衬里,防止金属与氢或致氢介质接触,起到隔离作用。

加入某些合金元素,可延缓腐蚀反应,或者生成的腐蚀产物抑制氢进入基体,可起到间接障碍的作用。如含 Cu 钢在 H_2S 水介质中生成 Cu_2S 致密产物,可降低氢诱发开裂倾向。

降低外氢的活性,如在气相的 H_2S、H_2 中加入适量的氧,在腐蚀介质中加入适当的缓蚀剂抑制阴极析氢或者加入促进氢原子复合成氢分子的物质,都可减少外氢的危害。

存在外氢时,特别是在足够的应力作用下,终将使某类最有害的缺陷的 C_T 达到其 C_{cr}。因此尽量提高 C_{cr},即控制对 C_{cr} 起作用的一些参数,对降低氢脆敏感性是很重要的。例如:降低杂质含量,减少 As、P、Sn、Bi、Se 等杂质在晶界的偏析;细化晶粒;控制有害夹杂物(如碳化物、氧化物)和碳化物的类型、数量、形状、尺寸和分布;适当的变形处理;等等。

7.3　腐蚀疲劳

7.3.1　概述

腐蚀疲劳指在循环应力与腐蚀介质联合作用下所引起的破坏,是疲劳的一种特例。循环应力的形式较多,其中以交变的张应力和压应力的循环应力最为常见。疲劳是任何一个机械组件都会遇到的问题。大量的因素影响金属材料的疲劳性能,若是由腐蚀介质引起疲劳性能的降低,则称为腐蚀疲劳。手册中能找到的大多数疲劳数据是在空气中测试得到的,因而环境介质的影响较小。在腐蚀介质中发生的疲劳要严重得多,腐蚀对疲劳强度的影响常用损伤比来表示:

$$损伤比 = \frac{腐蚀疲劳强度}{疲劳强度}$$

这个比值在以盐水作为腐蚀介质时,对碳钢约为 0.2,对不锈钢约为 0.5,对铝合金约为 0.4,对铜合金约为 1.0。

腐蚀疲劳的 S－N 曲线与一般力学疲劳的 S－N 曲线形状有所不同(图 7.16),腐蚀疲劳曲线位置较低,尤其在低应力、高循环次数下曲线的位置更低。在腐蚀介质中很难找到真正的疲劳极限,只要循环次数足够大,疲劳破坏将在任何应力下发生。

纯力学疲劳破坏特征:断口大部分是光滑的,小部分是粗糙面,断口呈现一些结晶形状,部分呈脆性断裂。腐蚀疲劳破坏的金属内表面,大部分面积被腐蚀产物所覆盖,小部分呈粗糙碎裂区,断面常常带有纯力学疲劳的某些特点,断口多呈贝壳状或有疲劳纹。除 Pb 和 Sn 外,腐蚀疲劳裂纹都贯穿晶粒,而且只有主干没有分支,裂纹尖端较"钝"。

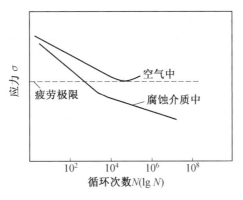

图 7.16　腐蚀疲劳的 S – N 曲线

　　腐蚀疲劳和应力腐蚀开裂所产生的破坏有许多相似之处,但也有不同之处。腐蚀疲劳裂纹虽也多呈穿晶形式,但除主干外一般很少再有明显的分支。此外,这两种腐蚀破坏在产生条件上也很不相同,例如,纯金属一般很少发生应力腐蚀开裂,但是会发生腐蚀疲劳;应力腐蚀开裂只有在特定的介质中才出现,而引起腐蚀疲劳的环境是多种多样的,不受介质中特定离子的限制;应力腐蚀开裂需要在临界值以上的静拉伸应力下才能产生,而腐蚀疲劳在静应力下却不能发生;在腐蚀电化学行为上两者差别更大,应力腐蚀开裂大多发生在钝化 – 活化过渡区或钝化 – 过钝化区,但腐蚀疲劳在活化区和钝化区都能发生。

　　钢在淡水、海水、含硫气氛以及许多环境中都可能发生腐蚀疲劳。低碳钢、奥氏体不锈钢、铝青铜等材料在淡水中抗疲劳性能优良,但在海水中不锈钢和铝青铜的抗疲劳性能降低20% ~ 30% 。应力的循环频率越低,对腐蚀疲劳影响越大。

7.3.2　腐蚀疲劳机理

　　腐蚀疲劳的全过程包括疲劳源的形成、疲劳裂纹的扩展和断裂破坏。在循环应力作用下金属内部晶粒发生相对滑移,腐蚀环境使滑移台阶处金属发生活性溶解,促使塑性变形。

　　疲劳裂纹的生成过程如图 7.17 所示。图中(1) 首先生成点蚀坑(疲劳源),这是发生腐蚀疲劳的必要条件;(2) 在应力作用下点蚀坑处优先发生滑移,形成滑移台阶;(3) 滑移台阶上发生金属阳极溶解;(4) 在反方向应力作用下金属表面形成初始裂纹。

　　裂纹扩展速率 da/dN 随疲劳应力强度因子 ΔK 的变化可分三个阶段(图 7.18)。

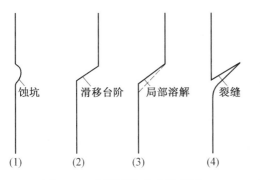

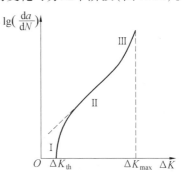

图 7.17　腐蚀裂纹生成示意图　　　　图 7.18　腐蚀裂纹扩展速率与应力关系
　　　　　　　　　　　　　　　　　　　　　　　　曲线

①起始阶段。存在一个疲劳裂纹扩展的应力强度因子门槛值 ΔK_{th}，当 ΔK 超过 ΔK_{th} 时，疲劳裂纹迅速扩展。ΔK_{th} 值受很多因素的影响，其中主要是金属材料的显微结构、强度、载荷和腐蚀环境。

②中间阶段。裂纹扩展速度与应力变化之间是指数关系，可用 Parisk 公式表示

$$\frac{da}{dN} = C \cdot (\Delta K)^n \tag{7.8}$$

③最终阶段。当最大交变应力强度因子 K_{max} 接近断裂韧性 K_{IC} 时，da/dN 随 ΔK 增高迅速增大，直至失稳断裂。

目前，科研人员提出了两种模型对腐蚀疲劳进行定量研究。线性叠加模型认为，腐蚀疲劳裂纹扩展速率是一般疲劳裂纹扩展速率和应力腐蚀裂纹扩展速率之和；而竞争模型认为，腐蚀疲劳裂纹扩展速率等于上述两项中裂纹扩展速率高的那一项。

7.4　磨损腐蚀

7.4.1　磨损腐蚀的概念

由腐蚀介质和金属表面间的相对运动引起的金属的加速破坏或腐蚀，称为磨损腐蚀，简称磨蚀。造成腐蚀损坏的流动介质包括气体、水溶液、有机体系、液态金属以及含有固体颗粒、气泡的液体等，其中悬浮在液体中的固体颗粒特别有害。当流体的运动速度加快，同时又存在机械磨耗或磨损的情况下，金属以水化离子形式溶解进入溶液。因此，磨蚀不同于纯机械力的破坏，在机械力作用下金属是以粉末形式脱落的。磨损腐蚀的外表特征是光滑的金属表面上呈现出带有方向性的槽沟、波纹、圆孔和峰谷，而且一般按流体的流动方向切入金属表面层。

多数金属和合金都会遭受磨损腐蚀。当铝和不锈钢等自钝化金属的保护性表面膜受到磨损破坏后，腐蚀速度急剧上升。磨损腐蚀与金属材料的性能、表面膜,介质的流速、湍流、冲击等因素有关。

7.4.2　几种磨损腐蚀的形式

磨损腐蚀的范围较大，有几种特殊的腐蚀形式，如湍流腐蚀、空泡腐蚀和微振腐蚀等。

1.湍流腐蚀

湍流使金属表面液体的搅动比层流时更为剧烈，结果使金属与介质的接触更为频繁。湍流不仅加速了腐蚀剂的供应和腐蚀产物的迁移，而且附加了一个液体对金属表面的切应力，此切应力能够把已经形成的腐蚀产物从金属表面剥离，并由流体带走。如果流体中含有气泡或固体颗粒，则会加剧磨损腐蚀。

湍流腐蚀大都发生在设备或部件的某些特定的、介质流速急剧增大形成湍流的部位。例如管壳式热交换器，离入口端高出少许的部位，正好是流体从管径大转为管径小的过渡区间，此处便形成了湍流，如图 7.19 所示。

除流体速度较大外，构件形状的不规则也是引起湍流的一个重要条件。如泵叶轮、蒸汽透平机的叶片等构件就是形成湍流的典型不规则的几何构型。

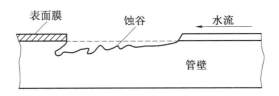

图 7.19　冷凝管内壁湍流腐蚀示意图

输送流体的管道,在流体突然被迫改变方向的部位,如弯管、U 形换热管等拐弯部位的管壁就要比其他部位更易被腐蚀减薄,甚至穿孔。这种由高速流体或含气泡、固体、颗粒的高速流体直接不断地冲击金属表面所造成的腐蚀是湍流腐蚀的一种特例,又称为冲击腐蚀。

2. 空泡腐蚀

空泡腐蚀又称空蚀,是由于金属构件与流体高速相对运动时在金属表面局部地区产生涡流,伴随气泡在金属表面迅速生成和破坏引起的。船舶螺旋推进器、涡轮叶片和泵叶轮等这类构件中的高流速冲击和压力突变的区域,最容易产生空泡腐蚀。金属构件的外形未能满足流体力学的要求,使金属表面局部区域产生涡流,在低压区引起溶解气体的析出或介质的气化,则接近金属表面的液体不断有蒸汽泡的形成和崩溃,气泡破灭时产生冲击波,破坏保护膜。此冲击波对金属施加的压力可达 $1.4 \ \text{N/m}^2$,这个压力足以使金属发生塑性变形。因此,遭受空蚀的金属表面可观察到滑移线出现。

空泡腐蚀的形成过程(图 7.20) 大致上可分为以下几步:① 金属表面膜上形成气泡;② 气泡破灭导致表面膜破裂;③ 暴露的新鲜金属表面遭受腐蚀,重新成膜;④ 在原位置膜附近形成新气泡;⑤ 气泡再次破灭,表面膜重遭毁坏;⑥ 裸露金属又被腐蚀,重新形成新膜。以此循环往复,金属表面便形成类似点蚀的空穴。空泡腐蚀是机械和化学两因素共同作用的结果。表面膜的存在不是空蚀的必要条件,即使没有表面膜存在,空泡破灭所产生的冲击力也足以使金属粒子被撕离金属表面,造成金属表面有些点变粗糙,这些粗糙点便是形成新空泡的核心。

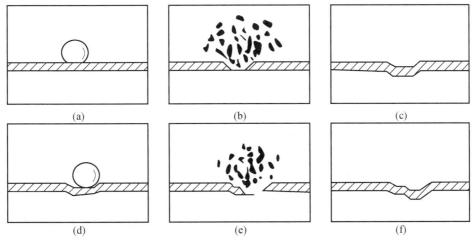

图 7.20　空泡腐蚀形成过程示意图

3. 微振腐蚀

微振腐蚀又称振动腐蚀、摩擦氧化。它是指两种金属（或一种金属与另一种非金属材料）相接触的交界面在负荷的条件下，发生微小的振动或往复运动而导致金属的破坏。负荷和交界面的相对运动造成金属表面层产生滑移和变形，只要有微米数量级的相对位移，就可能发生这类腐蚀。摩擦腐蚀使金属表面上呈现麻点或沟纹，在这些麻点和沟纹周围充满腐蚀产物。这类腐蚀大多数发生在大气条件下，腐蚀结果可使原来紧密配合的组件松散或卡住，腐蚀严重的部位往往容易发生腐蚀疲劳。

铁轨螺栓上的紧固垫片是发生摩擦腐蚀的一个典型例子。由于这些部分没有上润滑油，因此造成微振腐蚀，需要经常将这些垫板上紧。另一个常见的微振腐蚀例子发生在轴承套与轴之间，引起轴承套松脱，最后造成破坏。

微振腐蚀是在机械磨损与氧化腐蚀的共同作用下发生的。其机理主要有两种：磨损 – 氧化和氧化 – 磨损理论。图 7.21(a)、(b) 所示为解释这两种理论的示意图。磨损 – 氧化理论认为，两金属表面的配合是在不绝对平整的突出点上相接触（例如，在受压条件下金属界面的冷焊），在相对运动和微振作用下接触点被破坏，形成金属碎屑而被排开。这些直径很小的碎屑在摩擦过程中因生热而氧化，随着反复相对运动的进行，金属就不断被磨损，锈屑也随之积聚。氧化 – 磨损理论则认为，在大气中多数金属表面生成一层薄而牢的氧化膜，在负载下相互接触的两金属表面，由于往复磨振运动，因此突出点的氧化膜破裂，产生锈屑。新显露的金属重新被氧化，这种过程往复进行，金属也就不断受损。

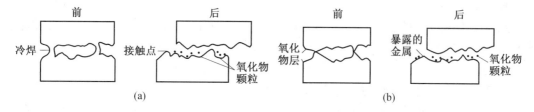

图 7.21　微振腐蚀示意图

7.4.3　磨损腐蚀的控制

防止或减轻磨损腐蚀可从以下几方面考虑，即选用耐磨蚀性能较好的材料、改进设计、降低流速、除去介质中有害成分、采用合适涂层及阴极保护。其中以合理选材、改进设计和阴极保护这些措施最为有效。

合理选材是解决多数磨损腐蚀破坏的经济方法，应针对具体使用条件，查阅有关手册资料进行选择，有些情况下要研制新的材料。例如在湿法磷酸生产过程中，由不同浓度和温度的磷酸、稀硫酸、Cl^-、F^-、Fe^{2+} 以及磷石膏固相粒子组成的腐蚀介质，对生产设备产生极其严重的磨损腐蚀。在国外通常采用超低硫的高镍铬合金，但耐磨性差。J – 1 铸造高镍铬不锈钢（$w(Cr) = 20\% \sim 25\%$、$w(Ni) = 25\% \sim 30\%$、$w(Mo) = 4\% \sim 6\%$、$w(Cu) = 2.5\% \sim 4.0\%$、$w(Si) = 1\% \sim 3\%$、$w(Mn) = 1\% \sim 2\%$、少量Ti）在满足耐蚀性能的前提下，同时具有优良的耐磨性能。该新钢种特别适用于制造磷酸萃取槽上的料浆泵和搅拌桨等。

合理设计也是控制磨蚀的重要手段，能使现用的或价格较低的材料大大延长寿命。例如,增大管径可减小流速,并保证层流;增大直径并使弯头流线型化能减小冲击作用;增加材料厚度可使易受破坏的地方得到加固。对于船舶的螺旋桨推进器,从设计上使其边缘呈圆形就有可能避免或减缓空蚀。当然,推进器形状的改变不能明显影响其机械效率。

阴极保护可减轻磨蚀,但是它还未受到普遍重视。

此外,对于空泡腐蚀来说,为了避免气泡形成核点,应采用光洁度高的加工表面。对于微振腐蚀来说,为了减小紧贴表面间的摩擦及排除氧的作用,应采用合适的润滑油脂。若在酸盐涂层再加上适当的润滑剂,防微振腐蚀效果更好。

7.5　铝基复合材料应力腐蚀特征

晶须增强铝复合材料因其具有十分优异的性能而得到人们的广泛重视,为拓宽其应用范围,对其应力腐蚀行为进行研究势在必行。由于纯铝不发生应力腐蚀,因此我们选择纯铝作为基体,研究晶须的加入对复合材料应力腐蚀行为的影响规律。

1. 纯铝基复合材料的应力腐蚀

图 7.22 所示为利用双悬臂梁(DCB)试样测出碳化硅晶须增强纯铝(SiCw/p – Al)复合材料应力腐蚀裂纹扩展速率 da/dt 与裂纹尖端应力强度因子 K_I 的关系曲线,由此可求出裂纹扩展第 Ⅱ 阶段的 da/dt 以及门槛应力强度因子 K_{ISCC},测量结果见表 7.2。相应的硼酸铝晶须增强纯铝($Al_{18}B_4O_{33}$ w/p – Al)复合材料的测量结果也见表 7.2。

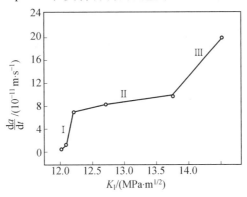

图 7.22　SiCw/p – Al 复合材料在质量分数为 3.5% 的 NaCl 溶液中的 da/dt 随 K_I 的关系曲线

表 7.2　纯铝复合材料在质量分数为 3.5% 的 NaCl 溶液中的应力腐蚀性能

复合材料	I_8/%	K_{ISCC}/(MPa · m$^{1/2}$)	K_{ISCC}/K_{IC}	$\dfrac{da}{dt}$/(10^{-11} m · s^{-1})	K_{ISCC}/K_{IC}
SiC/Al	24	12.1	0.83	8.5	—
$Al_{18}B_4O_{33}$/Al	13	50.2 53.0	0.94 0.93	2.5 5.0	0.88

利用 SEM 观察了 SiCw/p – Al 复合材料在空气中以及在应力腐蚀过程中断裂的断口形貌。在应力腐蚀断口上可看到一些裸露晶须和微裂纹,此外与在空气中的拉伸断口并没有

本质的区别,其断口形貌如图 7.23 所示。应力腐蚀断口上裸露晶须的存在无疑是腐蚀造成的。由于晶须与基体之间的电极电位存在较大的差别,在腐蚀介质中,晶须周围的基体铝作为阳极被腐蚀掉,从而暴露出晶须。在应力腐蚀断口上还可以观察到显微裂纹,显然这是晶须周围基体铝的择优腐蚀溶解造成的,正是这种显微裂纹的形成、扩展与合并,导致纯铝基复合材料发生应力腐蚀。不难理解,晶须聚集的地方,其周围形成的显微裂纹较多,显微裂纹扩展、合并、长大的概率和程度也大,因而应力腐蚀容易进行。

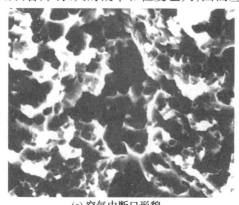

(a) 空气中断口形貌　　　　　　(b) 3.5%(质量分数) NaCl 溶液中的断口形貌

图 7.23　SiCw/p – Al 复合材料的断口形貌

对硼酸铝晶须增强纯铝($Al_{18}B_4O_{33}w/p$ – Al)复合材料的 Ⅱ 型缺口试样,当加载至 $K_Ⅱ/K_{ⅡC}$ = 0.9 时,在水溶液中浸泡 72 h 就发生应力腐蚀。当 $K_Ⅱ/K_{ⅡC}$ = 0.8 和 0.85 时,在水溶液中浸泡 100 h 缺口前端仍未出现裂纹。因而认为 Ⅱ 型缺口恒载荷试样的门槛应力强度因子为 $K_Ⅱ/K_{ⅡC}$ = (0.9 + 0.85)/2 = 0.88。

用 Ⅱ 型缺口试样,当加载至 $K_Ⅱ/K_{ⅡC}$ = 0.9 时,动态充氢时经 10 h(SiCw/p – Al)和 16 h($Al_{18}B_4O_{33}w/p$ – Al)后,两种材料均发生了氢致滞后断裂,但当 $K_Ⅱ/K_{ⅡC}$ = 0.7 和 0.8 时,在动态充氢的规定时间内均未出现氢致裂纹。由此求出两种材料氢致开裂的门槛值均为 $K_Ⅱ/K_{ⅡC}$ = 0.85。$Al_{18}B_4O_{33}w/p$ – Al 充氢后拉伸会发生明显的塑性损失,且随充氢时间的延长,氢致塑性损失 $I_\delta(H)$ 也升高,当充氢 12 h 后 $I_\delta(H)$ 趋于稳定的最大值,即 $I_\delta(H)$ = 48%,在氢致滞后断裂的断口上出现更多的晶须。

尽管对氢致开裂的微观机理有争议,但人们一致认为,在恒载荷下充氢(或充氢后加载),只有当进入试样的氢原子通过扩散、富集达到临界值 C_{th} 后,才会通过弱键理论或氢促进局部塑性变形理论(或两者结合)而引起氢致裂纹的形核,并引起氢致滞后断裂。氢致滞后门槛应力(σ_{th})或门槛应力强度因子(K_{IH})可表示为

$$\sigma_{th} = A(\ln C_{th} - \ln C_0)$$
$$K_{IH} = B(\ln C_{th} - \ln C_0) \tag{7.9}$$

式中　　C_0—— 动态充氢时进入试样的可扩散氢浓度,它和充氢条件(溶液组成、充氢电流和温度)有关,也与试样表面条件(如存在致密的氧化膜,则可阻碍 H 原子的进入)有关;

　　　　C_{th}—— 产生氢致开裂的临界氢浓度,它与材料的成分及组织结构有关。

把式(7.9)的实验曲线外延至等于空拉时的断裂强度或 K_{IC},就可求出某材料不发生氢致开裂的门槛氢浓度 C_0^*。例如,对重轨钢,$C_0^* = 0.24 \times 10^{-6}$;对油管钢,$C_0^* = 78.8 \times 10^{-6}$。

纯 Al 不发生氢致开裂,但加入以上两种晶须后发生氢致开裂,这可能与改变 C_0 及 C_{th} 有关。纯 Al 表面有一层完整的 Al_2O_3 膜,它阻碍氢的进入。当表面存在一定量的晶须(如体积分数为 20% 的 SiCw)就会使表面膜不连续分布,氢可从无膜处进入试样。另一方面,通过实验数据分析 SiCw 的加入有可能使 C_{th} 明显降低(有关其物理本质尚需进一步研究),从而使发生氢致开裂的可能性升高。以钢为例,随其强度升高,C_{th} 急剧下降。高强度钢在水中的应力腐蚀(SCC)是一种氢致开裂,但 C_0 较小,因而当钢的强度较低(如 $\sigma_s \leqslant 1\,000$ MPa)、C_{th} 极高时,就不会发生水介质中的氢致开裂(即 SCC)。如通过 H_2S 或电解充氢以增加 C_0,或提高强度以降低 C_{th},则可发生水介质中的氢致开裂(即 SCC)。在 Al 中加入晶须后可发生氢致开裂,分析可能与改变 C_0 及 C_{th} 有关。故 SiCw/p – Al 及 $Al_{18}B_4O_{33}$w/p – Al 复合材料发生氢致开裂是通过升高 C_0,降低 C_{th}(加入增强剂使 Al 的强度大大提高)造成的。

如果认为纯 Al 基复合材料在水中的 SCC 是一种氢致开裂,且 SiCw(或 $Al_{18}B_4O_{33}$w)降低 C_{th},升高 C_0,则可解释其 SCC 敏感性。但如果纯铝复合材料的 SCC 是由阳极溶解过程所控制,则有可能增强相和纯 Al 发生反应生成阳极相(如 Al_4C_3),这就为电化学溶解过程提供了条件。纯 Al 复合材料的 SCC 究竟是阳极溶解过程控制还是有氢控制,需要进一步研究。

用 SSRT 测出空气中及水溶液中的延伸率,从而可求出两种材料的相对塑性损失 I_δ,结果也见表 7.2。表 7.2 的结果表明,在不发生 SCC 的纯铝中加入体积分数为 20% 的 SiC 或 $Al_{18}B_4O_{33}$ 晶须后,在质量分数 3.5% NaCl 溶液中就会发生 SCC。

2. 晶须取向对复合材料应力腐蚀的影响

在晶须增强铝复合材料中,由于晶须的加入,增加了晶须与基体的界面,界面的作用在复合材料中十分关键。铸态复合材料中,由于晶须混乱分布,很难辨别裂纹扩展的路径及点蚀形核的位置。挤压后,由于复合材料中的晶须呈定向排列,因而易于从其微观组织形貌上进行观察。在挤压过程中,由于基体产生了剧烈的变形,故导致晶须沿着基体的挤压方向定向排列。探讨晶须取向对复合材料腐蚀行为的影响,借以揭示界面在复合材料腐蚀过程中所起的作用。对经挤压后的 $Al_{18}B_4O_{33}$w/p – Al 复合材料沿不同方向进行取样,图 7.24 所示为经挤压后试样取向角度 θ 的示意图。图 7.25 所示为挤压后 $Al_{18}B_4O_{33}$w/p – Al 复合材料表面的微观组织形貌。

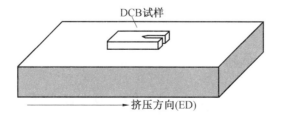

图 7.24　挤压后试样取向角度 θ 的示意图

图 7.25(a)所示为 $\theta = 90°$ 时试样表面的微观形貌。从中可见,在复合材料的表面呈现许多点状分布的晶须,表明所见到的晶须大部分为其端部。图 7.25(b)所示为 $\theta = 45°$ 时试

样表面的微观形貌。从中可见晶须的分布大部分均与该表面成45°角。图7.25(c)所示为 $\theta = 0°$ 时试样表面的微观形貌,由图可见,晶须几乎均沿着一个方向平行排列。由以上观察表明,挤压后 $Al_{18}B_4O_{33}w/p - Al$ 复合材料中的晶须大部分均沿挤压方向呈定向排列。

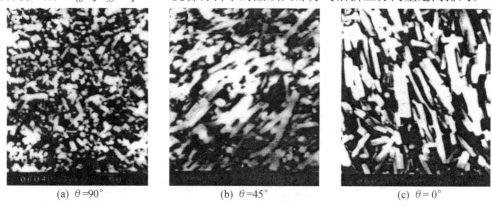

(a) $\theta = 90°$ (b) $\theta = 45°$ (c) $\theta = 0°$

图7.25 挤压后 $Al_{18}B_4O_{33}w/p - Al$ 复合材料表面的微观组织形貌

沿 $\theta = 90°$ 截取的DCB试样在质量分数为3.5%的NaCl溶液中浸泡1个月后,裂纹长度未发生变化,由此认为该试样在此腐蚀介质中无应力腐蚀倾向。图7.26(a)所示为沿 $\theta = 45°$ 截取的DCB试样在应力腐蚀过程中裂纹扩展长度与腐蚀时间的关系曲线。从曲线中可以看出,在腐蚀初期,裂纹长度明显增加,腐蚀93 h后,裂纹长度的变化很微小,随着腐蚀时间的延长,裂纹长度基本保持恒定,在裂纹长度与腐蚀时间的关系曲线中出现明显的平台。图7.26(b)所示为沿 $\theta = 0°$ 截取的DCB试样在应力腐蚀过程中裂纹长度与腐蚀时间的关系曲线。腐蚀初期,随腐蚀时间的增加裂纹扩展得较快,随后裂纹扩展逐渐变慢,裂纹长度最终增加了0.35 mm,当腐蚀550 h以后,随腐蚀时间的增加,裂纹长度保持恒定,裂纹停止扩展。

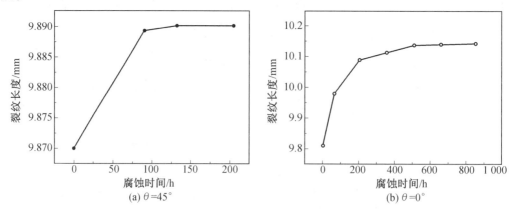

(a) $\theta = 45°$ (b) $\theta = 0°$

图7.26 试样在应力腐蚀过程中裂纹长度与腐蚀时间的关系曲线

通过对加载后三种试样(θ 分别为90°、45°和0°)裂纹尖端的形貌观察,我们很难发现明显的不同,由此表明晶须取向并未对加载的DCB试样裂纹尖端的微观形貌产生显著的影响。

图7.27呈现的是以上三种试样在质量分数为3.5%的NaCl溶液中浸泡205 h后裂纹尖端的微观组织形貌。从图7.27(a)中可见,一个大的点蚀坑出现,表明裂纹尖端严重钝化。

从图7.27(b)可见,裂尖明显宽化,表明裂尖也钝化了。然而在图7.27(c)中可见,一个细小的微裂纹穿过在裂纹尖端的一个小蚀坑,说明裂纹通过裂纹尖端的点蚀连续扩展。

(a) $\theta = 90°$　　　　　　　(b) $\theta = 45°$　　　　　　　(c) $\theta = 0°$

图 7.27　腐蚀 205 h 后 DCB 试样裂纹尖端的微观组织形貌

图 7.27 表明,由于应力集中,点蚀优先在裂纹尖端形核。随着应力腐蚀的进行,点蚀在裂纹尖端形核并扩展,表明围绕在晶须周围的基体发生了溶解,这归功于晶须与基体之间的电极电位存在较大差异,引起了大量的活性位置出现在试样表面。

以上分析表明,晶须与基体的界面是裂纹扩展的主要通道。裂纹尖端钝化归因于点蚀在裂纹尖端前沿的形成。

对于 $\theta = 90°$ 的试样,裂纹很难穿过晶须扩展,因为裂纹尖端的晶须阻碍了裂纹的扩展。裂纹只能沿晶须与基体的界面扩展。裂纹扩展方向平行于在试样上施加的应力,应力对应力腐蚀起的作用很小。在这种情况下,电化学腐蚀在复合材料中发生了,一个大的点蚀坑出现在裂纹尖端(图7.27(a)),引起了裂尖的钝化并释放了裂尖应力,导致 SCC 敏感性很低。

对于 $\theta = 45°$ 的试样,裂纹沿与挤压方向成45°角的方向进行扩展,引起了裂纹扩展通道的增加,降低了裂纹扩展速率,宽化了裂尖,降低了 SCC 敏感性。

对于 $\theta = 0°$ 的试样,在 SCC 过程中,裂纹扩展几乎很难被抑制,点蚀前端细小裂纹的存在意味着裂纹穿过点蚀连续扩展,导致裂纹扩展速率增加,SCC 敏感性提高。

第8章　金属在自然环境中的腐蚀

8.1　大气腐蚀

金属在大气中发生腐蚀的现象称为大气腐蚀,是金属腐蚀中最普遍的一种。各种大气腐蚀若以吨位和损失价值来计算的话,比任何其他单独环境下的腐蚀都要严重。据估计,因大气腐蚀而引起的金属损失,约占总腐蚀损失量的一半以上。大气腐蚀的速度随地理位置、季节而异。由于影响因素很多,腐蚀反应动力学变量错综复杂,很难由实验室实验数据获得平均结果。

不同的大气环境,腐蚀程度有明显差别。含有硫化物、氯化物、煤烟、尘埃等杂质的环境中金属腐蚀会大大加重。如钢在海岸上的腐蚀要比在沙漠中的大 400 ~ 500 倍,离海岸越近,腐蚀也越严重。又如一个十万千瓦的火力发电站,每昼夜由烟囱中排出的 SO_2 就有 100 t 之多,空气中的 SO_2 对钢、铜、镍、锌、铝等金属腐蚀的速度影响很大。特别是在高湿度情况下,SO_2 会大大加速金属的腐蚀。

大气腐蚀基本上属于电化学性腐蚀范围。它是一种液膜下的电化学腐蚀,和浸在电解质溶液内的腐蚀有所不同。由于金属表面上存在着一层饱和氧的电解液薄膜,大气腐蚀以优先的氧去极化过程进行腐蚀。另一方面,在薄层电解液下很容易造成阳极钝化的适当条件,固体腐蚀产物也常呈层状地沉积在金属表面,因而带来一定的保护性。

8.1.1　大气腐蚀类型

大气腐蚀的分类多种多样。有按地理和空气中含有微量元素的情况(工业、海洋和农村)分类的,有按气候(热带、湿热带、温带等)分类的,也有按水汽在金属表面的附着状态分类的。从腐蚀条件看,大气的主要成分是水和氧,而大气中的水汽是决定大气腐蚀速度和历程的主要因素。因此,根据腐蚀金属表面的潮湿程度可把大气腐蚀分为"干的""潮的"和"湿的"三种类型。

1. 干的大气腐蚀

干的大气腐蚀也称为干的氧化或低湿度下的腐蚀,即金属表面基本上没有水膜存在时的大气腐蚀,这种腐蚀属于化学腐蚀中的常温氧化。在清洁而又干燥的室温大气中,大多数金属表面生成一层极薄的(1 ~ 4 nm)氧化膜。在含有微量硫化物的空气中,由于金属硫化物的晶格有许多缺陷,它的离子电导和电子电导比金属氧化物大得多,硫化物膜还比氧化物膜厚得多,铜、银这些金属表面变得晦暗,出现失泽现象。金属失泽和干的氧化作用之间有密切关系,其膜的成长服从抛物线规律,而膜在室温下的清洁空气中则按对数规律增厚。

2. 潮的大气腐蚀

潮的大气腐蚀是相对湿度在 100% 以下,金属在肉眼不可见的薄水膜下进行的一种腐蚀。这种水膜是由于毛细管作用、吸附作用或化学凝聚作用而在金属表面上形成的。所以,这类腐蚀是在超过临界相对湿度发生的,如铁在没有被雨、雪淋到时的生锈。

3. 湿的大气腐蚀

湿的大气腐蚀是水分在金属表面上凝聚成肉眼可见的液膜层时的腐蚀。当空气相对湿度接近 100% 或水分(雨、飞沫等)直接落在金属表面上时,就发生这种腐蚀。潮的和湿的大气腐蚀都属于电化学腐蚀。由于表面液层厚度不同,它们的腐蚀速度也不相同,如图 8.1 所示。图中 Ⅰ 区为金属表面上有几个分子层厚的吸附水膜,没有形成连续的电解液,相当于"干氧化"状态。Ⅱ 区对应于"潮的大气腐蚀"状态,由于电解液膜(几十个或几百个水分子层厚)的形成,开始了电化学腐蚀过程,腐蚀速度急剧增加。Ⅲ 区为可见的液膜层(厚度为几十至几百微米),随着液膜厚度进一步增加,氧的扩散变得困难,因而腐蚀速度也相应降低。Ⅳ 区为液膜更厚的情况,与浸泡在液体中类似,Ⅲ 区相当于"湿的大气腐蚀"。一般环境的大气腐蚀大多是在 Ⅱ、Ⅲ 区进行的,随着气候条件和相应的金属表面状态(氧化物、盐类的附着情况)的变化,各种腐蚀形式可以互相转换。如,在空气中,最初以干的腐蚀历程进行的构件,当湿度增大或由于生成吸水性的腐蚀产物时,可能会按照潮的腐蚀历程进行腐蚀。当水直接落到金属表面上时又变为湿的大气腐蚀,而当湿度降低后,又重新按潮的大气腐蚀形式进行腐蚀。

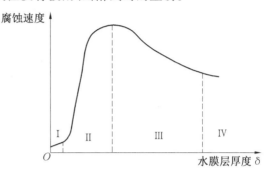

图 8.1　大气腐蚀速度与金属表面水膜层厚度间的关系
Ⅰ—$\delta = 1 \sim 10 \ nm$; Ⅱ—$\delta = 10 \ nm \sim 1 \ \mu m$;
Ⅲ—$\delta = 1 \ \mu m \sim 1 \ mm$; Ⅳ—$\delta > 1 \ mm$

8.1.2　大气腐蚀的过程和机理

一般常见的大气腐蚀是以"潮的"和"湿的"为主。在潮湿的大气中金属的表面会吸附一层很薄的看不见的湿气层(水膜),当这层水膜达到 20 ～ 30 个分子层厚时,就变成电化学腐蚀必需的电解液膜。所以在湿和潮的大气条件下,金属的大气腐蚀过程具有电化学本质。这种电化学腐蚀过程是在极薄的液膜下进行的,是电化学腐蚀的一种特殊形式。

一些产品或金属材料在加工、搬运或使用过程中,会沾上手汗等。这些都会提高液膜的电导和腐蚀性,促使腐蚀加速。又如各种军用产品要适应于复杂的环境气候条件,当在低温、潮湿、盐雾、风沙等恶劣环境条件下,气候变化将会严重影响无线电整机、光学仪器、弹药等装备的可靠性,会使军用产品产生腐蚀水解、长霉等现象,会使电子元件和机件功能减退或失灵,这些都是大气条件下电解液薄膜发生腐蚀的结果。

这种液膜是由于水分(雨、雪等)直接沉降,或者是由于大气湿度或气温的变动以及其他种种原因引起的凝聚作用而形成的。如果金属表面仅仅存在纯水膜时,还不足以促成强烈的腐蚀,因为纯水的导电性较差。实际上金属发生强烈的大气腐蚀往往是由于薄层水膜中含有水溶性的盐类以及腐蚀性气体。

1. 金属表面上水膜的形成

要了解"潮的"和"湿的"大气腐蚀,首先要了解在水汽未饱和时的大气中金属的表面状态。在90%相对湿度的大气下,水汽膜的厚度小于两个水分子厚。60%相对湿度下,水汽膜大概只有一个水分子厚。这一结果是在不带氧化物的金属上以及在有氧化膜的铝上得到的,并且在铂、银和硫化锌上得到证实。当金属表面存在很少吸湿性的附着物时,即使有10^{-7} g/cm^3这样少的KOH,在相对湿度为30%时,至少也可以从大气中吸收5个分子层的水,如果相对湿度为90%,则可以吸收25层水分子。这就说明,为什么掉落在铁上的吸湿性物质的微粒会引起铁的腐蚀。

水汽膜是不可见液膜,其厚度为2~40个水分子层。当水汽达到饱和时,在金属表面上会发生凝结现象,使金属表面形成一层更厚的水层,此层称为湿膜。湿膜是可见液膜,其厚度为1~1 000 μm。

(1)水汽膜的形成。

在大气相对湿度小于100%而温度又高于露点时,金属表面也会有水的凝聚。水汽膜的形成主要有如下三种原因。

① 毛细凝聚。从表面的物理化学过程可知,气相中的饱和蒸汽压与同它相平衡的液面曲率半径有关。图8.2所示为三种典型的弯液面(凹形、平的、凸形),由于液面形状不同,其液面上的饱和蒸汽压力也不同。这三种典型弯液面对应的平衡饱和蒸汽压分别为p_1、p_0、p_2,且$p_1 < p_0 < p_2$。也就是说,液面的曲率半径(r)越小,饱和蒸汽压越小,水蒸气越易凝聚。

图8.2　液面形状对饱和蒸汽压力的影响

表8.1的数据说明,曲率半径(r)越小,与之平衡的饱和蒸汽压(p_1)就越小。表中p_0表示水平面上的蒸汽压,最右边一列数据表示在凹曲面上可以发生凝聚作用的相对湿度。从表中可以看出,当曲率半径很小时,例如当毛细管的直径等于11.1×10^{-7} cm(相当于数十个原子间距的大小)时,在相对湿度为91%时就发生毛细凝聚作用。这就说明,当平液面上的水蒸气还未饱和时,水蒸气就可优先在凹形的弯液面上凝聚。

表8.1　饱和蒸汽压(p_1)与凹曲面的曲率半径(r)之间的关系(15 ℃)

r/cm	$p_1 \times 133.3$/Pa	p_1/p_0	相对湿度/%
∞	12.7	1.000	1
69.4×10^{-7}	12.5	0.985	98
11.1×10^{-7}	11.5	0.906	91
2.1×10^{-7}	7.5	0.590	59
1.2×10^{-7}	5.0	0.390	39

氧化膜、零件之间缝隙、腐蚀产物、镀层中的孔隙、材料的裂缝及落在金属表面上的灰尘和碳粒下的缝隙等,会形成毛细凝聚,如图8.3所示,这些部位可促进大气腐蚀。

  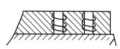

(a) 结构上零件的狭缝、孔隙或结合缝　　(b) 金属表面上的灰尘、煤粒子　　(c) 保护膜、腐蚀产物的孔隙中

图 8.3　金属表面水分毛细凝聚的可能中心

② 吸附凝聚。在相对湿度低于 100% 而未发生纯粹的物理凝聚之前,由于固体表面对水分子的吸附作用也能形成薄的水分子层。吸附的水分子层数随相对湿度的增加而增加,吸附水分子层的厚度也与金属的性质及表面状态有关,一般为几十个分子层的厚度。

③ 化学凝聚。当物质吸附了水分,即与之发生化学作用,这时水在这种物质上的凝聚称为化学凝聚。例如金属表面落上或生成了吸水性的化合物($CuSO_4$、$ZnCl_2$、$NaCl$、NH_4NO_3 等),即便它已形成溶液,也会使水的凝聚变得容易。因为盐溶液上的蒸汽压低于纯水的蒸汽压(表 8.2)。可见,当金属表面落上铁盐或钠盐(手汗、盐粒等),就特别容易促进腐蚀。在这种情况下,水分在相对湿度为 70% ~ 80% 时就会凝聚,而且又有电解质同时存在,所以会加剧腐蚀。

表 8.2　各种盐的饱和水溶液上的平衡蒸汽压(20 ℃)

盐	蒸汽压 $p_1 \times 133.3$/Pa	液面上封闭空气相对湿度 $\dfrac{p_1}{p_0}$/%
氯化锌($ZnCl_2$)	1.75	10
氯化钙($CaCl_2$)	6.15	35
硝酸锌($Zn(NO_3)_2$)	7.36	42
硝酸铵(NH_4NO_3)	11.7	67
硝酸钠($NaNO_3$)	13.53	77
氯化钠($NaCl$)	13.63	78
氯化铵(NH_4Cl)	13.92	79
硫酸钠(Na_2SO_4)	14.20	81
硫酸铵(($NH_4)_2SO_4$)	14.22	81
氯化钾(KCl)	15.04	86
硫酸镉($CdSO_4$)	15.65	89
硫酸锌($ZnSO_4$)	15.93	91
硝酸钾(KNO_3)	16.26	93
硫酸钾(K_2SO_4)	17.30	99

注:20 ℃ 时纯水的蒸汽压 $p_0 = 17.535 \times 133.3$ Pa。

（2）湿膜的形成。

金属暴露在室外,其表面易形成 1 ~ 1 000 μm 厚的可见水膜。如雨、雪、雾、露、融化的霜和冰等大气沉降物的直接降落属这种情况,水分的飞溅、周期浸润、空气中水分的凝结等也属于这种情况。

饱和凝结现象也是非常普遍的。这是由于有些地区(特别是热带、亚热带及大陆性气候地区)的气温变化非常剧烈,即使在相对湿度低于 100% 的气候条件下,也易造成空气中水分的冷凝。图 8.4 所示为能够引起凝露的相对湿度、温度差及空气温度间的关系。由图可知,在空气温度为 5 ~ 50 ℃ 的范围内,当气温剧烈变化 6 ℃ 左右时,只要相对湿度达到65% ~ 75% 就可引起凝露现象。温差越大引起凝露的相对湿度也就越低。

由此可见,为了防止金属制品的腐蚀,规定仓库和车间内的环境条件为,在没有恒温恒湿调节时,应保持昼夜温差小于 6 ℃,相对湿度低于 70%,并避免日光的直接照射。

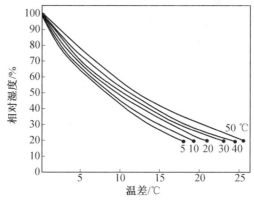

图 8.4　凝露与湿度、温度、温差间的关系

湿膜情况下发生的腐蚀,其历程类似于沉浸在水中条件下的腐蚀历程,只是氧的补给情况比浸于水中或比水流经管道时更好。而水汽膜下的潮腐蚀,只有当大气的相对湿度超过某一临界值时,潮腐蚀才会变得重要起来。不同的金属对应着不同的临界湿度,即在超过此值的情况下,存在于表面上的某些吸湿性物质(或是在腐蚀过程中形成的吸湿性产物)就可以从大气中吸收水,这样腐蚀就可以按照类似于沉浸条件下所遇到的历程继续下去。

2. 大气腐蚀的电化学特征

腐蚀过程动力学(速度)问题是与电极(阴、阳极)的极化、导电过程及离子迁移等密切相关的。如果哪一过程中的阻力(受到阻滞的程度)最大,这一过程就控制整个腐蚀过程的进行,该过程的速度就决定整个腐蚀速度。与电化学动力学规律一样,大气腐蚀速度也与大气条件下的电极过程有关,同样可由测得液膜下的极化曲线的极化度大小来判断。极化度越大,说明电极过程的阻滞作用越大,即该过程的速度越小,因此它起着控制整个腐蚀过程的作用。

大气腐蚀时,由于氧很容易到达阴极表面,故阴极过程主要依靠氧的去极化作用,即氧向阴极表面扩散,作为去极化剂在阴极进行还原反应。

阴极反应过程为

$$O_2 + 2H_2O + 4e^- \longrightarrow 4OH^-$$

氧在薄层电解液下的腐蚀过程中,虽然氧的扩散速度相当快,但氧阴极还原的总速度仍取决于氧的扩散速度。即氧的扩散速度控制着阴极上氧的去极化作用的速度,控制着整个腐蚀过程的速度。图 8.5 所示为铜在 0.1 mol/L NaCl 溶液(全浸和液膜)下的阴极极化曲线。由图可见,随着电解液膜厚度的减薄,阴极极化曲线的斜率也随之减小。说明随着膜厚的减薄,在一定电位下阴极电流密度是逐渐加大的。图 8.6 所示为电解液液膜厚度对铁在 0.1 mol/L NaCl 溶液中阴极极化的影响。同样可以看到,铁的阴极极化电流密度随着电解液液膜的减薄明显增大。即阴极极化过程的速度急剧增加。如图所示,若处于同一电位(如 -0.7 V)下电解液液膜由全浸减薄至 100 μm 的话,阴极极化过程的速度就会增加3 ~ 4 倍。这说明阴极极化过程的速度很大程度上是受氧的扩散速度所控制,只有当阴极按氧扩散规律工作,才会显示出电流密度与电解液层厚度间的这种关系。即随着电解液层的减薄,氧扩散到阴极表面的速度加快,因而氧的去极化速度也加快,否则,若取决于氧还原的电化学反应本身速度的话,就很难看出电流密度与电解液膜层厚度之间有何关系。

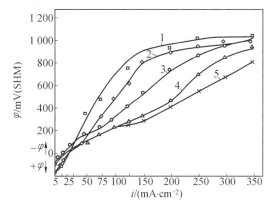

图 8.5　电解液液膜厚度对铜在 0.1 mol/L NaCl 溶液中阴极极化的影响

1— 电解液;2— 液膜厚 δ = 300 μm;3— 液膜厚 δ = 165 μm;

4— 液膜厚 δ = 100 μm;5— 液膜厚 δ = 70 μm

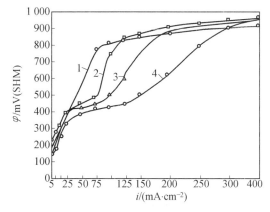

图 8.6　电解液液膜厚度对铁在 0.1 mol/L NaCl 溶液中阴极极化的影响

1— 电解液;2— 液膜厚 δ = 300 μm;3— 液膜厚 δ = 165 μm;4— 液膜厚 δ = 100 μm

在大气腐蚀条件下,氧通过液膜传递(对流、扩散)到金属表面的速度很快,液膜越薄,氧的传递速度也越快。这是因为液膜越薄扩散层的厚度越薄,因而阴极上氧的去极化作用越易进行,阴极极化过程越易被加快腐蚀。但当液膜太薄时,水分不足以实现氧还原或氢放电的反应,则阴极极化过程将会受到阻滞。

氧的平衡电位比氢更高,所以金属在有氧存在的溶液中首先发生氧的去极化腐蚀。因此,在中性电解液中,有氧存在的弱酸性电解液以及在潮湿的大气中的腐蚀都属于氧的去极化腐蚀。例如,铁、锌、铝等金属或合金,当其浸在强酸性溶液中腐蚀时,阴极反应以 H 去极化为主,即

$$2H^+ + 2e^- \longrightarrow H_2 \uparrow$$

但在水膜下(即使在被酸性水化物强烈污染的城市大气中)进行大气腐蚀时,阴极反应就转化为以氧的去极化为主。

在中性或碱性液膜下

$$O_2 + 2H_2O + 4e^- \longrightarrow 4OH^-$$

在酸性液膜下

$$O_2 + 4H^+ + 4e^- \longrightarrow 2H_2O$$

铁在 0.5 mol/L H_2SO_4 液膜下进行周期润浸时,腐蚀的阴极氧去极化效率约为氢去极化效率的 100 倍;但当全浸于同样的充空气的 0.5 mol/L H_2SO_4 中时,则氢的去极化效率就是氧去极化效率的许多倍。这证明了大气腐蚀的阴极反应过程主要是依靠氧的去极化作用,即使是对于电位很低的镁及其合金也仍然如此。

除 O_2、H^+ 以外,其他阴极去极化剂也会对大气腐蚀有不同程度的影响。例如,在 SO_2 污染严重的工业大气中,当存在厚水膜时,SO_2 易溶于水,形成阴极去极化剂 H_2SO_3,就会进行如下的阳极去极化反应:

$$2H_2SO_3 + H^+ + 2e^- \longrightarrow HS_2O_4^- + 2H_2O$$

可是当吸附水膜较薄时,O_2 的去极化作用又会强烈上升,而 SO_2 的去极化作用会相应地减小。随着腐蚀表面水膜的减薄,阳极过程的效率也会随之减小。其可能的原因是当电极存在很薄的吸附水膜时,会造成阳离子的水化困难,使阳极过程受到阻滞;另一个更重要的原因是在很薄吸附膜下,氧易于到达阳极表面,易于促使阳极产生钝化,因而使阳极极化过程受到强烈的阻滞。此外,浓差极化也有一定的影响,但作用不大。可见,电解液薄膜下的阳极极化,也是影响大气腐蚀的因素。

如图 8.7 所示,Cu 在电解液膜下比在溶液中更易钝化。它们都在电位约为 0.7 V(相对于标准氢电极)下开始钝化,但在液膜下的钝化电流密度(曲线 1)是在电解液中(曲线 2)的二分之一。这可能是由于液膜中的阳极产物易饱和,电极的活性部分减少,从而导致钝化电流密度显著减小。因此,铜在液膜下的腐蚀速度是与液膜的厚度、液膜中的阴离子密切相关的。

总之,大气腐蚀的速度与电极极化过程的特征随着大气条件的不同而变化。在湿的(可见水膜下或水强烈润湿的腐蚀产物下)大气腐蚀时,腐蚀速度主要由阴极控制。但这种阴极控制程度已比全浸时弱,并随着电解液膜的减薄,阴极极化过程变得越来越容易进行。在潮的大气腐蚀时,腐蚀速度则被阳极控制,并随着液膜的减薄,阳极极化过程变得困难,这

种情况也会使欧姆电阻显著增大。有的腐蚀过程同时受阴、阳两极混合控制,而对于宏观电池接触腐蚀来讲,腐蚀却多半为欧姆电阻控制。

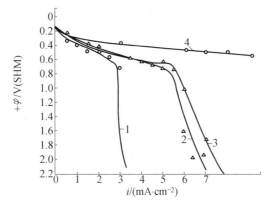

图 8.7　铜在 0.1 mol/L 的 NaCl 溶液和 0.1 mol/L 的 Na_2SO_4 溶液中的阳极极化曲线

1—0.1 mol/L, $\delta = 160$ μm;2—浸在 0.1 mol/L NaCl 溶液中;

3—0.05 mol/L Na_2SO_4 , $\delta = 100$ μm;4—浸在 0.1 mol/L Na_2SO_4 溶液中

3. 大气腐蚀机理

大气腐蚀开始时受薄而致密的氧化膜性质的影响。一旦金属处于"湿态",即当金属表面形成连续的电解液膜时,就开始以氧去极化为主的电化学腐蚀过程。在薄锈层下,氧的去极化在大气腐蚀中起着重要的作用。

金属表面形成锈层后的大气腐蚀,其锈蚀产物在一定条件下会影响大气腐蚀的电极反应。Evans 认为钢在湿润条件下,铁锈层成为强烈的阴极去极化剂,在此情况下 $Fe - Fe_3O_4$ 界面上发生阳极氧化反应

$$Fe \longrightarrow Fe^{2+} + 2e^-$$

而 $Fe_3O_4 - FeOOH$ 界面上发生阴极还原反应

$$6FeOOH + 2e^- \longrightarrow 2Fe_3O_4 + 2H_2O + 2OH^-$$

图 8.8 所示为锈层内 Evans 模型图。当在电子导电性足够好的情况下,反应不但在锈层表面,而且还可以在越来越厚的锈层孔壁上反应进行,在孔壁上同时发生 Fe^{2+} 氧化成 Fe^{3+} 的二次氧化反应,即

$$Fe^{2+} + \frac{1}{4}O_2 + \frac{1}{2}H_2O \longrightarrow Fe^{3+} + OH^-$$

经过以上溶解和再沉积形成多孔氧化膜。

一般来说,长期暴露在大气中的钢,随着锈层厚度的增加,锈层电阻增大,氧的渗入变得更困难,使锈层的阴极去极化作用减弱而降低了大气腐蚀速度。此外,附着性好的锈层内层,由于活性阳极面积的减小,阳极极化增大,腐蚀减慢。

大气腐蚀机理与大气的污染物密切相关。例如,SO_2 能加快金属的腐蚀速度,主要是由于在吸附水膜下减小了阳极的钝化作用。在高湿度条件下由于水膜凝结增厚,SO_2 参与了阴极的去极化作用,尤其是当 SO_2 的体积分数大于 0.5% 时,此作用明显增大,因而加速腐蚀进行。虽然大气中 SO_2 体积分数很低,但它在水溶液中的溶解度比氧约高 1 300 倍,以使溶

液中SO_2达到很高的浓度,对腐蚀影响很大。实际上H_2SO_3及HSO_3^-均能在阴极上参加去极化作用,还原为$S_2O_4^{2-}$、$S_2O_3^{2-}$及S_2等。对于Fe、Cu、Al等金属,当SO_2的体积分数为1.0%时,阳极几乎不出现钝化现象,这都将导致腐蚀速度增加。

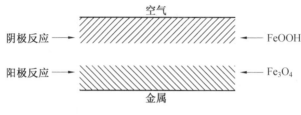

图8.8　锈层内Evans模型

8.1.3　影响大气腐蚀的主要因素

影响大气腐蚀的因素比较复杂,随气候、地区不同,大气的成分、湿度、温度等有很大的差别。表8.3和表8.4列出了大气的主要成分和大气杂质的质量浓度。可见,对大气腐蚀有较大影响的是氧气、水蒸气和二氧化碳;对大气腐蚀有强烈促进作用的微量杂质有SO_2、H_2S、NH_3和NO_2以及各种悬浮颗粒和灰尘。农村大气的腐蚀性最小,潮湿、严重污染的工业大气腐蚀性最强。如铜在农村大气中的腐蚀率只有在工业大气中腐蚀率的百分之一;钢在海岸的腐蚀比在沙漠区要大几百倍。即便在同一大气中,其腐蚀率也有不同,如离海岸25 m的钢试样的腐蚀速度是离海岸250 m的腐蚀速度的12倍。影响大气腐蚀的主要因素如下。

表8.3　在10 ℃ 和100 kN/m² 时大气的基本组成(污染物除外)

组成	质量浓度 /(g·m⁻³)	质量分数 /%	组成	质量浓度 /(mg·m⁻³)	质量比(大气) /(mg·kg⁻¹)
空气	1 172	100	氖气(Ne)	14	12
氮气(N₂)	879	75	氪气(Kr)	4	3
氧气(O₂)	269	23	氦气(He)	0.8	0.7
氩气(Ar)	15	1.26	氙气(Xe)	0.5	0.4
水蒸气(H₂O)	8	0.70	氢气(H₂)	0.05	0.04
二氧化碳(CO₂)	0.5	0.04			

表8.4　大气杂质的典型质量浓度

杂质	典型质量浓度/(μg·m⁻³)
SO₂	工业区,冬季350,夏季100;乡村区,冬季100,夏季40
SO₃	约为SO₂体积分数的1%
H₂S	工业区,1.5～90;城市区,0.5～1.7;乡村区,0.15～0.43(春季值)
NH₃	工业区,4.8;乡村区,2.1
氯化物(空气样品)	工业内地,冬季8.2,夏季2.7;海滨乡村,年平均5.4
氯化物(降雨样品)	工业内地,冬季7.9,夏季5.3;海滨乡村,冬季57,夏季18
烟	工业区,冬季250,夏季100;乡村区,冬季60,夏季15(单位 mg/L)

1. 大气相对湿度的影响

通常用 1 m³ 空气中所含水蒸气的质量来表示潮湿程度,称为绝对湿度。在一定温度下空气中能包含的水蒸气量不高于一定极限(不高于大气中的饱和蒸汽值),温度越高空气中达到饱和的水蒸气量就越多。所以习惯用在某一温度下空气中水蒸气的量和饱和水蒸气量的百分比来表示相对湿度(RH)。当空气中的水蒸气量增大到超过饱和状态,就出现细滴状的水露。而未被水蒸气饱和(RH < 100%)的空气冷却至一定的温度并达到饱和极限时,同样可以由空气中分出雾状的水分。因此,降低温度或增大空气中的水蒸气量都会使之达到露点(凝结出水分的温度)。此时,在金属上开始有小液滴沉积。

湿度的波动和大气尘埃中的吸湿性杂质容易引起水分冷凝,在含有不同数量污染物的大气中,金属都有一个临界相对湿度,超过这一临界值腐蚀速度就会猛增。在临界值之前,腐蚀速度很小或几乎不腐蚀。出现临界相对温度,标志着金属表面产生了一层吸附的电解液膜,这层液膜的存在使金属从化学腐蚀转为电化学腐蚀。由于腐蚀性质发生了突变,因而腐蚀大大增强。大气腐蚀临界相对湿度与金属种类、金属表面状态以及环境气氛有关,通常金属的临界相对湿度在 70% 左右,而在某些情况下,如含有大量的工业气体,或易于吸湿的盐类、腐蚀产物、灰尘等,临界相对湿度要低得多。此外,金属表面变粗、裂缝和小孔增多,也会使临界相对湿度降低。如图 8.9 所示,在洁净的空气中相对湿度由零逐渐增大时,腐蚀速度维持一很小值。当有 SO_2 存在时,湿度由零到 75% 前,腐蚀速度与洁净空气中的接近。当相对湿度达到 75% 左右时,腐蚀速度突然增大。曲线上的转折处(RH = 60% ~ 80%)实际有两个转折点,如图 8.10 所示。第一临界湿度取决于金属表面上出现的腐蚀产物,此值与水分含量和 SO_2 的比例有关。第二临界湿度则取决于腐蚀产物吸收和保持水分的性能。大多数金属和合金存在两个临界相对湿度,如图 8.11 所示。污染物(如 SO_2)能破坏金属表面腐蚀产物膜的保护能力,出现临界湿度的条件就是大气中含有这类污染物。

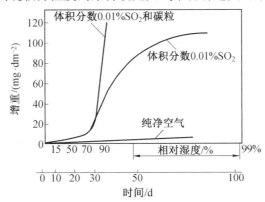

图 8.9 铁的大气腐蚀与空气相对湿度和空气中含 SO_2 杂质的关系

临界相对湿度的概念对于评定大气腐蚀活性和确定长期储存方法有实际意义。当大气相对湿度超过临界相对湿度时,金属就容易生锈。因此,在气候潮湿的地区或季节,应当采取可靠的保护方法。另一方面,若保持空气相对湿度低于需要存放金属的临界相对湿度时,即能有效地防止腐蚀的发生。在这种条件下即使金属表面已经有锈,也不会继续发展。在临界相对湿度以下,污染物质如 SO_2 和固体颗粒等的影响也很轻微。所谓"干燥空气封存法"即基于这一理论,要求库房干燥通风、保温、限定温差等亦源于此。

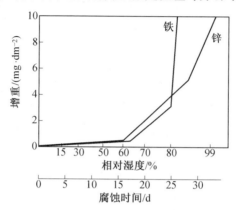

图 8.10　铁和锌存在两个临界相对湿度(含 SO_2 质量分数 0.01% 的空气)

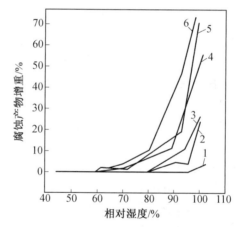

图 8.11　腐蚀产物的吸水能力(24 h)增重与相对湿度的关系
1—铝;2—铜;3—锌;4—黄铜(60/40);5—镍–铜(70/30);6—黄铜(70/30)

2. 温度和温差的影响

空气的温度和温差对大气腐蚀速度有一定的影响,尤其是温差比温度的影响还大。因为它不但影响水汽的凝聚,还影响凝聚水膜中气体和盐类的溶解度。对于湿度很高的雨季或湿热带,温度会起较大作用,一般随着温度的升高,腐蚀加快。为避免凝露引起锈蚀,应尽量减小环境温度骤降。例如间歇供暖、冬季工件由室外移到室内、在潮湿的环境中、洗涤用汽油迅速挥发使零件变冷等,都会凝聚出一层水膜,促使金属生锈。

3. 酸、碱、盐的影响

介质的酸、碱性的改变,能显著影响去极化剂(如 H^+)的含量及金属表面膜的稳定性,从而影响腐蚀速度的大小。对于一些两性金属(如铝、锌、铅)来说,在酸和碱溶液中都不稳定,它们的氧化物在酸、碱中均溶解。对于铁和镁,由于它们的氧化物在碱中不溶解,表面生成保护膜,所以它们在碱性溶液中的腐蚀速度比在中性和酸性溶液中要小。加工钢铁零件的冷却液一般要呈碱性(pH = 8 ~ 9),但这种碱性的冷却液用于有色金属就会发生腐蚀。镍和镉在中性和碱性溶液中较稳定,但在酸中易腐蚀。上述金属腐蚀速度与 pH 的关系,在没有其他因素影响下才适用。

中性盐类对金属腐蚀速度的影响取决于很多因素,其中包括腐蚀产物的溶解度。如果在金属表面的阴、阳极部分形成不溶性的腐蚀产物,就会降低腐蚀速度。例如,碳酸盐和磷酸盐能够在钢铁零件的微阳极区生成不溶性的碳酸铁和磷酸铁薄膜,硫酸锌则能在钢铁件的微阳极上生成不溶性的氢氧化锌,铬酸盐、重铬酸盐等能在金属表面上生成钝化膜,这些都能使腐蚀速度降低。

金属在盐溶液中的腐蚀速度还与阴离子的特性有关。其中特别是氯离子,因其对金属 Fe、Al 等表面的氧化膜有破坏作用,并能增加液膜的导电性,所以可增加腐蚀速度或产生点蚀。氯化钠的吸湿性强,也会降低临界相对湿度,促使锈蚀发生。因此,一般处于海洋大气中的金属(尤其是铝合金、镁合金)很易产生严重的点蚀。

热处理后附着在金属表面上的残盐,焊接后的焊药等如果未清理干净也容易引起金属腐蚀。因为焊药中的氯化锌、氯化氨等是腐蚀剂。

4. 腐蚀性气体的影响

工业大气中含有大量的腐蚀性气体,如 SO_2、H_2S、NH_3、Cl_2、HCl 等。在这些污染杂质中 SO_2 对金属腐蚀危害最大。它的来源过程包括天然 H_2S 的空气氧化和含硫燃料的燃烧。每立方米大气中只含有几毫克 SO_2,但是在工业化城市中,由于其他来源产生的 SO_2 量每年为 1 ~ 200 万 t,这使得每天可形成 6 万 t 以上的硫酸。冬季由于用煤更多,所以 SO_2 污染量为夏季的 2 ~ 3 倍。

镍在含有 SO_2 和水蒸气的空气中当相对湿度低于 70% 时,金属会保持光亮。但相对湿度高于这一数值时金属就将发生变化,表面开始出现一层雾。这层雾刚出现时很易擦去,擦去后可以恢复原有的光亮度,但是过一段时间后就不易擦去了,最后生成一种只能用砂纸打磨掉的膜层。分析表明,开始的雾由 SO_4^{2-} 和 $NiSO_4$ 组成,而之后的雾由碱式 $NiSO_4$ 组成。若表面镍金属暴露于光线下,则变化的速度将比黑暗中的快一倍。

铜在含有 SO_2 和水蒸气的空气中腐蚀。当大气的相对湿度只有 50% 或 63% 时,发现放在含有体积分数为 10% 的 SO_2 的空气中的铜样品在 30 天以后,也只发生非常小的增重(图 8.12);但是当相对湿度为 75% 时,增重就相当可观了;当相对湿度达 99% 时增重将更大。腐蚀速度在相对湿度为 70% 左右时突然上升,这是由于腐蚀产物的吸湿能力增加得相当快。还发现,金属的表面状态对腐蚀也有很大影响。如在含有体积分数为 1% 的 SO_2、99% RH 的空气中,用喷砂处理的表面和用细的刚玉粉处理所得的表面比较起来前者腐蚀速率要大得多,这是喷砂的铜表面腐蚀活性点多的缘故。

图 8.13 所示为铜在含有不同体分数 SO_2 的空气中的腐蚀。曲线表明,随着 SO_2 体积分数的增加,出现了腐蚀最慢的一点(图 8.13 中点 N)。分析表明,该点腐蚀产物的成分为 $CuSO_4$。在这点的左面腐蚀产物含有过量的 $Cu(OH)_2$,右面却含有过量的硫酸。可见在点 N 的膜($CuSO_4$)保护性较好。

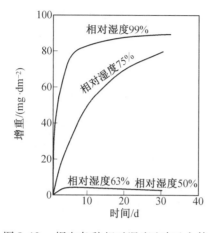

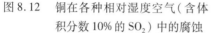

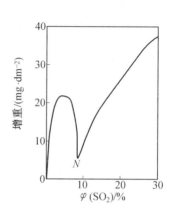

图 8.12　铜在各种相对湿度空气（含体　　图 8.13　铜在含不同体积分数 SO_2 的空
　　　　积分数 10% 的 SO_2）中的腐蚀　　　　　　　气中的腐蚀

其他腐蚀性气体如 H_2S、NH_3、Cl_2、HCl 等，多半产生于化工厂周围，它们都能加速金属的腐蚀。H_2S 在干燥大气中会引起铜、黄铜、银的变色，而在潮湿大气中会加速铜、镍、黄铜，特别是铁和镁的腐蚀，溶于水中能使水膜酸化，并增加水膜的导电性，使腐蚀加速。NH_3 极易溶入水膜，增加水膜的 pH，这对钢铁有缓蚀作用，可是对有色金属不利，尤其对铜影响很大，对锌、镉也有强烈的腐蚀作用。因为 NH_3 能与这些金属生成可溶性的络合物，促进阳极去极化作用。HCl 也是一种腐蚀性很强的气体，溶于水膜中生成盐酸，加剧金属腐蚀。

5. 固体颗粒、表面状态等因素的影响

空气中含有大量的固体颗粒，它们落在金属表面上会促使金属生锈。当空气中各种灰尘和二氧化硫与水共同作用时，会加速腐蚀。疏松颗粒（如活性炭）由于吸附了 SO_2，会显著增加腐蚀速度。在固体颗粒下的金属表面常发生缝隙腐蚀或点蚀。

一些虽不具有腐蚀性的固体颗粒，由于具有吸附腐蚀性气体的作用，会间接地加速腐蚀。有些固体颗粒虽不具腐蚀性，也不具吸附性，但由于能造成毛细凝聚缝隙，促使金属表面形成电解液薄膜，形成氧浓差电池，因而导致缝隙腐蚀。

金属表面状态对腐蚀速度也有明显的影响。与光洁表面相比，加工粗糙的表面容易吸附尘埃，暴露于空气中的实际面积也比真实面积大，耐蚀性差。已生锈的钢铁表面由于腐蚀产物具有较大的吸湿性，会降低临界相对温度，其腐蚀速度大于光洁表面的钢铁件，因此应及时除锈。

8.1.4　防止大气腐蚀的措施

1. 提高材料的耐蚀性

通过合金化方法在普通碳钢中加入某些适量合金元素以改变锈层结构，生成具有保护性的锈层，可显著改善钢的耐大气腐蚀性能。添加元素有 Cu、P、Cr、Ni 等，其中 Cu、P 效果尤为明显。图 8.14 所示为 Cu 添加量对钢在大气中腐蚀的影响。耐大气腐蚀性能较好的 Corten 耐候钢的主要成分：$w(C) \leqslant 0.12$，$w(Si) \leqslant 0.25 \sim 0.75$，$w(Mn) \leqslant 0.20 \sim 0.50$，$w(P) \leqslant 0.07 \sim 0.15$，$w(S) \leqslant 0.05$，$w(Cu) \leqslant 0.25 \sim 0.55$，$w(Ni) \leqslant 0.65$，$w(Cr) \leqslant$

0.30 ~ 1.25。表 8.5 列举了我国生产的部分耐大气腐蚀钢。

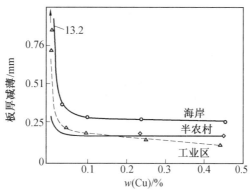

图 8.14　钢中铜质量分数对大气腐蚀的影响(15.5 年暴露实验结果)

表 8.5　我国生产的部分耐大气腐蚀钢

钢号	w/%						$\sigma_s \times 9.8$ /MPa	厚度 /mm	备注
	C	Si	Mn	P	S	其他			
16MnCu	0.12 ~ 0.20	0.20 ~ 0.60	1.20 ~ 1.60	≤ 0.05	≤ 0.06	Cu0.02 ~ 0.40	≥ 33 ~ 35		YB13 - 69
09MnCuTi	≤ 0.12	0.20 ~ 0.50	1.00 ~ 1.50	0.05 ~ 0.12	≤ 0.04	Cu0.02 ~ 0.45 Ti ≤ 0.03	35	7 ~ 16	YB13 - 69
15MnVCu	0.12 ~ 0.18	0.20 ~ 0.60	1.00 ~ 1.60	≤ 0.05	≤ 0.05	V0.04 ~ 0.12 Cu0.02 ~ 0.45	34 ~ 42		YB13 - 69
10PCuRE	≤ 0.12	0.20 ~ 0.50	1.00 ~ 1.40	0.08 ~ 0.14	≤ 0.04	Cu0.02 ~ 0.45 Al0.02 ~ 0.07 RE0.05	36		
12MnPV	≤ 0.12	0.20 ~ 0.50	0.70 ~ 1.00	≤ 0.12	≤ 0.05	V0.076			
08MnPRE	0.08 ~ 0.12	0.20 ~ 0.45	0.60 ~ 1.20	0.08 ~ 0.15	≤ 0.04	RE0.10 ~ 0.20	36	5 ~ 10	
10MnPNbRE	≤ 0.16	0.20 ~ 0.60	0.80 ~ 1.00	0.06 ~ 0.12	≤ 0.05	Nb0.015 ~ 0.05 RE0.10 ~ 0.20	≥ 40	≤ 10	

2. 控制环境

控制环境主要是指控制密封金属容器或非金属容器内的相对湿度和充以惰性氮气或抽去空气,以使制件与外围介质隔离,从而避免锈蚀,并使非金属件防霉、防老化。其方法有充氮封存法、吸氧剂法和干燥空气封存法等。

此外,还可通过采用有机、无机涂层,金属层、暂时性防护层和缓蚀剂等方法来防止材料在大气中的腐蚀。相关内容在第 9 章中阐述。

8.2　海水腐蚀

海洋约占地球面积的 70% ,与人类生活有着密切的联系。舰船在海洋中航行,各种各样的海洋开发工程正在大量兴建,海底电缆、输油管道在海底日益增多,沿海地区工厂的生产和生活用水更离不开海水。随着我国的沿海交通运输、工业生产和国防建设的发展,金属结构物受到海水和海洋大气腐蚀的威胁也越来越突出。所以,研究海洋环境的腐蚀及其防护有重要意义。

8.2.1　影响海水腐蚀的因素

海水是丰富的天然电解质,海水中几乎含有地球上所有化学元素的化合物,成分很复杂。除了含有大量盐类外,海水中还含有溶解氧、海洋生物和腐败的有机物。海水的温度、流速与 pH 等都对海水腐蚀有很大的影响。

1. 盐类及其质量分数

海水含有大量盐类,是较强的电解质溶液。海水的电导率在 $(2.3 \sim 3.0) \times 10^{-2} \ \Omega \cdot cm^2$。世界上各海区的含盐量差别不大,都在 3.3% ~ 3.8% 之间。但内海海水的含盐量有较大的偏差(如青海的盐湖和里海)。由表 8.6 可以看出,海水中氯离子的含有量很高,占总盐量的 55.04% ,使海水具有较大的腐蚀性。常用的结构金属和合金均受海水的浸蚀。海水中 NaCl 的浓度近似地相当于 0.5 mol/L NaCl 溶液。

表 8.6　海水中主要盐类及含盐量

成分	100 g 海水含盐质量 /g	占总盐量的百分比 /%	成分	100 g 海水含盐质量 /g	占总盐量的百分比 /%
NaCl	2.213	77.8	K_2SO_4	0.086 3	2.5
$MgCl_2$	0.380 7	10.9	$CaCO_3$	0.012 3	0.3
$MgSO_4$	0.165 8	4.7	$MgBr_2$	0.007 6	0.2
$CaSO_4$	0.126 0	3.6	合计	3.5	100

除了这些主要的成分之外,海水中还有少量的臭氧、游离的碘和溴及少量的其他元素。出海口处的稀释海水,尽管电解质本身的浸蚀性不大,却有较大的腐蚀性。普通的海水通常被碳酸盐饱和,但在稀释海水中碳酸盐达不到饱和,不易生成保护性碳酸盐型水垢。而且在稀释的海水中,海生物的活性降低或消失,因而不易生成沾污生物的保护层。

水中含盐量直接影响水的电导率和氧含量,因此必然对腐蚀产生影响。随着水中含盐量增加,水的电导率增加而氧含量降低,所以在某一含盐量时将存在一个腐蚀速度的最大值。海水的含盐量刚好接近腐蚀速度最大时所对应的含盐量。

2. 溶解氧

海水中含有的溶解氧是海水腐蚀的重要因素,因为绝大多数金属在海水中的腐蚀受氧去极化作用控制。海水表面始终与大气接触,而且接触表面积非常大,海水还不断受到波浪的搅拌作用并有剧烈的自然对流。所以,通常海水中氧含量比较高。可以认为,海水的表层已为氧饱和。当海水含盐质量分数为3%,在20 ℃时海水氧含量为8 mg/L(质量浓度)或5.6 cm³/L(体积分数)。随着海水中盐质量分数增大和温度的升高,海水中溶解的氧量将下降。表8.7列举出溶解氧量、海水中盐的质量分数与温度之间的关系。由表可见,盐的质量分数和温度越高,氧的溶解度越小。

表8.7　氧在海水中的溶解度　　　　　　　　单位:%

温度/℃	w(盐)/%					
	0.0	1.0	2.0	3.0	3.5	4.0
0	10.30	9.65	9.00	8.36	8.04	7.72
10	8.02	7.56	7.09	6.63	6.41	6.18
20	6.57	6.22	5.88	5.52	5.35	5.17
20	5.57	5.27	4.95	4.65	4.50	4.34

盐的质量分数、温度以及溶氧量随海水深度的变化关系如图8.15所示。自海平面至80 m深,氧含量逐渐减少并达到最低值。这是因为海洋动物要消耗氧气,从海水上层下降的动物尸体发生分解时也要消耗氧气。然而,通过对流形式补充的氧不足以抵消消耗了的氧,所以出现了缺氧层。从80 m再降至100 m深,溶解氧量又开始上升,并接近海水表层的氧溶解度。这是深海海水温度较低、压力较高的缘故。

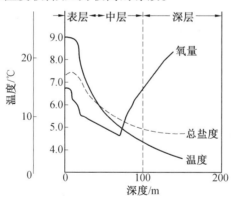

图8.15　海水中盐的质量分数、温度、溶解氧随海水深度变化的曲线

表面海水的氧含量通常与所在海域海水中的氧含量不同。当船舶或海上构筑物表面附着了海洋动物,其上方的表面海水将缺氧,而CO_2量很高,如果它们表面长满了海洋植物,则氧含量可高出海中的氧含量。

3.温度

海水温度随纬度、季节和深度的不同而发生变化。越靠近赤道(即纬度越小),海水的温度越高,金属腐蚀速度也越大。而海水越深、温度越低,则腐蚀速度越小。海水温度每升高10 ℃,化学反应速度提高大约14%,海水中的金属腐蚀速度将增大一倍。但是,温度升高后氧在海水中的溶解度下降,温度每升高10 ℃,氧的溶解度约降低20%,引起金属腐蚀速度的减小。此外,温度变化还给海水的生物活性和石灰质水垢沉积层带来影响。由于温度的季节性变化,铁、铜和它们的多种合金在炎热的季节里腐蚀速度较大。

4. pH

海水的 pH 在 7.2 ~ 8.6 之间,接近中性。海水深度增加,pH 逐渐降低。海水的 pH 可因光合作用而稍有变化。白天,植物消耗 CO_2,影响 pH。海面处,海水中的 CO_2 同大气中的 CO_2 相交换,从而改变 CO_2 含量。海水 pH 远没有氧含量对腐蚀速度的影响大。海水中的 pH 主要影响钙质水垢沉积,从而影响海水的腐蚀性。尽管表层海水 pH 比深处海水高,但由于表层海水氧含量比深处海水高,所以表层海水对钢的腐蚀性比深处海水大。

深海区海水压力增加,反应 $CaCO_3 \rightleftharpoons CaO + CO_2\uparrow$ 的平衡向生成 CO_2 的方向进行,因而 pH 减小,不易生成保护性碳酸盐水垢,使腐蚀速度增大。

5. 流速

许多金属发生腐蚀时与海水流速有较大关系,尤其是铁、钢等常用金属存在一个临界流速,超过此流速时金属腐蚀明显加快,但钝态金属在高速海水中更能抗腐蚀。海水运动易溶入空气,并且促使溶解氧扩散到金属表面,所以流速增大后氧的去极化作用加强,使金属腐蚀速度加快。海水的流速与碳钢的腐蚀速度之间的关系见表 8.8。

浸泡在海水中的钢桩,其各部位的腐蚀速度是不同的。水线附近,特别是在水面以上 0.3 ~ 1.0 m 的地方由于受到海浪的冲击,供氧特别充分而且腐蚀产物不断被带走,因此该处的腐蚀速度要比全浸部位大 3 ~ 4 倍。

表 8.8　碳钢腐蚀速度与海水流速的关系

海水流速 /(m·s⁻¹)	0	1.0	3.0	4.0	6.0	7.5
腐蚀速度 /(mg·cm⁻²·d⁻¹)	0.3	1.1	1.6	1.8	1.9	1.95

6. 海洋生物

金属新鲜表面浸入海水中数小时后表面即附着一层生物黏泥,便于海洋生物寄生。对金属腐蚀影响最大的是固着生物,它们以黏泥覆盖表面,并牢牢地附着在金属构件表面,随后便很快长大,并固定不动了。

海洋生物在船舶或海上构筑物表面附着处产生了缝隙,容易诱发缝隙腐蚀。另外,微生物的生理作用会产生氨、二氧化碳和硫化氢等腐蚀性物质,硫酸盐还原菌的作用则产生氧,这些都能加快金属的腐蚀。海洋生物沾污也是影响海洋设施性能的重要因素,额外的沾污负荷能使海水中建筑物过载,例如使浮标失去浮力。对于在海洋航行中的船只,船身的严重沾污会影响船体航行的运动性能,造成燃料的过量消耗。

8.2.2　海水腐蚀特点

海水是典型的电解质溶液,有关电化学腐蚀的基本规律对于海水中金属的腐蚀都是适用的。海水腐蚀时的电化学过程具有自己的特征,可归纳为以下几方面:

① 海水的 pH 在 7.2 ~ 8.6 之间,接近中性,并含有大量溶解氧,因此除了特别活泼的金属,如 Mg 及其合金外,大多数金属和合金在海水中的腐蚀过程都是氧的去极化过程,腐蚀

速度由阴极极化控制。

② 海水中 Cl 离子浓度高,对于钢、铁、锌、镉等金属来说,它们在海水中发生电化学腐蚀时,阳极过程的阻滞作用很小,增加阳极过程阻力对减轻海水腐蚀的效果并不显著。如将一般碳钢制造结构件改用不锈钢,很难达到显著减缓海水腐蚀速度的目的。其原因在于,不锈钢在海水中易发生点蚀而遭到破坏。只有通过提高合金表面钝化膜的稳定性,例如添加合金元素铝等,才能减轻 Cl⁻ 对钝化膜的破坏作用,改进材料在海水中的耐蚀性。另外,以金属钛、锗、钽、铌等为基础的合金也能在海水中保持稳定的钝态。

③ 水是良好的导电介质,电阻比较小,因此在海水中不仅有微观腐蚀电池的作用,还有宏观腐蚀电池的作用。在海水中由于异种金属接触引起的电偶腐蚀对金属有重要破坏作用,大多数金属或合金在海水中的电极电位不是一个恒定的数值,而是随着水中溶解氧含量、海水流速、温度以及金属的结构与表面状态等多种因素的变化而变化。表 8.9 为一些常用金属(合金) 在充气流动海水中的电位(相对饱和甘汞电极)。

海水中不同金属之间相接触时,将导致电位较低的金属腐蚀加速,而电位较高的金属腐蚀减缓。海水的流动速度、金属的种类以及阴、阳极电极面积的大小都是影响电偶腐蚀的因素。例如,在静止或流速不大的海水中,碳钢由于电偶腐蚀,其腐蚀速度增加的程度仅与阴极电极面积大小成比例,而与所接触的阴极金属本性几乎没有关系。碳钢的腐蚀速度由氧去极化控制。而当海水流速很大,氧去极化已不成为腐蚀的主要控制因素时,与碳钢接触的阴极金属极化性能将对腐蚀速度带来明显的影响。碳钢与铜组成电偶时引起腐蚀速度增大的程度要比碳钢与钛相接触时大得多,原因是阴极钛比铜更容易极化。

④ 海水中金属易发生局部腐蚀破坏,除了上面提到的电偶腐蚀外,常见的破坏形式还有点蚀、缝隙腐蚀、湍流腐蚀和空泡腐蚀等。

⑤ 不同地区的海水组成及盐的质量分数差别不大,因此地理因素在海水腐蚀中显得并不重要。

表 8.9　一些常用金属(合金) 在充气流动海水中的电位

金属(合金)	电位 /V	金属(合金)	电位 /V
镁	− 1.5	铝黄铜	− 0.27
锌	− 1.03	铜镍合金(90/10)	− 0.26
铝	− 0.79	铜镍合金(80/20)	− 0.25
镉	− 0.70	铜镍合金(70/30)	− 0.25
钢	− 0.61	镍	− 0.14
铅	− 0.50	银	− 0.13
锡	− 0.42	钛	− 0.10
黄铜	− 0.30	18 − 8 不锈钢(钝态)	− 0.08
铜	− 0.28	18 − 8 不锈钢(活化态)	− 0.53

8.2.3　防止海水腐蚀的措施

1. 合理选材

表 8.10 为部分金属(合金)在海水中的耐蚀性。从表中可以看到,钛及镍铬铝合金的耐蚀性最好,铸铁和碳钢较差,铜基合金如铝青铜、铜合金也较耐蚀。不锈钢虽耐均匀腐蚀,但易产生点蚀。

表 8.10　金属(合金)材料耐海水腐蚀性能

合金(合金)	全浸区腐蚀率 /(mm·a⁻¹)		潮汐区腐蚀率 /(mm·a⁻¹)		冲击腐蚀性能
	平均	最大	平均	最大	
低碳钢(无氧化皮)	0.12	0.40	0.3	0.5	劣
低碳钢(有氧化皮)	0.09	0.90	0.2	1.0	劣
普通铸铁	0.15		0.40		劣
铜(冷轧)	0.04	0.08	0.02	0.18	不好
黄铜(90Cu－10Zn)	0.04	0.05	0.03		不好
黄铜(70Cu－30Zn)	0.05				满意
黄铜(20Zn－2Al－0.02As)	0.02	0.18			良好
黄铜(20Zn－1Sn－0.02As)	0.04				满意
黄铜(60Cu－40Zn)	0.06	脱 Zn	0.02	脱 Zn	良好
青铜(0.5Sn－0.1P)	0.03	0.1			良好
铝青铜(5Al－Si)	0.03	0.08	0.01	0.05	良好
铜镍合金(70Cu－30Ni)	0.003	0.03	0.05	0.3	含质量分数 0.15% Fe,良好;含质量分数 0.45% Fe,优秀
镍	0.02	0.1	0.4		良好
蒙乃尔(65Ni－30Cu－4(Fe＋Mn))	0.03	0.2	0.5	0.25	良好
因科镍尔合金(80Ni－13Cr)	0.005	0.1			良好
哈氏合金(53Ni－19Mo－17Cr)	0.001	0.001			优秀
Cr13		0.28			满意
Cr17		0.20			满意
Cr18Ni9		0.18			良好
Cr28－Ni20		0.02			良好
Zn(质量分数 99.5%)	0.028	0.03			良好
Ti	0.00	0.00	0.00	0.00	优秀

2. 电化学保护

阴极保护是防止海水腐蚀常用的方法之一,但只是在全浸区才有效。可在船底或海水中的金属结构上安装牺牲阳极,也可采用外加电流的阴极保护法。

3. 涂层保护

防止海水腐蚀最普通的方法是采用油漆层,或采用防止生物沾污的防污涂层。这种防污涂层是一种含有 Cu_2O、HgO、有机锡及有机铅等毒性物质的涂料。涂在金属表面后,在海水中能溶解扩散,以散发毒性来抵抗并杀死停留在金属表面的海洋生物,这样可减少或防止因海洋生物造成的缝隙腐蚀。

8.3　土壤腐蚀

大量的金属管道(油、气、水管线)、通信电缆、地基钢柱、高压输电线及电视塔等金属基座埋设在地下,被土壤腐蚀,造成管道穿孔损坏,引起油、气、水的渗漏或使电信发生故障,甚至造成火灾、爆炸事故。这些地下设备往往难于检修,给生产带来很大的损失和危害。随着工业现代化,尤其是石油工业的发展,研究土壤腐蚀问题越显重要。

土壤腐蚀是一种电化学腐蚀,土壤中含有水分、盐类和氧。大多数土壤是中性的,也有些pH在7.5 ~ 9.5的碱性砂质黏土和盐碱土及pH在3 ~ 6的酸性腐殖土和沼泽土。土壤含有固体颗粒砂子、灰泥渣和植物腐烂后的腐殖土,是无机和有机胶质混合颗粒的集合,是由土粒、水、空气所组成的复杂的多相结构。土壤颗粒间形成大量毛细管微孔或孔隙,孔隙中充满空气和水,常形成胶体体系,是一种离子导体。溶解有盐类和其他物质的土壤水则是电解质溶液。土壤的导电性与土壤的干湿程度及含盐量有关。土壤的性质和结构是均匀的、多变的,土壤的固体部分对埋设在土壤中的金属表面来说,是固定不动的,而土壤中的气液相则可做有限运动。土壤的这些物理化学性质尤其是电化学特性直接影响土壤腐蚀过程的特点。土壤组成和性质的复杂多变性,使不同的土壤腐蚀性相差很大。

8.3.1　土壤腐蚀的电极过程及控制因素

土壤腐蚀与在电解液中的腐蚀一样,是一种电化学腐蚀。大多数金属在土壤中的腐蚀是属于氧的去极化腐蚀,只有在强酸性土壤中才发生氢去极化型的腐蚀。

铁在潮湿土壤中阳极极化过程无明显阻碍,与溶液中腐蚀相似。在干燥且透气性良好的土壤中,阳极极化过程钝化并离子水化困难,此种情况与铁在大气中腐蚀的阳极极化行为相接近。由于腐蚀二次反应,不溶性腐蚀产物与土黏结形成紧密层,起着屏蔽作用。随着时间增长,阳极极化增大,腐蚀速度减小。

阴极极化过程主要是氧的去极化过程,其中包括两个基本步骤:氧输向阴极和氧离子化的阴极反应。氧输向阴极过程比较复杂。在多相结构的土壤中由气相和液相两条途径输送,通过土壤中气、液相的定向流动和扩散两种方式,最后通过毛细凝聚形成的电解液薄层及腐蚀产物层。在某些情况下,阴极有氢的去极化过程或有微生物参与的阴极还原过程。

土壤腐蚀的条件极为复杂,对腐蚀过程的控制因素差别也较大,大致有如下几种控制特征:对于大多数土壤来说,当腐蚀取决于腐蚀微电池或距离不太长的宏观腐蚀电池时,腐蚀主要由阴极过程控制(图 8.16(a)),与全浸在静止电解液中的情况相似。在疏松、干燥的土壤中,随着氧渗透率的增加,腐蚀则转变为阳极控制(图 8.16(b)),此时腐蚀过程的控制特征接近于潮的大气腐蚀。对于由长距离宏观电池作用下的土壤腐蚀,如地下管道经过透气性不同的土壤形成氧浓差腐蚀电池时,土壤的电阻成为主要的腐蚀控制因素或阴极 – 电阻混合控制(图 8.16(c))。

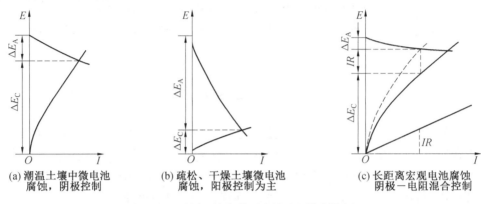

(a) 潮温土壤中微电池腐蚀,阴极控制

(b) 疏松、干燥土壤微电池腐蚀,阳极控制为主

(c) 长距离宏观电池腐蚀阴极－电阻混合控制

图 8.16　不同土壤条件下腐蚀过程控制特征

8.3.2　土壤腐蚀的类型

1. 微电池和宏观电池引起的土壤腐烛

在土壤腐蚀的情况下,除了因金属组织不均匀性引起的腐蚀微电池外,还可能存在由于土壤介质的不均匀性引起的宏观腐蚀电池。由于土壤透气性不同,氧的渗透速度不同。土壤介质的不均匀性影响着金属各部分的电位,这是促使形成氧浓差电池的主要因素。

对于比较短小的金属构件来说,可以认为周围土壤结构、水分、盐分、氧量等是均匀的,这时发生和金属组织不均匀性有关的微电池腐蚀。

对于长的金属构件和管道,因各部分氧渗透率不同,黏土和砂土等结构不同,埋设深度不同,可引起氧浓差电池和盐分浓差电池。这类宏观电池造成局部腐蚀,在阳极部位产生较深的腐蚀孔,使金属构件遭受严重破坏。图 8.17 所示为管道在结构不同的土壤中所形成的氧浓差电池。埋在密实、潮湿黏土中,氧的渗透性差,这里的钢作为阳极而被腐蚀。

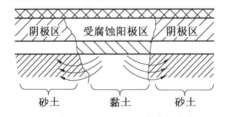

图 8.17　管道在结构不同的土壤中所形成的氧浓差电池

2. 杂散电流引起的土壤腐蚀

所谓杂散电流是指由原定的正常电路漏失而流入他处的电流。主要来自大功率直流电

气装置等,如电力机车、电焊机、电解和电镀槽、电化学保护装置等。地下埋设的金属构筑物、管道、贮槽电缆等都容易因这种杂散电流引起腐蚀。此外,工厂中直流导线绝缘不良也可引起"自身杂散电流"而成为管道、贮槽、器械及其他设备腐蚀的原因。

　　图 8.18 所示为土壤中因杂散电流而引起管道腐蚀的示意图。正常情况下电流流程为电源正极 — 架空线 — 机车 — 铁轨 — 电源负极。但当路轨与土壤间绝缘不良时,就会有一部分电流从路轨漏到地下,进入地下管道某处,再从管道的另一处流出,回到路轨。电流离开管线进入大地处成为腐蚀电池的阳极区,该区金属遭到腐蚀破坏,腐蚀破坏程度与杂散电流的电流强度成正比。电流强度越大,腐蚀就越严重。杂散电流造成的腐蚀损失相当严重。计算表明:1 A 电流持续一年对应于 9 kg 的铁发生电化学溶解的电荷迁移量。杂散电流干扰比较严重的区域,若是 8 ~ 9 mm 厚的钢管,只要 2 ~ 3 个月就会腐蚀穿孔,杂散电流还能引起电缆铅皮的晶间腐蚀。

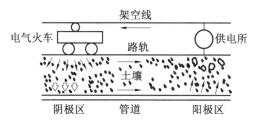

图 8.18　土壤中杂散电流腐蚀示意图

3. 土壤中的微生物腐蚀

　　在缺氧的土壤中,如密实、潮湿的黏土处,金属腐蚀过程似乎难以进行,但这种土壤条件却有利于某些微生物的生长。常常发现,金属的强烈腐蚀是因硫酸盐还原菌(厌氧菌)和硫杆菌(有排硫杆菌和氧化硫杆菌两种,最宜存在的温度为25 ~ 30 ℃)的活动而引起。水分、养料、温度和 pH 与这些微生物的生长密切相关,如硫酸盐还原菌易在中性(pH = 7.5)条件下繁殖,在 pH > 9 时,就很难繁殖和生长。

　　这些细菌有可能引起土壤物理化学性质的不均匀性,从而造成氧浓差电池腐蚀。细菌在生命活动中产生硫化氢、二氧化碳和酸,对金属进行腐蚀。细菌还可能参与腐蚀的电化学过程,在缺氧的中性介质中,因氢过电位高,阴极氢离子的还原困难。阴极上只有一层吸附氢,硫酸盐还原菌能消耗氢原子,使去极化反应顺利进行。

8.3.3　土壤腐蚀的影响因素及防止措施

　　影响土壤腐蚀的因素有土壤的孔隙度(透气性)、含水量、导电性、酸碱度、含盐量和微生物等,这些因素相互有联系,其中几种主要的影响因素如下。

1. 孔隙度

　　孔隙度大有利于保存水分和氧的渗透。透气性好可加速腐蚀过程,但透气性太大又阻碍金属的阳极溶解,易生成具有保护能力的腐蚀产物层。

2. 含水量

　　土壤中的水分以多种方式存在,有些紧密黏附在固体颗粒的周围,有些在微孔中流动或与土壤组分结合在一起。当土壤中可溶性盐溶解在其中时,就组成了电解液。水分的多少对土壤腐蚀影响很大,含水量很低时腐蚀速度不大,随着含水量的增加,土壤中盐分的溶解量增大,因而加大腐蚀速度。当可溶性盐全部溶解时,腐蚀速度可达最大值。若水分过多时,因土壤胶黏膨胀堵塞了土壤的孔隙,氧的扩散渗透受阻,腐蚀反而减小。

对于长距离氧浓差宏观电池来说,随含水量增加,土壤的电阻率减少,氧浓差电池作用加大。但含水量增加到接近饱和时,氧浓差作用反而减低了。

3. 含盐量

土壤中一般含有硫酸盐、硝酸盐和氯化钠等无机盐类。通常每千克含盐量 80 ～ 1 500 mg,这些盐类大多是可溶性的。除了 Fe^{2+}(Fe^{2+} 可能增强厌氧菌的破坏作用)对腐蚀有影响外,一般阳离子对腐蚀影响不大。SO_4^{2-}、NO_3^- 和 Cl^- 等阴离子对腐蚀影响较大,Cl^- 对土壤腐蚀有促进作用。海边潮汐区或接近盐场的土壤,腐蚀性更强。土壤中含盐量越大,土壤的电导率越高,腐蚀性也增强。在钙、镁离子含量较高的石灰质土壤(非酸性土壤)中因在金属表面形成难溶的氧化物或碳酸盐保护层而使腐蚀减缓。

4. 土壤的导电性

土壤的导电性受土质、含水量及含盐量等影响,孔隙度大的土壤(如砂土),水分易渗透流失;而孔隙度小的土壤(如黏土),水分不易流失。含水量大,可溶性盐类溶解得多,导电性好,腐蚀性强。尤其是对长距离宏观电池腐蚀来说,影响更为显著。一般的低洼地和盐碱地因导电性好,所以有很强的腐蚀性。

5. 其他因素

通常土壤酸度越大,腐蚀性越强。这是其易发生氢离子阴极去极化作用的缘故。当土壤中含有大量有机酸时,其 pH 虽然接近中性,但其腐蚀性仍然很强。因此,衡量土壤腐蚀性时,应测定土壤的总酸度。

温度升高能增加土壤电解液的导电性,加快氧的渗透扩散速度,因此加速腐蚀。温度升高,如处于 25 ～ 35 ℃ 时,最适宜于微生物的生长,从而也加速腐蚀。

防止土壤腐蚀可采用如下几种措施:

① 覆盖层保护。通过提高被保护构件与土壤间的绝缘性达到防蚀。可采用沥青涂层、环氧粉末涂层、泡沫塑料等防腐保护层。

② 耐蚀金属材料和金属镀层。采用某些合金钢和有色金属,或采用锌镀层来防止土壤腐蚀。但由于该方法不经济,且不易用于酸性土壤,所以很少使用。

③ 处理土壤减少其浸蚀性。如用石灰处理酸性土壤,或在地下构件周围填充石灰石碎块,移入浸蚀性小的土壤,加强排水以改善土壤环境,降低腐蚀性。

④ 阴极保护。在采用上述保护方法的同时,可附加阴极保护措施。这样既可弥补保护层的不足,又可减少阴极保护的电能消耗。一般情况下钢铁阴极的电位维持在 − 0.85 V(相对于硫酸铜电极)可获得完全保护的效果。在有硫酸盐还原菌存在时,电位要维持得更负些,如 − 0.95 V(相对于硫酸铜电极),以抑制细菌生长。阴极保护也用于保护地下铅皮电缆,其保护电位约为 − 0.7 V(相对于硫酸铜电极)。

第9章 腐蚀控制方法

控制或防止金属腐蚀而采取的各种方法,称为防腐蚀技术。

每一种防腐蚀措施都有其应用条件和范围。对于一个具体的腐蚀体系,究竟采用哪种防护措施,是用一种方法还是用几种方法,主要应从防护效果、施工难易以及经济效益等各方面综合考虑。

9.1 正确选用金属材料和合理设计金属结构

9.1.1 正确选用金属材料和加工工艺

在设计和制造产品或构件时,首先应选择对使用介质具有耐蚀性的材料。材料选择不当,常常是造成腐蚀破坏的主要原因。因此,要查阅耐蚀材料手册和腐蚀数据图册,以得到各种材料在不同环境下耐蚀程度定量或定性的资料。

工业上在进行产品构件设计时,正确选材是一项十分重要而又相当复杂的工作,选材的合理与否直接影响产品的性能。选材时,除了注意耐蚀性外,还要考虑到机械性能、加工性能及材料本身的价格等综合因素。选材时应遵循下列原则:

① 应根据使用条件全面综合地考虑各种因素。如在有介质存在下,除考虑材料的断裂韧性 K_{IC} 外,更应考虑产品的门槛应力强度因子 K_{ISCC} 或应力腐蚀断裂门槛应力 σ_{th} 值。

② 对初选材料应查明它们对哪些类型的腐蚀敏感,可能发生哪种腐蚀类型以及防护的可能性,与其接触的材料是否相容,能否发生接触腐蚀以及承受应力的状态等。

③ 在容易产生腐蚀和不易维护的部位,应选择高耐蚀性材料。

④ 选择腐蚀倾向小的材料和材料的热处理状态。例如,30CrMnSiA 钢拉伸强度在1 176 MPa 以下时,对应力腐蚀和氢脆的敏感性高,但经热处理使其拉伸强度达到1 373 MPa 以上时,材料对应力腐蚀和氢脆的敏感性明显增高。因此,合理地选择材料的热处理状态控制材料使用的拉伸强度上限是非常必要的。铝合金、不锈钢在一定的热处理状态或加热条件下,可产生晶间腐蚀,选材时也应予以考虑。

⑤ 选用杂质含量低的材料,以提高材料耐蚀性。对高强度钢、铝合金、镁合金等强度高的材料,杂质的存在会直接影响其抗均匀腐蚀和应力腐蚀的能力。

9.1.2 合理设计金属结构

为防止腐蚀,在产品设计阶段就应当进行合理的防腐蚀结构设计,严格地计算和确定使用应力,正确选择材料和防护系统。在机械结构中,设计是否合理,对应力腐蚀、接触腐蚀、均匀腐蚀、缝隙腐蚀等敏感性影响很大。为减少或防止这些腐蚀,应注意下列各点:

① 外形力求简单,避免雨水的积存,以便进行防护施工,对腐蚀状态进行检查并定期维护。

② 采用密闭结构,以防雨水、雾,甚至海水的侵入。

③ 在积水的地方设置排水孔。

④ 布置合适的通风口,以防湿气的汇集和凝露。

⑤ 尽量避免尖角、凹槽和缝隙,以防冷硬水积聚。

⑥ 铆钉、螺钉或点焊连接头的接合面应当有隔离绝缘层,以防接触腐蚀或缝隙腐蚀。

⑦ 尽量少用吸水性强的材料,若不可避免时,周围应加以密封。

⑧ 在零件的晶粒取向上,尽量避免在短横向受拉力。应避免使用应力、装配应力和残余应力在同一个方向上叠加,以减少和防止应力腐蚀断裂。设计锻件时要保证晶粒流向适应于应力方向。

⑨ 当无法避免不同金属间的接触时,对接触表面进行适当的防护处理,例如钢零件镀锌或镀镉后可与阳极化的铝合金零件接触,或两种金属间用缓蚀密封膏、绝缘材料隔开。

⑩ 防止零部件局部应力集中或局部受热,并控制材料的最大允许使用应力。对于长时间承受拉伸应力的零部件,应符合下式要求,以防止应力腐蚀断裂发生:

$$\sum_{i=1}^{n} \sigma_i = \left(\sum_{i=1}^{i} \sigma_i' + \sum_{i=1}^{k} \sigma_i'' \right) \leqslant \sigma_{th} \tag{9.1}$$

式中　　$\sum\limits_{i=1}^{n} \sigma_i$——残余应力和使用应力的总和;

　　　　$\sum\limits_{i=1}^{i} \sigma_i'$——结构件在加工、成形、焊接、热处理、装配等过程中造成的残余拉伸应力的总和;

　　　　$\sum\limits_{i=1}^{k} \sigma_i''$——设计工作应力;

　　　　σ_{th}——光滑试样应力腐蚀断裂门槛应力。

若每道工序都设法消除残余应力,并合理设计公差,提高加工精度,采用加垫措施,尽量减少装配应力,使 $\sum\limits_{i=1}^{i} \sigma_i' \to 0$ 时,则

$$\sum_{i=1}^{k} \sigma_i'' \leqslant \sigma_{th} \tag{9.2}$$

这样就可最大限度地提高使用材料的潜力。

9.2　缓　蚀　剂

9.2.1　概述

缓蚀剂是一些少量加入腐蚀介质中能显著减缓或阻止金属腐蚀的物质,也称为腐蚀抑制剂(Corrosion Inhibitor)。缓蚀剂防护金属的优点在于用量少、见效快、成本较低、使用方便,目前已广泛用于机械、化工、冶金、能源等许多部门。例如在酸洗过程中,硫酸和盐酸除

去钢铁表面氧化皮的同时,也会使金属本身迅速溶解,若加入适当的缓蚀剂,则可抑制金属本身过分的腐蚀。缓蚀剂保护的缺点是只适用于腐蚀介质的体积量有限的情况。例如电镀和喷漆前金属的酸洗除锈、锅炉内壁的化学清洗、油气井的酸化、内燃机及工业冷却水的防腐蚀处理和金属产品的工序间防锈和产品包装等;但对于钻井平台、码头、桥梁等散开体系,则不适用。

腐蚀介质中缓蚀剂的加入量很少,通常为 0.1% ~ 1% 。缓蚀剂的保护效果与金属材料的种类、性质和腐蚀介质的性质、温度、流动情况等有密切关系,即缓蚀剂的保护有强烈的选择性。如亚硝酸钠或碳酸环己胺对钢铁有缓蚀作用,对铜合金不但无效,反而会加速其腐蚀。目前还没有对各种金属在不同介质中普遍适用的通用缓蚀剂。

缓蚀剂的缓蚀效率 ε 定义为

$$\varepsilon = \frac{v_{corr}^0 - v_{corr}}{v_{corr}^0} \times 100\% \tag{9.3}$$

式中　　ε——缓蚀效率,% ;

v_{corr}^0、v_{corr}——加入缓蚀剂前、后金属的腐蚀速度,可用任何通用单位,但 v_{corr}^0 和 v_{corr} 的单位必须一致。

如果用 i_{corr}^0 和 i_{corr} 表示加入缓蚀剂前、后的腐蚀电流密度,则缓蚀效率可写为

$$\varepsilon = \frac{i_{corr}^0 - i_{corr}}{i_{corr}^0} \times 100\% \tag{9.4}$$

缓蚀效率能达到 90% 以上的为良好的缓蚀剂,若 ε 达到 100% ,则意味着对材料达到了完全保护。

可见,缓蚀效率的测试方法也就是金属腐蚀速度的测试方法。因此可用失重法、各种电化学测试方法(如塔费尔直线外推法、线性极化法、交流阻抗法等)来测定缓蚀剂的缓蚀效率。为了最大限度地模拟现场的腐蚀情况,并使结果易于重现和各实验室的测量能够相互对比,测试条件必须严格规定,并予以标准化。

9.2.2　缓蚀剂分类

1. 按化学成分分类

(1)无机缓蚀剂。

无机缓蚀剂有亚硝酸盐、铬酸盐、硅酸盐、聚磷酸盐、铝酸盐、硼酸盐和亚砷酸盐等,它们往往与金属表面反应,促使形成钝化膜或金属盐膜,以阻止阳极溶解过程。

(2)有机缓蚀剂。

有机缓蚀剂远比无机缓蚀剂多,有机缓蚀剂往往在金属表面发生物理或化学吸附,从而阻止腐蚀性物质接近金属表面,或者阻滞阴、阳极过程。

2. 按作用机理分类

根据缓蚀剂对腐蚀电极过程发生的主要影响,可把缓蚀剂分为阳极型、阴极型和混合型三种。从图 9.1 中可明显看出,由于缓蚀剂的加入,分别增大阳极极化、阴极极化或二者同时增大,腐蚀电流由原来的 i_{corr}^0 减小到 i_{corr} 。

（1）阳极型缓蚀剂。

阳极缓蚀剂能抑制阳极反应,增大阳极极化,从而使腐蚀电流下降,且使腐蚀电极电位变高(图9.1(a))。

（2）阴极型缓蚀剂。

阴极缓蚀剂能抑制阴极反应,增大阴极极化,降低腐蚀电流,且使自腐蚀电极电位变低(图9.1(b))。

（3）混合型缓蚀剂。

混合型缓蚀剂对阴、阳极极化过程都起抑制作用,腐蚀电位可能变化不大,但腐蚀电流显著降低(图9.1(c))。

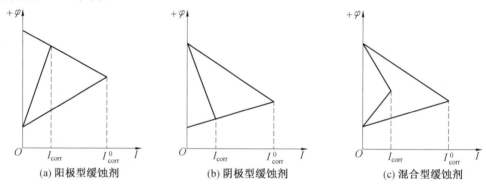

(a) 阳极型缓蚀剂　　　　　(b) 阴极型缓蚀剂　　　　　(c) 混合型缓蚀剂

图9.1　不同类型缓蚀剂的极化图

3. 按缓蚀剂形成的保护膜特征分类

（1）氧化(膜)型缓蚀剂。

氧化(膜)型缓蚀剂能使金属表面生成致密而附着力好的氧化物膜,从而抑制金属的腐蚀。因其有钝化作用,故又称为钝化型缓蚀剂,或者直接称为钝化剂(Passivator)。钢在中性介质中常用的缓蚀剂如 Na_2CrO_4、$NaNO_2$、$NaMoO_4$ 等都属于此类。

（2）沉淀(膜)型缓蚀剂。

沉淀(膜)型缓蚀剂本身无氧化性,但它们能与金属的腐蚀产物(如 Fe^{2+}、Fe^{3+})或与共轭阴极反应的产物(一般是 OH^-)生成沉淀,能够有效地修补金属氧化膜的破损处,从而起到缓蚀作用,这种物质称为沉淀型缓蚀剂。例如,中性水溶液中常用的缓蚀剂硅酸钠(水解产生 SiO_2 胶凝物)、锌盐(与 OH^- 反应产生 $Zn(OH)_2$ 沉淀膜)、磷酸盐类(与 Fe^{2+} 反应形成 $FePO_4$ 膜)。显然它们必须有 O_2、NO_2^- 或 CrO_4^{2-} 等去极化剂存在时才起作用。

（3）吸附型缓蚀剂。

吸附型缓蚀剂能在金属/介质界面上形成致密的吸附层,阻挡水分和浸蚀性物质接近金属,或者抑制金属腐蚀过程,从而起到缓蚀作用。这类缓蚀剂大多含有 O、N、S、P 的极性基团或不饱和键的有机化合物。如钢在酸中常用的缓蚀剂硫脲、喹啉、炔醇等类的衍生物,铜在中性介质中常用的缓蚀剂苯丙三氮唑及其衍生物等。

上述氧化型和沉淀型两类缓蚀剂也常合称为被膜型缓蚀剂。因为被膜的形成,产生了三维的新相,故也称为三维缓蚀剂。而单纯吸附形成的缓蚀剂单分子层,是二维的,也称为二维缓蚀剂。实际上,对于具体的高效缓蚀剂,其作用机理是相当复杂的,很难简单地归于某一类型。即使是典型的氧化型缓蚀剂 NO_2^- 或 CrO_4^{2-} 等,由于加入量很少也必须首先吸附(富集)于金属表面氧化膜的薄弱点或破损处,才能使该处钝化,起到保护作用。而且有机缓蚀剂,除了初始的吸附作用外,还可能通过二次化学作用产生三维被膜,起到更好的缓蚀作用。另外,上述分类和名称往往是交叉的。例如,氧化型缓蚀剂一般是阳极型的,沉淀型缓蚀剂往往是阴极型的,而吸附型缓蚀剂很可能是混合型的。但这些并不是绝对的。

4. 按物理性质分类

（1）水溶性缓蚀剂。

水溶性缓蚀剂可溶于水溶液中,通常作为酸、盐水溶液及冷却水中的缓蚀剂,也用作工序间防锈水、防锈润滑切削液中。

（2）油溶性缓蚀剂。

油溶性缓蚀剂可溶于矿物油中,作为防锈油（脂）的主要添加剂。它们大多是有机缓蚀剂,分子中存在极性基团（亲金属和水）和非极性基团（亲油的碳氢链）。因此,这类缓蚀剂可在金属／油的界面上发生定向吸附,构成紧密的吸附膜,阻挡水分和腐蚀性物质接近金属。

（3）气相缓蚀剂。

气相缓蚀剂是在常温下能挥发成气体的金属缓蚀剂。若是固体,必须能升华;若是液体,必须具有足够大的蒸汽压。这类缓蚀剂必须在有限的空间内使用,如将气相缓蚀剂放入密封袋中。

5. 按用途分类

根据缓蚀剂的用途可分为冷却水缓蚀剂、锅炉缓蚀剂、酸洗缓蚀剂、油气井缓蚀剂、石油化工缓蚀剂、工序间防锈级缓蚀剂等。

9.2.3　缓蚀剂的作用机理

1. 阳极型缓蚀剂作用机理

阳极型缓蚀剂主要抑制腐蚀的阳极过程,其缓蚀机理可分为两种情况。

（1）氧化型缓蚀剂。

氧化型缓蚀剂主要促使金属阳极钝化。例如,在含氧的中性水溶液中加入少量铬酸盐,可使钢铁、铝、锌、铜等金属的腐蚀速度显著降低。如图 9.2 所示,未加缓蚀剂时,金属的阳极极化曲线为 A,添加缓蚀剂后金属的阳极极化曲线为 A'_c,假定两种情况下的阴极极化曲线不变,均为 C。由于铬酸盐的加入,钝化膜容易在金属表面生成,或者使原来破损的氧化膜得到修复,从而提高了金属的钝性,因此阳极极化曲线由 A 变成 A'_c,致钝电流 I_{pp} 和维钝电流 I_p 都减小,钝化电位区扩大,使致钝电位 φ'_{pp} 下的 $I_C > I'_{pp}$。也就是说,由于加入了缓蚀剂,阳极极化曲线和阴极极化曲线的交点

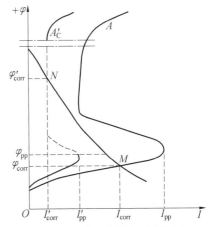

图 9.2　阳极钝化型缓蚀剂作用原理图

由活化态的 M 点变为钝态的 N 点,腐蚀电流由 I_{corr} 减小到 I'_{corr}。

氧化型缓蚀剂本身是氧化剂,可使腐蚀金属的电位正移进入钝化曲线的钝化区,从而阻滞金属的腐蚀。因此,常用测定阳极极化曲线的方法来评定这类缓蚀剂。如果加入缓蚀剂后,阳极钝化曲线的 I_{pp} 和 I_p 都下降,φ_{pp} 负移,则说明该缓蚀剂有促进钝化、扩大钝化区范围的作用。图9.3所示为加入 K_2CrO_4 对钢在中性介质中阳极钝化曲线的影响。由图可见,加入 0.01 mol/L(质量分数约0.19%)的 K_2CrO_4 后,使致钝电流 I_{pp} 下降 $\frac{4}{11}$,φ_{pp} 负移 120 mV,使金属更易钝化。

氧化型缓蚀剂添加量必须超过某个临界值。例如,铬酸盐(如 K_2CrO_4)在水中的添加量为0.2%~0.5%(质量分数),而在盐溶液中的添加量要提高到2%~5%(质量分数)。添加量不足易加速腐蚀或造成局部腐蚀。

亚硝酸钠也是钝化型缓蚀剂,它不但可使钢在酸性溶液中的阳极极化曲线的 I_{pp} 下降,φ_{pp} 负移(图9.4),而且作为强的阴极去极化剂,还可加速阴极反应:

$$NO_2^- + 8H^+ + 6e^- \longrightarrow NH_4^+ + 2H_2O$$

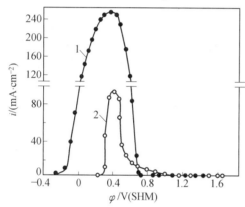

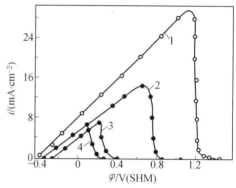

图9.3　加入 K_2CrO_4 对钢在 1 mol/L Na_2SO_4 溶液中钝化曲线的影响
　　　　$C(K_2CrO_4)/(mol/L)$:1—0;2—0.01

图9.4　$NaNO_2$ 对钢在 $H_3BO_4 + H_3PO_4 + L$ 醋酸 (0.014 + 0.014 + 0.04) mol/L 混合液中阳极钝化曲线的影响
　　　　$C(NaNO_2)/(mol/L)$:1—0;2—0.01; 3—0.1;4—0.15

增大阴极电流,使 φ_{pp} 下的阴极电流 $I_C > I_{pp}$,金属的自腐蚀电位进入钝态电位区(图9.5中曲线 A 和 C' 的交点),从而使腐蚀电流由 I_{corr} 降到 I'_{corr},起到缓蚀作用。

如果氧化型缓蚀剂添加量不足,如图9.5中曲线 A 与 C'' 的交点所示,腐蚀电流反而增加到 I''_{corr}。因此,也存在临界添加量的问题,使用时应当注意。

(2)沉淀型缓蚀剂。

沉淀型缓蚀剂是非氧化性物质,如 $NaOH$、Na_2CO_3、Na_2SiO_3、Na_3PO_4 和苯甲酸钠等。它们的作用在于能和金属表面阳极部分溶解下来的金属离子生成难溶性化合物,沉淀在阳极区表面,或者修补氧化膜的破损处,从而抑制阳极反应。例如,磷酸盐离解后的 PO_4^{3-} 能与腐蚀产生的 Fe^{2+} 反应生成沉淀:

$$3Fe^{2+} + 2PO_4^{3-} \longrightarrow Fe_3(PO_4)_2 \downarrow$$

这类缓蚀剂要有 O_2 等去极化剂存在时才起作用。图 9.6 所示为 Na_3PO_4 和 Na_2SiO_3 对钢在 0.025 mol/L Na_2SO_4 的硼酸缓冲溶液（pH = 7.1）中阳极极化曲线的影响。从图中可见，加入缓蚀剂 Na_3PO_4 后，由于它有较强的碱性，钢完全处于钝化区，故无 i_{pp} 存在，i_p 比未加 Na_3PO_4 的下降了两个数量级，说明上述条件下 Na_3PO_4 比 Na_2SiO_3 有更强的缓蚀作用。实验表明，在 O_2 存在下用磷酸盐作缓蚀剂时，生成的 $\gamma - Fe_2O_3$ 钝化膜中含有少量的 PO_4^{3-}。说明磷酸盐沉淀参与了钝化膜的形成和修补。

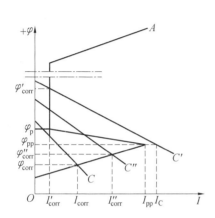

图 9.5　阴极去极化型钝化作用原理

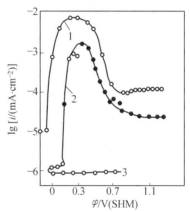

图 9.6　Na_3PO_4 和 Na_2SiO_3 对钢在 0.025 mol/L Na_2SO_4 硼酸缓冲溶液（pH = 7.1）中阳极极化曲线的影响

C(缓冲剂)/(mol/L)：1—0；
2—Na_2SiO_3 0.03；3—Na_3PO_4 0.03

2. 阴极型缓蚀剂作用机理

阴极型缓蚀剂能在金属表面形成沉淀膜，覆盖阴极表面，阻碍氧的扩散或者提高氧或 H^+ 还原反应的过电位，使腐蚀速度降低。阴极型缓蚀剂又有三种类型：

① 缓蚀剂的阳离子向腐蚀微电池的阴极迁移，与阴极产生的 OH^- 反应，形成氢氧化物或碳酸盐沉淀膜，阻碍氧向阴极扩散，提高阴极过电位，从而降低腐蚀速度。这类缓蚀剂有 $ZnSO_4$ 和 $Ca(HCO_3)_2$ 等。$Ca(HCO_3)_2$ 与 OH^- 反应可生成 $CaCO_3$ 沉淀。

$$Ca(HCO_3)_2 + OH^- \longrightarrow CaCO_3 \downarrow + HCO_3^- + H_2O$$

$ZnSO_4$ 在含氧的中性水溶液中可生成难溶的 $Zn(OH)_2$ 沉淀。沉淀膜可达几十到上百纳米。沉淀膜不如阳极钝化膜致密，附着力也差，因此缓蚀效果不如阳极型缓蚀剂。为了达到同样效果，这类缓蚀剂的用量大，但阴极缓蚀剂比阳极缓蚀剂安全。

② 缓蚀剂能与水溶液中某些阳离子作用，生成大的胶体阳离子，然后向阴极表面迁移，在阴极区放电并形成较厚的保护膜。例如，在循环冷却水和锅炉水中经常采用聚磷酸盐作缓蚀剂。其结构式为

其中六偏磷酸钠($n = 4$)和三聚磷酸钠($n = 1$)应用广泛。前者比后者缓蚀效果好,但后者更便宜。它们的缓蚀机理较复杂。一般认为,在水中有溶解氧的情况下,它们在促进钢铁表面生成 $\gamma - Fe_2O_3$ 的同时,可与水中的 Ca^{2+}、Mg^{2+}、Zn^{2+} 等离子形成化合物,如

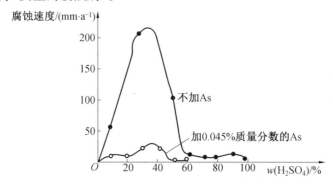

然后在阴极区放电,生成沉淀膜,阻滞阴极过程的进行。聚磷酸盐中钠钙的比例以5∶1较合适。聚磷酸盐常与锌盐复合使用,可提高缓蚀效果。如六偏磷酸钠与氯化锌以4∶1配合的复合缓蚀剂,用于循环冷却水系统,缓蚀效率可达95%以上。

③ 缓蚀剂中阳离子在腐蚀微电池阴极区放电,析出的金属能提高氢过电位,从而阻滞阴极还原过程。例如,锑盐和砷盐在酸性溶液中可在阴极区还原为金属 Sb 和 As 的覆盖层,增加析氢过电位,因而是阴极性缓蚀剂,如图9.7所示。

阴极型缓蚀剂不像阳极型缓蚀剂在用量不足时会造成腐蚀加速或局部腐蚀,这是由于氧化型缓蚀剂是强的阴极去极化剂或钝化不完全。因此阳极型缓蚀剂是"危险的缓蚀剂",而阴极型缓蚀剂为"安全的缓蚀剂"。

图9.7 As 对钢在硫酸中腐蚀速度的影响

3. 吸附型缓蚀剂作用机理

吸附型缓蚀剂大都含有 N、O、S、P 极性基团或不饱和键的有机化合物,极性基团或不饱和键中的 π 键与金属的亲和力强,而非极性基团则疏水、亲油。这些有机物在金属表面定向吸附,特别是发生"二次化学作用"后,形成保护性的吸附膜,可以阻止水分和浸蚀性物质接近金属表面或阻滞腐蚀的阴、阳极过程,从而起到缓蚀作用。

吸附过程是缓蚀剂作用的必要条件。少量的缓蚀物质之所以能有效地抑制金属腐蚀,首先它必须在金属表面或表面膜的薄弱处吸附。研究表明,即便是 NO_2^- 和 CrO_4^{2-} 等典型的氧化型缓蚀剂,也是首先吸附于金属表面氧化膜上或其破损处,然后再把低价的铁氧化为更加稳定的高价铁氧化物($\gamma - Fe_2O_3$),从而发挥其保护作用。对于有机缓蚀剂,除了一开始

吸附于金属表面外,往往还需通过进一步的"二次化学作用",才能形成有效的保护膜。吸附过程是缓蚀剂起作用的必要条件,但有吸附能力的物质并不一定有缓蚀性能。

吸附作用包括物理吸附和化学吸附。物理吸附是由缓蚀剂离子与金属的表面电荷产生的静电引力和范德瓦耳斯力引起的,这种吸附速度快、可逆。化学吸附是缓蚀剂分子中的N、O、S、P 等原子与金属形成了配位键,它比物理吸附强、不可逆,吸附速度也较慢。对于金属/腐蚀介质的界面有大量极性水分子的定向吸附,缓蚀剂分子要在金属表面富集,必须依靠较强的化学作用力,才能从金属表面挤走水分子,实现化学吸附。它与吸附物的化学特性有关,故也称特性吸附。

缓蚀剂分子在金属表面吸附后,特别是通过"二次化学作用",生成了保护性吸附膜,可阻挡水分和浸蚀性物质腐蚀金属,或者阻滞阴极析氢过程,用于酸性溶液的缓蚀剂。

金属表面实际带电状态(不是电位正负),对缓蚀剂离子的静电力引起的物理吸附有很大影响,从而影响缓蚀性能。例如,某些有机阳离子缓蚀剂单独使用时对钢在硫酸中的缓蚀效果不大,但溶液中加入卤素离子后就可显著提高缓蚀能力。这是因为加入阴离子后大大增强了有机阳离子缓蚀剂的吸附能力。如图 9.8 所示,I^- 的加入大大增强了阳离子缓蚀剂三苯胺在铁上的吸附能力,表现为吸附电位范围加宽,微分电容显著下降。这是因为阴离子(I^-)的吸附引起了电极零电荷电位的改变。在 0.5 mol/L H_2SO_4 中,自腐蚀电位为 $-0.25 \sim -0.27$ V 的铁电极表面是带正电荷的,有机阳离子不能有效地吸附在铁电极上,卤素离子在铁上吸附后,使零电荷电位正移。于是自腐蚀电位下,铁电极表面变成带负电荷,这样在静电引力下有利于有机阳离子缓蚀剂的吸附。如图 9.9 所示,铁在 0.5 mol/L H_2SO_4 中,单加入四丁基胺硫酸盐几乎无缓蚀作用,再加入 KI 后大大增强了这种阳离子缓蚀剂的能力。胺 – 醛缩合物类缓蚀剂(如苦丁)中必须加入一定量的 NaCl,才有显著的缓蚀效果。高浓、高温、浓酸油气井酸化缓蚀剂中,添加一定量的碘化物可增强缓蚀作用,都是这个道理。卤化物被称为增强剂。

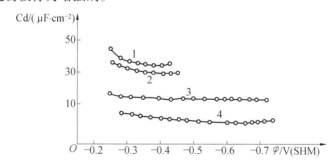

图 9.8　铁在 0.5 mol/L H_2SO_4 中的微分电容曲线

1— 纯溶液;2— 含 5×10^{-4} mol/L 的三苯胺;3— 含 5×10^{-3} mol/L 的 KI;
4— 含 5×10^{-4} mol/L 的三苯胺 + 5×10^{-3} mol/L 的 KI

有些表面活性剂可作为缓蚀剂使用。特别是防锈油中使用的油溶性缓蚀剂,如石油磺酸钡、二壬基萘磺酸钡、十二烯基丁二酸等属于这一类。这些缓蚀剂都是表面活性剂,其分子具有极性"头"(亲金属、亲水)和非极性"尾"(亲油、疏水),可在金属/溶液界面上发生定向吸附,如图 9.10 所示,形成的吸附层把金属与腐蚀介质隔开,起到保护金属的作用。

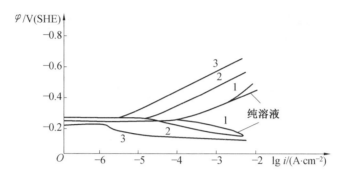

图 9.9　铁在 0.5 mol/L H_2SO_4 中的极化曲线

1— 含 1×10^{-3} mol/L 四丁基胺硫酸盐；2— 含 1×10^{-4} mol/L KI；

3— 含 1×10^{-4} mol/L KI + 1×10^{-3} mol/L 四丁基胺硫酸盐

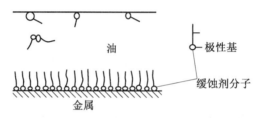

图 9.10　有机缓蚀剂分子定向吸附示意图

4. 气相缓蚀剂作用机理

气相缓蚀剂通过挥发成为气体,再经扩散而到达金属表面。当达到足够浓度时就可保护金属免遭腐蚀。

气相缓蚀剂汽化并到达金属表面的历程,因气相缓蚀剂分子结构的不同而有两种可能:一种可能是气相缓蚀剂分子遇到潮气,离解或水解出有保护作用而又能挥发的基团,如碳酸环己胺分解为环己胺和二氧化碳,磷酸氢二铵分解成氨和磷酸,这些基团经过挥发、扩散到达金属表面,达到一定浓度可抑制金属腐蚀。它们分解的过程并不是在金属表面进行的。另一种可能是缓蚀剂整个分子挥发、扩散到金属表面,在金属表面发生离解和水解,形成保护性基团而起保护作用。如亚硝酸二环己胺是以整个分子挥发、扩散到金属表面,当湿气凝聚时,在金属表面发生水解:

$$ \underset{H}{\overset{H}{\text{〉}}} N - NO_2 + H_2O \longrightarrow \underset{H}{\overset{H}{\text{〉}}} N - OH + HNO_2 \longrightarrow \underset{H}{\overset{H}{\text{〉}}} N^+ - NO_2^- + H_2O $$

生成的二环己胺阳离子吸附在钢铁表面的阴极区,按吸附型缓蚀剂作用机理起缓蚀作用,而离解出的 NO_2^- 可促使阳极区钝化,从而达到保护目的。

多数气相缓蚀剂是有机或无机酸的胺盐,它们挥发并扩散到金属表面的液膜中后,水解成季胺阳离子和酸根阴离子。季胺阳离子或有机胺分子的缓蚀作用,属于吸附型机理。

苯丙三氮唑(BTA) 是铜的特效缓蚀剂。由于其分子中 N 原子上有孤对原子,可与 Cu 以配价键结合,形成配合物,吸附在铜表面上,形成约 5 nm 厚的致密稳定的保护膜,有很好的缓蚀作用。在 pH 为 6.5 ~ 10 的范围内,BTA 的效果很好。pH 过低,缓蚀效果差。这是因为 BTACu(I) 是与铜表面的氧化物结合,而不是直接与裸露的铜表面原子结合,而当 pH 低时,铜表面的氧化物则不稳定。

9.2.4　缓蚀剂的选择和应用

缓蚀剂作为腐蚀防护,由于设备简单、使用方便、投资少、收效大,因而广泛应用于酸洗、工序间防锈、油封包装、冷却水处理、石油化工等许多方面。

缓蚀剂有明显的选择性,因此应根据金属和介质选用合适的缓蚀剂。金属不同,适用的缓蚀剂不同,如 Fe 是过渡族金属,有空位的 d 轨道,易接受电子,对许多带孤对电子的基团产生吸附。而铜的 d 轨道已填满电子,因此对钢铁高效的缓蚀剂,对铜效果不好,甚至有害(如胺类);而对铜有特效的缓蚀剂 BTA,对钢铁的效果也很差。因此,对于多种金属组成的系统,如汽车、火车发动机的冷却水系统,要选用多效缓蚀剂或用多种缓蚀剂配合使用。

介质不同,也要选不同的缓蚀剂。一般中性水介质中多用无机缓蚀剂,以氧化型和沉淀型为主。酸性介质中有机缓蚀剂较多,以吸附型为主。油类介质中要选用油溶性吸附型缓蚀剂。气相缓蚀剂必须有一定的蒸汽压和密封的环境。

缓蚀剂不但要选择其品种,还必须确定其合适的用量。缓蚀剂用量过多,可能改变介质的性质(如 pH),提高成本,缓蚀效果也未必好;用量过少则达不到缓蚀作用。对于阳极型缓蚀剂,还会加速腐蚀或产生局部腐蚀。因此,通常存在临界缓蚀剂浓度。临界浓度随腐蚀体系而异,在选用缓蚀剂时必须进行实验,以确定合适的用量。对于被膜型缓蚀剂,初始使用时往往要加大用量,有时比正常用量高出十几倍,以便快速生成完好的保护膜,这就是所谓"预膜"处理。

单独使用一种缓蚀剂往往达不到良好的效果。多种缓蚀物质复配使用时,常常比单独使用时的总效果好得多,这种现象称为协同效应。产生协同效应的机理随体系而异,许多还不太清楚,一般考虑阴极型和阳极型复配。不同吸附基团的复配、缓蚀剂与增溶分散剂复配、针对不同金属的复配以及高效多功能缓蚀剂的研制,这些都是目前缓蚀剂研究的重点。

缓蚀剂的选用,除了考虑防蚀目的外,还应考虑到工业系统运行的总效果(如冷却水系统要考虑防蚀、防垢、杀菌、冷却效率及运行通畅等)和环境保护等问题。

9.3　电化学保护

电化学保护就是使金属构件极化到免蚀区或钝化区而得到保护。电化学保护分为阴极保护和阳极保护。

9.3.1　阴极保护

阴极保护是使金属构件作为阴极,通过阴极极化来消除该金属表面的电化学不均匀性,达到保护目的。阴极保护是一种经济而有效的防护措施。一条海船的建造费中,涂装费占了 5%,而阴极保护用的牺牲阳极材料和施工费加起来不到 1%。一座海上采油平台的建造费超过 1 亿元,而牺牲阳极材料和施工费只需 100 ~ 200 万元。不采用保护,平台寿命只有 5

年,而阴极保护下可用 20 年以上。地下管线的阴极保护费只占总投资的 0.3% ~ 0.6% ,就可显著延长使用寿命。一些要求在海水、土壤中使用几十年的设备,如海洋平台、轮船、码头、地下管线、电缆、贮槽等,都必须采用阴极保护,提高其抗蚀能力。

1. 阴极保护原理

阴极保护原理如图 9.11 所示。当未进行阴极保护时,金属腐蚀微电池的阳极极化曲线 $\varphi_{0,A}A$ 和阴极极化曲线 $\varphi_{0,C}C$ 相交于点 S(忽略溶液电阻),此点对应的电位为金属的自腐蚀电位 φ_{corr},对应的电流为金属的腐蚀电流 I_{corr}。在腐蚀电流 I_{corr} 作用下,微电池阳极不断溶解,导致腐蚀破坏。

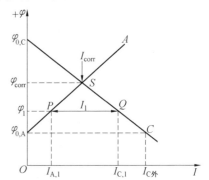

图 9.11　阴极保护原理示意图

阴极保护时,在外加阴极电流 I_1 的极化下,金属的总电位由 φ_{corr} 负移到 φ_1,阴极总电流 $I_{C,1}(\varphi_1 Q$ 段) 中,一部分电流是外加的,即 $I_1(PQ$ 段) ,另一部分电流仍然是由金属阳极腐蚀提供的,即 $I_{A,1}(\varphi_1 P$ 段)。显然,这时金属微电池的阳极电流 $I_{A,1}$ 比原来的腐蚀电流 I_{corr} 减小了,即腐蚀速度降低了,金属得到了部分保护。差值($I_{corr} - I_{A,1}$) 表示外加阴极极化后金属上腐蚀微电池作用的减小值,即腐蚀电流的减小值,称为保护效应。

当外加阴极电流继续增大时,金属体系的电极电位变得更低。当金属的总电位达到微电池阳极的起始电位 $\varphi_{0,A}$ 时,金属上阳极电流为零,全部电流为外加阴极电流 $I_{C外}(\varphi_{0,A}C$ 段)。这时,金属表面上只发生阴极还原反应,而金属溶解反应停止了,因此金属得到完全的保护,此时金属的电位称为最小保护电位。金属达到最小保护电位所需要的外加电流密度称为最小保护电流密度。

由此我们可得出这样的结论:要使金属得到完全保护,必须把它阴极极化到其腐蚀微电池阳极的平衡电位。这只是阴极保护的基本原理,实际情况要复杂得多,例如还要考虑时间因素的影响。以钢在海水中为例,原来海水中无铁离子,要使钢的混合电位降到阳极反应即铁溶解反应的平衡电位,就需要在钢表面阳极附近的海水中有相应的铁离子浓度,如 10^{-6} mol/L。这在阴极保护初期是很难做到的。实际上,为了达到满意的保护效果,选用的保护电位总要低于腐蚀微电池阳极平衡电位。

2. 阴极保护的基本参数

阴极保护中,判断金属是否达到完全保护,通常用确定保护电位的方法。而为了达到必要的保护电位,则要通过控制保护电流密度来实现。

(1) 最小保护电位。

最小保护电位的数值与金属和介质条件有关,虽可进行估算,但大多是通过实验确定的。表 9.1 列出了不同金属和合金在海水和土壤中的阴极保护电位。我国制定的标准中,钢质船舶在海水中的保护电位范围为 − 0.75 ~ − 0.95 V(vs Ag/AgCl)。

阴极保护电位并不是越低越好,超过规定的范固,除浪费电能外,还可引起析氢,导致附近介质 pH 升高,破坏漆膜,甚至引起金属氢脆。

表 9.1　　几种金属和合金在海水和土壤中的阴极保护电位

金属或合金		参比电极		
		Cu/CuSO$_4$	Ag/AgCl	Zn
铁和钢	含氧环境	− 0.35	− 0.80	+ 0.25
	缺氧环境	− 0.95	− 0.90	+ 0.15
铜合金		− 0.50 ~ − 0.65	− 0.45 ~ − 0.60	+ 0.60 ~ + 0.45
铝及铝合金		− 0.95 ~ − 1.20	− 0.90 ~ − 1.15	+ 0.15 ~ + 0.10
铅		− 0.60	− 0.55	+ 0.50

（2）最小保护电流密度。

使金属得到完全保护所需的电流密度,即最小保护电流密度。其大小受多种因素的影响,它与金属的种类、表面状态、有无保护膜、漆膜损失程度、生物附着情况以及介质的组成、浓度、温度、流速等条件有关,很难找到统一的规律,而且实验室中通过极化曲线测定的数值与实际使用数值间也往往有较大的差异。实际上,随情况不同,最小保护电流密度可以从几十分之一到几百 mA/m^2。主要检查阴极保护电位范围是否合格,而保护电流密度只要能保证实现这一保护电位范围就可以了。

3. 阴极保护的实现方法

阴极保护可通过两种方法实现:一是牺牲阳极法,二是外加电流法。

（1）牺牲阳极法。

牺牲阳极法是在被保护的金属上连接电极电位更低的金属或合金,作为牺牲阳极,靠它不断溶解所产生的电流对被保护的金属进行阴极极化,达到保护的目的。牺牲阳极法包括牺牲阳极材料的确定和设计安装两大部分。

牺牲阳极材料必须能与被保护的金属构件之间形成足够大的电位差（一般在 0.25 V 左右）。所以对牺牲阳极材料的主要要求是:有足够低的电极电位、小的阳极极化率、大的电容量（即消耗单位质量金属所提供的电量要多）以及大的单位面积输出电流;自腐蚀很小、电流效率高、长期使用时不易钝化保持阳极活性,能维持稳定的电位和输出电流;阳极溶解均匀、腐蚀产物疏松易脱落、不黏附于阳极表面或形成高电阻硬壳;价格便宜、来源充分、制造工艺简单、无公害等。

常用的牺牲阳极材料有 Zn – 0.6Al – 0.1Cd、Al – 2.5Zn – 0.02In、Mg – 6Al – 3Zn – 0.2Mn、高纯锌等,其中铝合金多用于海水中。

牺牲阳极保护系统的设计包括:保护面积的计算,保护参数的确定,牺牲阳极的形状、大小和数量,分布和安装以及阴极保护效果的评定等。

（2）外加电流法。

外加电流法是将被保护金属接到直流电源的负极,通以阴极电流,使金属极化到保护电位范围内,达到防蚀目的。

牺牲阳极法虽然不需要外加电源和专人管理,不会干扰邻近金属设施,而且电流分散能力好,施工方便,但需要消耗大量金属材料,自动调节电流的能力差,而且安装大量牺牲阳极会增加船体质量和阻力,或者影响海洋石油平台的稳定性和牵引特性。因此,20世纪50年代后随着电子工业的发展,外加电流阴极保护技术得到很大发展。外加电流阴极保护系统具有体积及质量小、能自动调节电流和电压、运用范围广等优点。若采用可靠的不溶性阳极,其使用寿命较长。

外加电流法阴极保护系统主要由直流电源、辅助阳极和参比电极三部分组成。

直流电源通常用大功率的恒电位仪,可根据外界条件的变化,自动调节输出电流,使被保护体的电位始终控制在保护电位范围内。

外加电流法的辅助阳极是用来把电流输送到阴极(即被保护的金属)上,这与牺牲阳极法所用的阳极材料截然不同。外加电流法的辅助阳极材料应具有导电性好、耐蚀性好、寿命长、排流量大(即一定电压下单位面积通过的电流大)、阳极极化小、有一定的机械强度、易于加工、来源方便、价格便宜等特点。常用的辅助阳极材料有钢、石墨、高硅铁、磁性氧化铁、铅银(2%)合金、镀铂的钛等。这些阳极板除钢外,都是耐蚀的,可供长期使用。钛上镀一层 $2 \sim 5\ \mu m$ 的铂作为阳极,使用工作电流密度为 $1\ 000 \sim 2\ 000\ A/m^2$,而铂的消耗率只有 $4 \sim 10\ mg/(A \cdot a)$,一般可使用 $5 \sim 10$ 年。

参比电极用来与恒电位仪配合使用,测量和控制保护电位,因此要求参比电极可逆性好,不易极化,在长期使用中能保持电位稳定、准确、灵敏,坚固耐用等。常用的参比电极有 $Ag/AgCl$ 电极、$Cu/CuSO_4$ 电极、Zn 电极等。

外加电流保护系统的设计主要包括:选择保护参数,确定辅助阳极材料、数量、尺寸和安装位置,确定阳极屏蔽材料和尺寸,计算供电电源的容量等。由于辅助阳极是绝缘地安装在被保护体上,故阳极附近的电流密度很高,易引起"过保护",阳极周围的涂料遭到破坏。因此,必须在阳极附近一定范围内涂刷或安装特殊的阳极屏蔽层。它应具有与钢结合力高、绝缘性优良、耐碳、耐海水性能良好的特点。对海船用的阳极屏蔽材料有玻璃钢阳极屏、涂氯化橡胶厚浆型涂料,或环氧沥青聚酰胺涂料。

阴极保护的应用日益广泛,主要用于保护水中和地下的各种金属构件和设备,如:舰船、码头、桥梁、水闸、浮筒、海洋平台、海底管线;工厂中的冷却水系统、热交换器、污水处理设施,原子能发电厂的各类给水系统;地下油、气、水管线,地下电缆等。

9.3.2　阳极保护

将被保护的金属设备与外加直流电源的正极相连,在腐蚀介质中使其阳极极化到稳定的钝化区,金属设备就得到保护。这种方法称为阳极保护法。这种防护技术已成功地用于工业生产,以防止碱性纸浆蒸煮锅的腐蚀。现在逐渐用到硫酸、磷酸、有机酸和液体肥料生产系统中,取得了很好的效果。

阳极保护的基本原理已在第5章讨论过了,如图9.12所示。对于具有钝化行为的金属设备,用外电源对它进行阳极极化,使其电位进入钝化区,腐蚀速度甚微,即得到阳极保护。

为了判断给定腐蚀体系是否可采用阳极保护,首先要根据恒电位法测得的阳极极化曲线来分析。在实施阳极保护时,主要考虑下列三个基本参数。

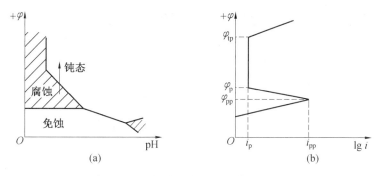

图 9.12　阳极去极化型钝化作用原理

1. 致钝电流密度 i_{pp}

致钝电流密度是金属在给定介质中达到钝态所需要的临界电流密度,也称为初始钝化电流密度或临界钝化电流密度。一般 i_{pp} 越小越好,否则,需要容量大的整流器,设备费用高而且增加了钝化过程中金属设备的阳极溶解。

2. 钝化区电位范围

开始建立稳定钝态的电位 φ_p 与过钝化电位 φ_{tp} 间的范围($\varphi_p - \varphi_{tp}$)称为致钝电流密度。在可能发生点蚀的情况下为 φ_p 与点蚀电位 φ_{br} 间的范围($\varphi_p - \varphi_{br}$)。显然钝化区电位范围越宽越好,一般不应小于 50 mV。否则,由于恒电位仪控制精度不高,电位超出这一区域,可造成严重的活化溶解或点蚀。

3. 维钝电流密度

i_p 代表金属在钝态下的腐蚀速度。i_p 越小,防护效果越好,耗电也越少。

以上三个参量与金属材料和介质的组成、浓度、温度、压力及 pH 有关。因此要先测定出给定材料在腐蚀介质中的阳极极化曲线,找出这三个参量作为阳极保护的工艺参数,或以此判断阳极保护的效果。表 9.2 为部分金属在不同介质中阳极保护的主要参数。

阳极保护系统主要由恒电位仪(直流电源)、辅助阴极以及测量和控制保护电位的参比电极组成。对辅助阴极材料的要求:在阴极极化下耐蚀,具有一定的强度、来源广泛、价廉、易加工。对浓硫酸可用铂或镀铂电极、金、钽、铝、高硅铸铁或普通铸铁等;对稀硫酸可用银、铝、青铜、石墨等;碱溶液可用高镍铬合金或普通碳钢。在布置辅助阴极时也要考虑被保护体上电流均匀分布的问题,若开始电流达不到致钝电流,则会加速腐蚀。

对于不能钝化的体系或者在含 Cl^- 的介质中,阳极保护不能应用。因而阳极保护的应用还是有限的。目前主要用于硫酸和废硫酸贮槽、贮罐,硫酸槽加热盘管,纸浆蒸煮锅,碳化塔冷却水箱,铁路槽车,有机磺酸中和罐等的保护。

表 9.2　金属材料在某些介质中阳极保护的主要参数

材料	介质		温度 /℃	$i_{pp}/(A \cdot m^2)$	$i_p/(A \cdot m^2)$	钝化电位范围 /mV
碳钢	$w(H_2SO_4)$	96%	49	1.55	0.77	> + 800
		96% ~ 100%	93	6.2	0.46	> + 600
		96% ~ 100%	270	930	3.1	> + 800
		105%	27	62	0.31	> + 100
	$w(HNO_3)$	20%	20	10 000	0.07	+ 900 ~ + 1 300
		50%	30	1 500	0.03	+ 900 ~ + 1 200
	$w(H_3PO_4)$	75%	27	232	23	+ 600 ~ + 1 400
	$w(NH_4OH)$	25%	25	2.65	< 0.3	− 800 ~ + 400
	$w(NH_4NO_3)$	60%	25	40	0.002	+ 100 ~ + 900
		80%	120 ~ 130	500	0.004 ~ 0.02	+ 200 ~ + 800
不锈钢	$w(HNO_3)$	80%	24	0.01	0.001	
		80%	82	0.48	0.004 5	
	$w(H_2SO_4)$	67%	24	6	0.001	+ 30 ~ + 800
		67%	66	43	0.003	+ 30 ~ + 800
		70%	沸腾	10	0.1 ~ 0.2	+ 100 ~ + 500
	$w(H_3PO_4)$	85%	135	46.5	3.1	+ 200 ~ + 700
	$w(草酸)$	30%	沸腾	100	0.1 ~ 0.2	+ 100 ~ + 500
	$w(NaOH)$	20%	24	47	0.1	+ 50 ~ + 550

9.4　表面保护覆盖层

在金属表面形成保护性覆盖层,可避免金属与腐蚀介质直接接触,或者利用覆盖层对基体金属的电化学保护或缓蚀作用,达到防止金属腐蚀的目的。

保护性覆盖层的基本要求如下:

① 结构致密、完整无孔、不透过介质。

② 与基体金属有良好的结合力、不易脱落。

③ 具有高的硬度和耐磨性。

④ 在整个被保护表面上均匀分布。

保护性覆盖层分为金属覆盖层和非金属覆盖层两大类。它们可用化学法、电化学法或物理方法实现。

9.4.1　金属覆盖层

金属覆盖层有时也称为金属涂(镀)层,其制造方法包括下列工艺。

1. 电镀

用电沉积的方法使金属表面镀上一层金属或合金。镀层金属有 Ni、Cr、Cu、Sn、Zn、Cd、Fe、Pb、Co、Au、Ag、Pt 等单金属电镀层,还有 Zn – Ni、Cd – Ti、Cu – Zn、Cu – Sn 等合金电镀层。除了防护、装饰、耐磨、耐热等作用外,还有各种功能电镀层。

2. 热镀

热镀亦称热浸镀,是将被保护金属制品浸渍在熔融金属中,使其表面形成一层保护性金属覆盖层。选用的液态金属一般是低熔点、耐蚀、耐热的金属,如 Al、Zn、Sn、Ph 等。镀锌钢板(俗称白铁)和镀锡钢板(俗称马口铁)就是采用热浸镀工艺。通常热镀锌温度在 450 ℃左右,为改善镀层质量,可在锌中加 0.2%(质量分数)的 Al 和少量 Mg。热镀锡温度为 310 ~ 330 ℃。与电镀法相比,金属热镀层较厚,在相同环境中,其寿命较长。

3. 热喷涂

热喷涂技术是利用气体燃烧、爆炸或电能作热源,将丝状或粉状金属加热至熔化或半熔化状态,并以高速喷向零件表面,从而形成一层具有特殊性能涂层的工艺方法。自 20 世纪 30 年代出现氧乙炔焰的金属喷涂枪技术以来,热喷涂工艺从热源、介质、喷涂材料形态等已做了多方面的改进,以满足不同应用的要求。图 9.13 所示为各种热喷涂的工艺方法。

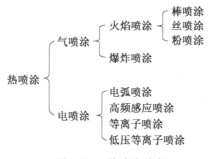

图 9.13　热喷涂种类

常用的喷料金属及合金有 Al、Zn、Sn、Pb、不锈钢、Ni – Al 和 Ni₃Al 等。厚的喷金属层可用于修复已磨损的轴或其他损坏的部件。虽然喷金属层的孔隙度较大,但由于涂层金属的机械隔离或对基体的阴极保护作用,也能起到良好的防蚀效果。

4. 渗镀

在高温下利用金属原子的扩散,在被保护金属表面形成合金扩散层。最常见的是 Si、Cr、Al、Ti、B、W、Mo 等渗镀层。这类镀层厚度均匀、无孔隙、热稳定性好、与基体结合牢,不但有良好的耐蚀性,还可改善材料的其他物理化学性能。

5. 化学镀

利用氧化还原反应,使盐溶液中的金属离子在被保护金属上析出,形成保护性覆盖层。化学镀层具有厚度均匀、致密、针孔少的优点,而且不用电源、操作简单,适于结构形状较复杂的零件和管子的内表面。但是化学镀层较薄(5 ~ 12 μm),槽液维护较困难。目前化学镀 Ni 和 Ni – P 非晶态合金研究和应用日臻广泛。这种镀层不仅具有良好的耐蚀性,且硬度值也较高,热处理后的镀层硬度可接近 HV1 000,是一种很有效的抗微振磨损防护层。

6. 包镀

将耐蚀性良好的金属通过辗压的方法包覆在被保护的金属或合金上,形成包覆层或双金属层。如高强度铝合金表面包覆纯铝层,形成有包铝层的铝合金板材。

7. 机械镀

机械镀是把冲击料(如玻璃球)、表面处理剂、镀覆促进剂、金属粉和零件一起放入镀覆用的滚筒中,并通过滚筒滚动时产生的动能,把金属粉冷压到零件表面上形成镀层。若用一种金属粉,得到单一镀层;若用合金粉末,可得合金镀层;若同时加入两种金属粉末,可得到混合镀层;若先加入一种金属粉,镀覆一定时间后,再加另一种金属粉,则可获得多层镀层。表面处理剂和镀覆促进剂可使零件表面保持无氧化物的清洁状态,并控制镀覆速度。

机械镀的优点是镀层厚度均匀、无氢脆、室温操作、耗能少、成本低等。适于机械镀的金属有 Zn、Cd、Sn、Al、Cu 等软金属。适于机械镀的零件有螺钉、螺帽、垫片、铁针、铁链、簧片等小零件。零件长度一般不宜超过 150 mm,质量不超过 0.5 kg。机械镀工艺特别适于对氢脆敏感的高强钢和弹簧。但零件上孔不能太小太深,零件外形不得使其在滚筒中互相卡死。

8. 真空镀

真空镀包括真空蒸镀、溅射镀和离子镀,它们都是在真空中镀覆的工艺方法。它们具有无污染、无氢脆,适于金属和非金属多种基材,且工艺简单等特点,但有镀层薄、设备贵、镀件尺寸受限的缺点。

真空蒸镀是在真空(10^{-2} Pa 以下)中将镀料加热,使其蒸发或升华,并沉积在镀件上的工艺方法。加热方法有电阻加热、电子束加热、高频感应加热、电弧放电或激光加热等,常用的是电阻加热。真空蒸镀可用来镀覆 Al、黄铜、Cd、Zn 等防护或装饰性镀层,电阻、电容等电子元件用的金属或金属化合物镀层,镜头等光学元件用的金属化合物镀层。

溅射镀是用荷能粒子(通常为气体正离子)轰击靶材,使靶材表面某些原子逸出,射到靶材附近的零件上形成镀层。溅射室内的真空度(0.1 ~ 1 Pa)比真空蒸镀法低。溅射镀分为阴极溅射、磁控溅射、等离子溅射、高频溅射、反应溅射、吸气剂溅射、偏压溅射和非对称交流溅射等。

溅射镀的最大特点是能镀覆与靶材成分完全相同的镀层,因此特别适用高熔点金属、合金、半导体和各类化合物的镀覆,缺点是镀件温升较高(150 ~ 500 ℃)。目前溅射镀主要用于制备电子元器件上所需的各种薄膜,也可用来镀覆 TiN 仿金镀层以及在切削刀具上镀覆 TiN、TiC 等硬质镀层,以提高其使用寿命。

离子镀需要首先将真空室抽至 10^{-3} Pa 的真空度,再从针形阀通入惰性气体(通常为氩气),使真空度保持在 0.1 ~ 1 Pa;接着接通负高压,使蒸发源(阳极)和镀件(阴极)之间产生辉光放电,建立起低气压气体放电的等离子区和阴极区;然后将蒸发源通电,使镀料金属气化并进入等离子区,金属气体在高速电子轰击下,一部分被电离,并在电场作用下被加速射在镀件表面而形成镀层。

离子镀的主要特点是绕镀性好和镀层附着力强。绕镀性好是由于镀料被离子化而成为正离子,而镀件带负电荷,镀料的气化粒子相互碰撞,分散在镀件(阴极)周围空间,因此能镀在零件的所有表面上,而真空蒸镀和溅射镀则只能镀在蒸发源或溅射源直射的表面。附着力强的原因是由于已电离的惰性气体不断地对镀件进行轰击,镀件表面得以净化。另外,离子对零件镀前清理的要求也不甚严格。离子镀可用于装饰(如 TiN 仿金镀层)、表面硬化、电子元器件用的金属或化合物镀层以及光学用镀层等方面。

9. 离子注入

离子注入技术用于金属表面硬化和防蚀,可提高材料的耐磨、抗蚀性。以往,此项技术仅被用于半导体掺杂。自 1989 年 Canrad 首次提出等离子体基离子注入技术以来,相继出现了金属等离子体基离子注入、等离子体注渗、等离子体基离子注入混合等新兴表面改性技术。

利用离子注入可在金属表面获得任意成分的表面改性层,改性层为非晶结构。单一的离子注入层厚度极薄,通常小于 300 nm。而等离子体基离子注入混合技术,可获得数微米甚至更厚的表面改性层。

9.4.2 非金属覆盖层

非金属覆盖层也称为非金属涂层,包括无机涂层和有机涂层。

1. 无机涂层

(1) 搪瓷涂层。

搪瓷又称珐琅,是类似玻璃的物质。搪瓷涂层是将钾、钠、钙、铝等金属的硅酸盐加入硼砂等溶剂中,喷涂在金属表面上烧结而成。将其中的 SiO_3 的质量分数适当增加(例如大于60%),可提高搪瓷的耐蚀性。由于搪瓷涂层没有微孔和裂缝,所以能将钢材基体与介质完全隔开,起到防护作用。

(2) 硅酸盐水泥涂层。

将硅酸盐水泥浆料涂覆在大型钢管内壁,固化后形成涂层。由于它价格低廉、使用方便,而且膨胀系数与钢接近、不易因温度变化而开裂,因此广泛用于水和土壤中的钢管和铸铁管线,防蚀效果良好。涂层厚度 0.5 ~ 2.5 cm,使用寿命最高可达 60 年。

(3) 化学转化膜。

化学转化膜是金属表层原子与介质中的阴离子反应,在金属表面生成附着性好、耐蚀性优良的薄膜。用于防蚀的化学转化膜主要有下列几种:

① 铬酸盐钝化膜。锌、镉、锡等金属或镀层在含有铬酸、铬酸盐或重铬酸盐溶液中进行钝化处理,其金属表面形成由三价铬和六价铬的化合物(如 $Cr(OH)_3 \cdot CrOH \cdot CrO_4$)组成的钝化膜。厚度一般为 0.01 ~ 0.15 μm。随厚度的变化,铬酸盐的颜色可从无色透明转变为金黄色、绿色、褐色,甚至黑色。

在铬酸盐钝化膜中,不溶性的三价铬化合物构成了膜的骨架,使膜具有一定的厚度和机械强度;六价铬化合物则分散在膜的内部,起填充作用。当膜受到轻度损伤时,六价铬会从膜中溶入凝结水中,使露出的金属表面钝化,起到修补钝化膜的作用。因此,铬酸盐膜的有效防蚀期主要取决于膜中六价铬溶出的速率。

② 磷化膜。磷化膜又称为磷酸盐膜,是钢铁零件在含磷酸和可溶性磷酸盐的溶液中,借助化学反应在金属表面上生成不可溶的、附着性良好的保护膜。这种成膜过程通常称为

磷化或磷酸盐处理。磷化工艺分为高温（90～98℃）、中温（50～70℃）和常温磷化。常温磷化又称冷磷化，即在室温（15～35℃）下进行。随磷化液不同，工业上最广泛应用的有三种磷化膜：磷酸铁膜、磷酸锰膜和磷酸锌膜。磷化膜厚度较薄，一般仅5～6μm。因孔隙较大、耐蚀性较差，因此磷化后必须用重铬酸钾溶液钝化或浸油进行封闭处理。这样处理的金属表面在大气中有很高的耐蚀性。另外，磷化膜经常作为喷漆的底层，即磷化后直接涂漆，可大大提高油漆的附着力。

③ 钢铁的化学氧化膜。利用化学方法可在钢铁表面生成一层保护性氧化膜（Fe_2O_3）。碱性氧化法可使钢铁表面生成蓝黑色的保护膜，故又称为发蓝。碱性发蓝是将钢铁制品浸入含 $NaOH$、$NaNO_2$ 或 $NaNO_3$ 的混合溶液中，在约 140℃ 下进行氧化处理，得到 0.6～0.8μm 厚的氧化膜。除碱性发蓝外，还有酸性常温发黑等钢铁氧化处理法。钢铁化学氧化膜的耐蚀性较差，通常要涂油或涂蜡才有良好的耐大气腐蚀作用。

④ 铝及铝合金的阳极氧化膜。铝及铝合金在硫酸、铬酸或草酸溶液中进行阳极氧化处理，可得到几十至几百微米厚的多孔氧化膜。经进一步封闭处理或着色后，可得到耐蚀和耐磨性很好的保护膜。

2. 有机涂层

（1）涂料涂层。

涂料涂层也称为油漆涂层，因为涂料俗称为油漆。早期油漆以油为主要原料，现在各种有机合成树脂得到广泛采用。因此油漆涂料分为油基涂料（成膜物质为干性油类）和树脂基涂料两大类。常用的有机涂料有油脂漆、醇酸树脂漆、酚醛树脂漆、过氯乙烯、硝基漆、沥青漆、环氧树脂漆、聚氨酯漆、有机硅耐热漆等。

将一定黏度的涂料用各种方法涂覆在清洁的金属表面，干燥固化后，可得到不同厚度的漆膜。它们除了把金属与腐蚀介质隔开外，还可能借助于涂料中的某些颜料（如铅丹、铬、酸锌等）使金属钝化，或者利用富锌涂料中锌粉对钢铁的阴极保护作用，提高防护性能。

（2）塑料涂层。

除了将塑料粉末喷涂在金属表面，经加热固化形成塑料涂层（喷塑法）外，用层压法将塑料薄膜直接黏结在金属表面，也可形成塑料涂层。有机涂层金属板近年来发展很快，不仅可提高耐蚀性，而且可制成各种颜色、花纹的板材（彩色涂层钢板），用途极为广泛。常用的塑料薄膜有丙烯酸树脂薄膜、聚氯乙烯薄膜、聚乙烯薄膜和聚氟乙烯薄膜等。

（3）硬橡皮覆盖层。

在橡胶中混入30%～50%（质量分数）的硫进行硫化，可制成硬橡皮。它具有耐酸、碱腐蚀的特性，故可用于覆盖钢铁或其他金属的表面。许多化工设备采用硬橡皮做衬里，其主要缺点是加热后会老化变脆，只能在50℃以下使用。

随着表面工程技术的不断发展，多种表面保护覆盖层及制造方法相继出现。如高温熔烧、激光涂覆等工艺已开始用于内燃机燃烧室的表面防护。目前，已经可以依据工件的服役环境及承载条件，制备出适宜成分的表面防护层。然而，如何保证防护层与基体间有足够的结合力，往往是评定工艺方法成败的关键。如类金刚石碳膜（DLC）的化学稳定性极强，在绝大多数的腐蚀介质中都具有良好的耐蚀性，但多数制备工艺都难以获得良好的膜－基结合力。可见，随着表面改性工艺的不断完善，腐蚀现象必将得到更有效的控制。

9.5 表面保护在金属腐蚀中的应用

9.5.1 镁合金表面的腐蚀与防护

镁合金的高比刚度、比强度、优良的机械性能和易加工性等优点使镁合金在航空、汽车、个人电子设备等方面有着广泛的应用。但是,镁合金的化学性质十分活泼,在水溶液及潮湿的大气中极易腐蚀,其耐蚀性差的缺点限制了它更广泛的应用。本节利用阴极电沉积方法在 AZ31 镁合金表面制备了肉豆蔻酸钙($C_{28}H_{54}CaO_4$)超疏水涂层,研究了沉积时间(沉积电压为 50 V)对镁在质量分数为 3.5% 的 NaCl 溶液中腐蚀行为的影响。

1. 超疏水涂层的微观特性

（1）涂层的物相组成。

图 9.14 所示为沉积不同时间镁合金表面涂层的 XRD 图谱。图中可见,不同沉积时间所得涂层的 XRD 图谱中都只有 Mg 和肉豆蔻酸钙的衍射峰,其中 Mg 的衍射峰来自于基体,肉豆蔻酸钙的衍射峰来自于涂层。随沉积时间从 15 min、30 min、60 min 延长到 90 min,肉豆蔻酸钙（21.875°）和镁（34.475°）最强峰的峰强比分别是 0.391、0.773、0.970、1.458。说明涂层随着沉积时间延长逐渐增厚。

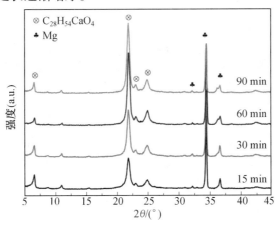

图 9.14 沉积不同时间镁合金表面涂层的 XRD 图谱

（2）涂层表面及横截面形貌。

图 9.15 所示为涂层沉积过程中的表面形貌。当沉积时间为 1 min 时,大量细小的颗粒球均匀地堆积在基体表面,此时基体表面由砂纸打磨的划痕已经被涂层完全覆盖。颗粒球的尺寸随着沉积时间的延长逐渐增加,但所有颗粒都具有相似的高倍形貌,微米球具有更细小的纳米亚结构,每个球状颗粒是由薄片交错堆积而成。沉积延长至 5 min 时,颗粒球的尺寸从 5 μm 长大到 10 μm,但颗粒之间还存在明显的间隙。当沉积 10 min 时,部分颗粒的形貌从球形变成了开花状,颗粒从中心处裂开。涂层在沉积 60 min 前形貌没有明显变化,但 60 min 后,涂层表面变成蜂窝状的凹坑结构,此时颗粒状形貌消失,凹坑存在一定的深度,凹坑尺寸大约为 17 μm,从高倍照片可以看出凹坑仍是由片状物质堆叠而成。随着时间进一步延长,凹坑状的形貌消失,块状物质不均匀地堆积在表面,此时涂层失去微观精细结构。

(a) 1 min

(b) 5 min

(c) 10 min

(d) 15 min

(e) 30 min

(f) 60 min

(g) 90 min

(h) 图(a)中凸起的放大

图 9.15　涂层沉积过程中的表面形貌

为了比较涂层的相对厚度,将涂层旋转45°,获得的截面形貌如图9.16所示。所观察的截面均是涂层自由剥落部位,不存在人为刮擦痕迹。从中可见,在初始的沉积阶段,涂层厚度从 5 μm 迅速增加至 10 μm(图9.16(a)和(b)),且随着时间延长,厚度逐渐增加。当涂层的上表面剥落后可以看到涂层的下层结构存在均匀的孔洞(图9.16(a)右上角)。涂层厚度的变化趋势与 XRD 的结果吻合。

| (a) 1 min | (b) 5 min | (c) 30 min | (d) 60 min |

图9.16　涂层沉积过程中的截面形貌

(3)涂层的润湿性。

涂层沉积时间对表面润湿性的影响如图9.17所示。基体镁合金呈亲水性,其固液界面的本征接触角是92.7°。当镁合金表面沉积涂层后,其表面几乎全部表现出超疏水性。当沉积时间为 15 min、30 min、60 min、90 min 时,对应的水接触角分别为 155.5°、156.6°、151.2°、149.2°。涂层的润湿性能与表面形貌有密切联系。涂层表面的微纳米结构能在涂层接触溶液时捕获一层空气层隔绝溶液与样品的接触。在水接触角测试中,水滴静止在涂层表面形成一个类似的球形来减少与涂层的接触面积,表现出超疏水性。沉积时间为 15 min 和 30 min 时,颗粒状均匀堆积的形貌表现出超过 155° 的超疏水性,当时间延长至 60 min 时,凹坑形貌虽然也表现出超疏水性,但是超疏水性能已经下降。90 min 的涂层形貌已经失去了均匀的精细结构,此时涂层只表现出疏水性。

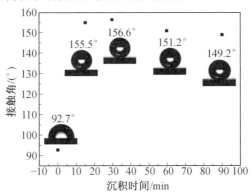

图9.17　沉积不同时间涂层表面润湿角

Cassie 模型通常被用来解释超疏水涂层的润湿性。Cassie 认为粗糙表面液滴的接触是一种由固气、固液接触共同组成的复合接触,液滴无法完全填满粗糙表面的凹槽,在凹槽底部会留下一定的空气,如图9.18所示。所以,假设空气的水接触角是180°,涂层的表观接触角(θ_r)可以表达为

$$\cos \theta_r = f_1 \cos \theta - f_2 \tag{9.5}$$

式中　　f_1——复合接触面上固液接触面积与总接触面积之比;

　　　　f_2——复合接触面上气液接触面积与总接触面积之比。

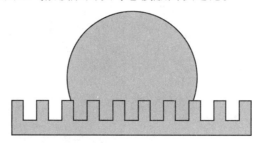

图9.18　Cassie 模型

θ 是固液界面的本征接触角。根据以下公式

$$f_1 + f_2 = 1 \tag{9.6}$$

式(9.5)可以变形为

$$\cos \theta_r = f_1 (\cos \theta + 1) - 1$$

固液接触面积越少,表观接触角 θ_r 值越大,说明由粗糙结构所捕获的空气层可以使固体表现出超疏水性。当 θ 值大约为93°时,沉积时间为15 min、30 min、60 min、90 min时,涂层所对应的 f_1 值分别为9.45%、8.63%、12.98%、14.80%。

2. 超疏水涂层的腐蚀行为

为了简化描述,SHC – 15、SHC – 30、SHC – 60、SHC – 90 分别代表沉积15 min、30 min、60 min、90 min 的涂层试样。

(1)动电位极化曲线。

AZ31 基体及沉积不同时间涂层的极化曲线如图9.19所示,腐蚀电位、腐蚀电流密度和点蚀电位数据见表9.3。对比涂层的极化曲线可以发现,沉积不同时间涂层的极化曲线形状相似,在其阳极极化曲线中均存在一个明显的钝化区。尽管它们有着相似的腐蚀行为,但是耐蚀能力不同,表现为不同的点蚀电位及点蚀电流密度。虽然基体及涂层的腐蚀电位都在 – 1.58 V 左右,但所有涂层的腐蚀电流密度相比基体都降低三个数量级以上。$\varphi_{pit} - \varphi_{corr}$ 可用来测量钝化区的宽度,是表征点蚀敏感性的参数。随沉积时间的增加,钝化区宽度先增加后降低,SHC – 60 有着最高的 φ_{pit} 和 $\varphi_{pit} - \varphi_{corr}$ 值,SHC – 15 有着最低的 φ_{pit} 和 $\varphi_{pit} - \varphi_{corr}$ 值。无论如何,基体的腐蚀性能由于超疏水涂层的存在得到大幅度的提高,其中 SHC – 60 有着高达2.49 V 的钝化区和最低的腐蚀电流,所以认为沉积时间60 min 时,涂层的腐蚀性能最好。

为了进一步研究涂层的耐蚀性能,获得涂层在盐水浸泡过程中界面状态随时间的变化信息,对沉积不同时间的涂层进行交流阻抗谱测试,并对测试结果进行等效电路的拟合,分析涂层的腐蚀规律。由于测试初期,涂层表面空气层的存在,测试过程中存在一些导电性差的情况,所以为了获得拟合度更佳的数据,某些不规律的点被删除。

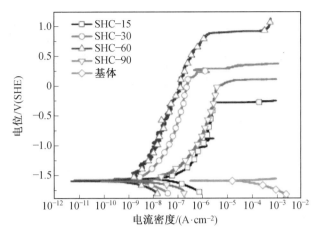

图 9.19　AZ31 基体及沉积不同时间涂层的极化曲线

表 9.3　从图 9.19 曲线中获得的腐蚀电位、腐蚀电流密度和点蚀电位

试样	φ_{corr}/V（SCE）	φ_{pit}/V（SCE）	$\varphi_{SHC} - \varphi_{corr}/V$（SCE）
基体	-1.59 ± 0.00	—	—
SHC – 15	-1.55 ± 0.02	-0.28 ± 0.02	1.27 ± 0.04
SHC – 30	-1.57 ± 0.01	0.27 ± 0.01	1.84 ± 0.02
SHC – 60	-1.60 ± 0.03	0.89 ± 0.02	2.49 ± 0.05
SHC – 90	-1.60 ± 0.02	0.02 ± 0.01	1.62 ± 0.03

　　图 9.20 所示为沉积不同时间的试样在 NaCl 溶液中浸泡时,开路电位(OCP) 随时间的变化曲线。从文献中得知,涂层的某些电化学性质如 OCP 等主要取决于涂层的表面状态。虽然 OCP 不能提供腐蚀动力学的直接信息,但是 OCP 的变化规律仍与涂层的耐蚀性能有关。虽然三个涂层的 OCP 的变化规律很相似,都是在浸泡前 12 h 内升高,然后再逐渐下降,但 SHC – 60 的 OCP 值在整个测试阶段都远高于其他涂层,说明它在溶液中的热力学稳定性较好。

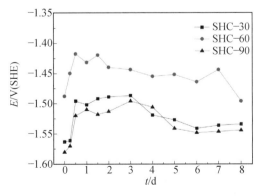

图 9.20 涂覆试样在质量分数为 3.5% 的 NaCl 溶液中的开路电位与时间变化曲线

（2）电化学交流阻抗。

图9.21所示为沉积不同时间涂层在 NaCl 溶液中的交流阻抗谱，其中图形代表测试原始数据，曲线代表拟合后的数值。根据曲线的变化趋势，涂层的腐蚀演化过程可以分为两个阶段：在浸泡前期，只有一个时间常数出现在高频区；在浸泡后期，另一个新的时间常数首先出现在了低频区，然后向右移动至中频区。一般来说，超疏水涂层的作用是作为一个保护性涂层阻挡或减缓溶液向样品的渗透。虽然电解质可以通过涂层表面的微孔或者裂纹渗入，但是实验结果表明当溶液中的水分子和离子未到达涂层和基体界面时，超疏水涂层仍可以当作一个绝缘层。这个阶段称为浸泡前期，即腐蚀介质的渗透阶段。在浸泡后期，高频区的时间常数对应超疏水涂层，中低频区的时间常数对应双电层，双电层来源于溶液渗到涂层后到达基体与涂层的界面所引起的界面电化学反应，此时即界面金属的腐蚀阶段。

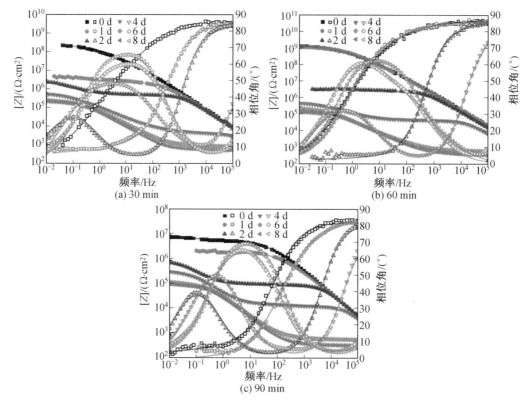

图 9.21　沉积不同时间涂层在 NaCl 溶液中的交流阻抗谱

SHC － 30、SHC － 60 和 SHC － 90 三个涂层有着相似的演变过程，涂层的阻抗模值和相位角都随测试时间延长而逐渐降低，时间常数也都从初期的一个变为后期的两个。对 SHC － 30 和 SHC － 90，初始的相位角在高频区超过了80°，涂层初始的阻抗模值分别为 $108~\Omega \cdot cm^2$ 和 $107~\Omega \cdot cm^2$，第二个时间常数都出现在浸泡后的第 2 天，对应着此时溶液已经渗到涂层与基体的界面处。对 SHC － 60，初始的相位角在高频区的三个数量级内保持着很高的值，并且稳定到了 1 天后仍没有显著衰减。浸泡 4 天后才出现第二个时间常数，并且在长时间浸泡后，对应超疏水涂层的时间常数几乎消失。初始的阻抗模值超过 $109~\Omega \cdot cm^2$，

并且稳定到 1 天后没有明显衰减,曲线 $\lg|Z|$ vs. $\lg f$ 在 $10^3 \sim 10^5$ Hz 范围内的斜率为 -1,说明此时的涂层具有良好的保护作用,但在 4 天后中低频区的阻抗模值显著下降。随着浸泡时间进一步增加,在全频率范围内模值逐渐降低。虽然三个涂层交流阻抗谱的变化速率不同,但它们相似的演化过程说明它们有着相同的腐蚀机制。根据以上交流阻抗谱的测试结果,超疏水涂层能够大幅度减缓基体在 NaCl 溶液中的腐蚀速率,说明涂层对 AZ31 镁合金耐蚀性的提高有显著影响。

图 9.22 所示为拟合交流阻抗谱的等效电路,根据阻抗谱变化趋势可以分为两个阶段,因此用两个等效电路分别对数据进行拟合。图 9.22(a) 中的电路适用于 SHC - 30 和 SHC - 90 在 1 天之内,SHC - 60 在 2 天之内。图 9.22(b) 中的电路适用于三个涂层其余的浸泡时间。考虑到涂层的非理想状态,因此选用常相位角元件 CPE 来替代电容。R_s 是溶液电阻,CPE_{coat} 是涂层电容,R_{coat} 是涂层电阻。由于微纳米复合结构的超疏水涂层表面会在接触溶液时捕获一层空气层,所以用 CPE_{air} 来描述浸泡前期空气层的作用,在浸泡后期,空气层消失,所以在电路图 9.22(b) 中没有元件 CPE_{air}。CPE_{dl} 是溶液与电极界面的双电层电容,R_{ct} 是电荷转移电阻,电路中用 $CPE_{dl} /\!/ R_{ct}$ 表示肉豆蔻酸钙涂层和基体之间的界面反应。

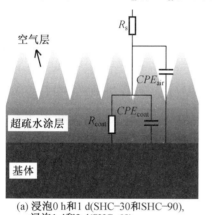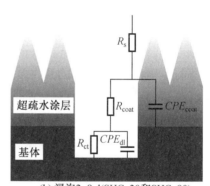

(a) 浸泡 0 h 和 1 d(SHC-30和SHC-90),　　　(b) 浸泡 2~8 d(SHC-30和SHC-90),
　　 浸泡 1 d 和 2 d(SHC-60)　　　　　　　　　 浸泡 4~8 d(SHC-60)

图 9.22　用以拟合交流阻抗谱的等效电路

交流阻抗谱中涂层电阻 R_{coat} 的拟合结果见表 9.4,R_{coat} 的值代表着涂层对基体的保护作用。对比不同涂层的阻值发现,整个浸泡过程中 SHC - 60 在相同浸泡时间下有着最高的 R_{coat},说明它的耐蚀能力最佳。当第二个时间常数出现时,R_{coat} 的值出现显著下降,是电解液通过微孔渗入涂层引起的。SHC - 60 和 SHC - 90 的 R_{coat} 在浸泡 1 天内基本保持不变,但浸泡 8 天后,涂层 R_{coat} 的数值都下降到几百。

SHC - 30 水接触角高达 156.6°,但是涂层的厚度太薄,不能为基体提供一个持久的保护。SHC - 90 涂层最厚,表面粗糙度最大,但是表面组织结构粗大、不均匀、没有微纳精细结构,所以水接触角最低,耐蚀性能一般。SHC - 60 水接触角超过 150°,并且厚度适宜,在整个浸泡过程中有着最高的 R_{coat} 和 R_{ct},表现出最佳的耐蚀能力。

表 9.4　涂层电阻的拟合结果

浸泡时间 /d	$R_{coat}/(\Omega \cdot cm^2)$			$R_{ct}/(\Omega \cdot cm^2)$		
	SHC – 30	SHC – 60	SHC – 90	SHC – 30	SHC – 60	SHC – 90
0	2.897×10^8	1.466×10^9	6.608×10^6	—	—	—
1	7.399×10^6	1.269×10^9	1.972×10^6	—	—	—
2	4.732×10^5	4.349×10^6	9.000×10^4	2.684×10^6	—	8.137×10^5
4	4.294×10^3	4.276×10^4	1.301×10^4	6.432×10^5	5.137×10^5	3.092×10^5
6	424.6	7.538×10^3	628.3	2.370×10^5	2.242×10^5	1.147×10^5
8	154.9	513.9	356.9	1.639×10^5	1.697×10^5	9.625×10^4

9.5.2　铝基复合材料表面的腐蚀与控制

铝基复合材料因其低的密度和高的机械性能在航天、航空及汽车等领域拥有广泛的应用前景。尽管增强体的引入提高了铝合金的机械性能,却增加了材料的腐蚀敏感性。因此对其表面采取适当的保护,避免其在服役过程中发生腐蚀是十分必要的。稀土转化涂层是一种低廉、简单易行且环境友好的涂层,它可对基底提供有效的保护。材料表面预处理被证明对稀土转化膜的制备非常重要,特别是涂层的形貌和裂纹密度。本部分主要研究 HF 预处理对复合材料表面稀土转化膜的影响。

1. 预处理对复合材料表面稀土转化膜形貌的影响

图 9.23 所示为 HF 预处理不同时间复合材料的表面形貌。从相应的低倍形貌可以发现,随着预处理时间的延长,越来越多的晶须暴露于复合材料表面。如图 9.23(b)、(d)、(f)和(h)所示,当预处理时间为 10 s 和 20 s 时基体上可以看到很多蚀坑,预处理时间延长至 60 s、180 s 时大量基体被腐蚀掉。

为便于描述,将相同稀土转化处理,HF 预处理不同时间(XX s)复合材料简记为 HXX。如预处理 10 s 并稀土转化处理复合材料简记为 H10。

图 9.24 所示为 H10、H20、H60 和 H180 复合材料的表面形貌,可以发现它们的表面形貌具有明显差别。如图 9.24(a)和(c)所示,H10 和 H20 表面很难看到典型的稀土铈转化膜的形貌,但晶须和蚀坑均清晰可见。如图 9.24(e)和(g)所示,H60 和 H180 表面稀土铈转化膜呈现出明显的裂纹,复合材料表面晶须依然清晰可见。图 9.24(b)、(d)、(f)和(h)所示为相应的高倍照片,可以发现所有的稀土铈转化膜不仅沉积在基体上,而且还沉积在晶须上。此外,从图 9.24 还可发现 H10、H20、H60 和 H180 表面覆盖的稀土铈转化膜均由细小的颗粒组成。经比较很容易发现,H60 和 H180 表面稀土铈转化膜中颗粒的尺寸要远远大于 H10 和 H20 表面稀土转化膜中颗粒的尺寸,表明较长的预处理时间可以加速膜中颗粒的生长。

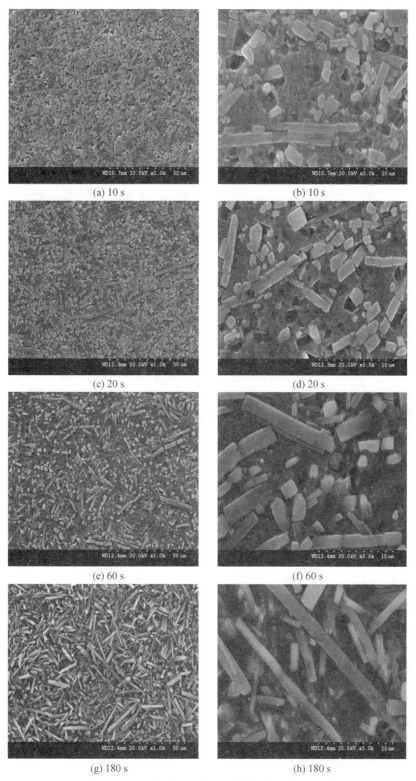

(a) 10 s

(b) 10 s

(c) 20 s

(d) 20 s

(e) 60 s

(f) 60 s

(g) 180 s

(h) 180 s

图 9.23　HF 预处理不同时间复合材料的表面形貌

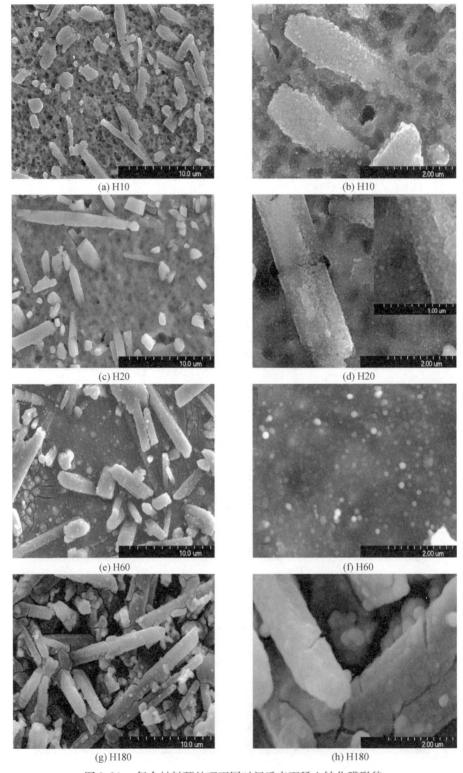

(a) H10　　(b) H10
(c) H20　　(d) H20
(e) H60　　(f) H60
(g) H180　　(h) H180

图 9.24　复合材料预处理不同时间后表面稀土转化膜形貌

2. 预处理对复合材料表面稀土转化膜微观结构的影响

图 9.25 所示为 H20 和 H180 的 XRD 结果。在 H20 的 XRD 图谱中只出现了明显的硼酸铝和铝的衍射峰。而在 H180 的 XRD 图谱中除了出现明显硼酸铝和铝的衍射峰外,在 $2\theta = 28.5°$ 位置出现了一个宽化的衍射峰,它对应着 $CeO_2[111]$ 晶面的衍射峰。经观察,H20 在 $2\theta = 28.5°$ 也有一个微弱的凸起,但极为不明显,这说明 H180 表面稀土铈转化膜的厚度要大于 H20 表面稀土铈转化膜。这是由于 X 射线具有一定的穿透深度,且其以相同的入射角入射同种材料时穿透深度是相同的。如果复合材料表面涂层较薄,那么来自基底的衍射信息将会掩盖表面薄的稀土铈转化膜的衍射信息,当形成的稀土转化膜足够厚时,XRD 才能检测到。因此 H180 表面稀土铈转化膜较厚。

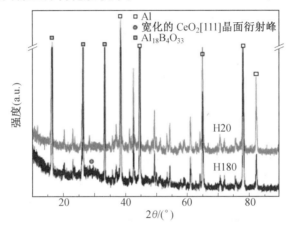

图 9.25　预处理复合材料表面稀土转化膜的 XRD 图谱

图 9.26 所示为 H20 及 H180 试样的 TEM 横截面观察。如前所述,一个薄的(大约 100 nm)涂层形成在 H20 表面。在涂层与基体的界面处既无缺陷也无裂纹(图 9.26(a))。一个相对厚的(大约 200 nm)涂层出现在 H180 试样表面,稀土铈转化膜存在微裂纹(图 9.26(b))。由此表明,涂层在 H180 上的沉积速率较高。因为预处理时间越长,基体表面的活性越高,涂层在预处理表面的形核速率越快。在相同沉积条件下,预处理时间越长,在其表面形成的涂层越厚。

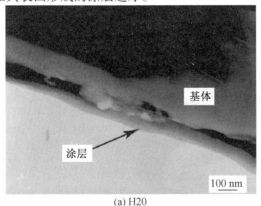

(a) H20

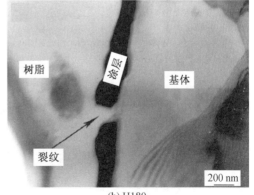

(b) H180

图 9.26　预处理复合材料表面稀土转化膜的 TEM 横截面形貌

对比它们的整体形貌可以发现,H20 表面稀土铈转化膜虽然较薄,但均匀致密,缺陷较少,与基底结合良好;而 H180 表面稀土铈转化膜尽管较厚,但缺陷较多,且缺陷尺寸较大,膜与复合材料基底之间结合较差,局部出现脱落。

综上所有研究,结果表明稀土铈转化膜的形成主要与基底表面状态有关,随着预处理时间的增加,更多的晶须暴露在复合材料基底表面,引起复合材料表面形成的稀土转化膜形态、厚度以及与基底的结合状态不同。复合材料表面 HF 预处理时间引起复合材料表面涂层组织结构发生变化,其必将对涂覆复合材料的腐蚀行为产生影响。

3. 预处理复合材料表面稀土转化膜的形成机制

HF 预处理时间的不同,导致复合材料表面呈现的阴极区域大不一样,这将影响复合材料表面稀土铈转化膜的形核和长大,进而影响膜的形貌以及组成膜的颗粒尺寸大小。稀土铈转化膜的形成是由于铝基复合材料表面局部 pH 升高的结果。

当短时间 HF 预处理复合材料放入成膜溶液中时,由于复合材料表面被轻微活化,稀土铈转化膜形成过程缓慢,形核均匀。最终得到的稀土铈转化膜均匀且致密,与基底结合得紧密。稀土转化膜经自然干燥后虽说局部有裂纹,但是裂纹较小,且裂纹附近与基底结合良好。

当长时间 HF 预处理复合材料放入成膜溶液中时,由于复合材料表面被大大活化,因此稀土铈转化膜形成过程加速进行。由于极快的转化速率以及形核长大得不均匀,因此最终得到的稀土铈转化较厚并且厚度不均。从图 9.26 中我们还可以发现,虽说晶须与基底结合较差,存在很多空隙,但这种空隙大多存在于基体 Al 和稀土铈转化膜之间。稀土铈转化膜与复合材料表面晶须的结合还是较好的,这也说明稀土铈转化膜优先在晶须上形核,随后快速长大进而覆盖在基体 Al 表面。

4. 预处理复合材料表面稀土转化膜的腐蚀行为

(1)动电位极化曲线及腐蚀形貌。

图 9.27 所示为 HF 预处理不同时间复合材料的动电位极化曲线。不同时间预处理复合材料的动电位极化曲线差别不大。相对于铸态复合材料,HF 预处理 20 s 和 180 s 复合材料的腐蚀电位降低了 40 mV,同时阳极电流密度与阴极电流密度均有所升高。说明 HF 预处理降低了复合材料的耐蚀性能。

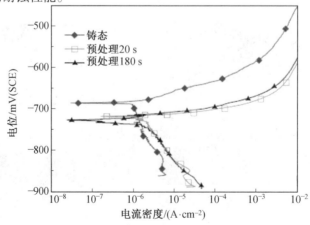

图 9.27　HF 预处理不同时间复合材料的动电位极化曲线

图 9.28 所示为复合材料稀土转化处理后的动电位极化曲线。作为参考,未涂覆复合材料的极化曲线也呈现在图中。成膜前复合材料的腐蚀电位大约为 – 685 mV,同时阳极极化曲线没有钝化现象,复合材料的阴极电流密度在 $3 \times 10^{-7} \sim 6 \times 10^{-6}$ A/cm^2。在经不同时间 HF 预处理的复合材料成膜后,相应的极化曲线位置和形状均发生明显的变化,说明成膜前的预处理强烈地影响成膜后复合材料的耐蚀性能。对于 H10 和 H20,随着电位升高,阳极电流密度增加缓慢,阳极曲线中出现钝化区。H10 和 H20 的点蚀电位均有所提高,其中 H10 点蚀电位从 – 795 mV 提高到 – 600 mV,H20 点蚀电位从 – 655 mV 提高到 – 380 mV。这两种情况下,复合材料的耐蚀性能得到了提高。对于 H60 和 H180,阳极曲线并没有出现钝化区,H60 和 H180 的点蚀电位相对没有涂层的复合材料没有任何提高。大部分涂覆后的复合材料的阴极电流密度均有所降低,降低了大概一个数量级。这也说明了稀土铈转化膜的阴极抑制作用。

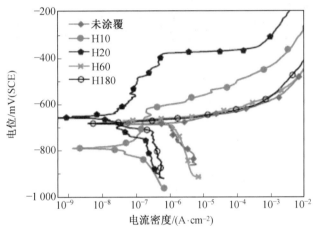

图 9.28　HF 预处理不同时间涂覆复合材料的动电位极化曲线

图 9.29 所示为无涂覆复合材料以及 H20 和 H180 极化测试后的腐蚀形貌。图 9.29(a) 所示为无涂覆复合材料的表面腐蚀形貌。在其宏观腐蚀形貌中可见表面有很多腐蚀坑,从高倍图中观察发现腐蚀坑很深,坑内全部是晶须,基体铝被完全腐蚀掉。图 9.29(b) 和(c) 分别为 H20 和 H180 复合材料表面的腐蚀形貌。H20 表面的点蚀密度低于未涂覆复合材料,表明涂覆复合材料的局部腐蚀敏感性是低的。H180 复合材料表面的宏观表面也有很多腐蚀坑,但腐蚀坑相对较浅,其中基体铝被腐蚀程度也相对较小。点蚀坑在 H180 试样的表面略多于 H20 试样,尽管蚀坑内也为晶须,但其被腐蚀程度仍低于未涂覆复合材料。

（2）电化学交流阻抗。

图 9.30 为 H20 和 H180 复合材料在 0.005 mol/L 的 NaCl 溶液中浸泡不同时间的阻抗谱演化规律。其中符号为实验数据,实线为拟合数据。从 Nyquist 图中我们可以发现,H20 在 100 h 之前只显示一个容抗弧。在浸泡早期阶段容抗弧随着浸泡时间的延长而逐渐增大,随后的浸泡过程中容抗弧连续减小。弧的半径在浸泡 2.5 h 时大约 0.25 MΩ,浸泡到 10 h 时达到最大值(大于或等于 1 MΩ)。随后弧的半径不断缩小,直至 100 h 时出现两个容抗弧。

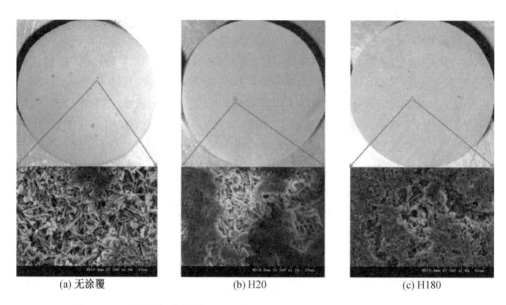

(a) 无涂覆　　　　　　　　　(b) H20　　　　　　　　　(c) H180

图 9.29　无涂覆复合材料以及 H_2O 和 H180 极化曲线测试后的腐蚀形貌

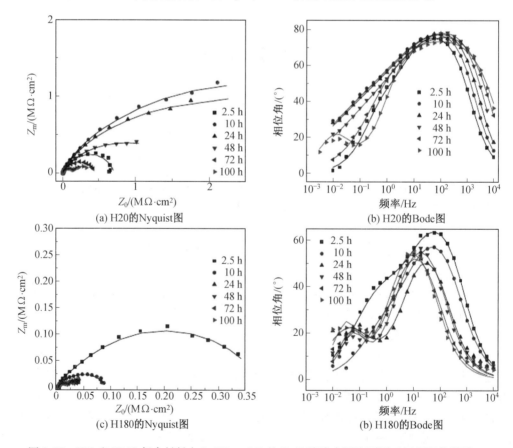

(a) H20的Nyquist图　　　　　　　　　　　(b) H20的Bode图

(c) H180的Nyquist图　　　　　　　　　　　(b) H180的Bode图

图 9.30　H20 和 H180 复合材料在 0.005 mol/L 的 NaCl 溶液中浸泡不同时间的阻抗谱图

Bode 图中 H20 相位角在浸泡 100 h 之前只有一个时间常数,当浸泡到 100 h 时出现两个时间常数。值得注意的是当 H180 浸泡时间小于 10 h,其阻抗谱图仅显示一个容抗弧,且容抗弧半径随着浸泡时间的延长而明显减小,24 h 后开始出现两个容抗弧。当浸泡时间从 24 h 增加到 100 h,这两个容抗弧尺寸和形状上几乎没有任何变化。Bode 图中 H180 的相位角从 2.5 h 到 24 h 明显降低,形状也变化明显。24 h 后在低频区域出现了一个额外的时间常数,这个时间常数在 48 ~ 100 h 始终存在。

图 9.31 所示为 H20 和 H180 阻抗在 0.01 Hz 处的模值,H20 从开始浸泡到 10 h 阻抗模值升高,随后逐渐降低直至 100 h;而 H180 阻抗模值从开始到 24 h 连续降低,随后维持恒定值直至 100 h。

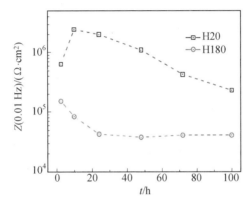

图 9.31　H20 和 H180 阻抗在 0.01 Hz 处的阻抗模值

图 9.32 所示为 H20 和 H180 阻抗谱拟合参数,图 9.33 所示为所选用的等效电路。C_{coat} 是稀土铈转化膜电容,R_{coat} 是稀土铈转化膜电阻,C_{dl} 是双电层电容,R_{pol} 是极化电阻。对比图 9.31 中实验曲线和拟合曲线,可以看出所选的等效电路可以给出很好的拟合结果,所有曲线整体拟合误差在 0.002 ~ 0.007 5 之间。

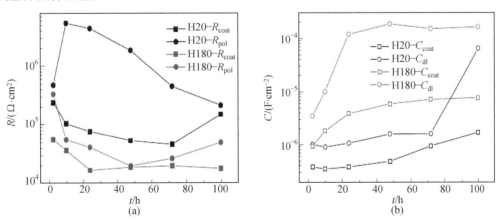

图 9.32　H20 和 H180 的 EIS 拟合结果

在整个浸泡过程中,H20 相比 H180 均拥有较高的 R_{coat} 和 R_{pol}。R_{coat} 的差异是由于表面稀土铈转化膜缺陷所决定的,H180 表面存在较多的裂纹,且裂纹较宽,当试样浸入腐蚀介质中时,将拥有更多的 Cl^- 扩散通道,因此其 R_{coat} 值较低。H180 的 R_{pol} 值较低可能是长时间的预处理导致的。H20 的 C_{dl} 从 72 h 到 100 h 急剧增加,而 H180 的 C_{dl} 从 2.5 h 到 24 h 急剧增加,这些表明了基体的腐蚀。显然,H180 基体在更短的浸泡时间里发生了腐蚀。

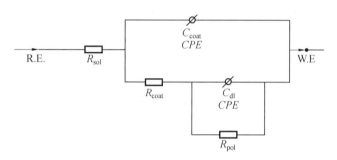

图 9.33　EIS 拟合的等效电路

（3）预处理复合材料表面稀土转化膜的腐蚀机制。

研究结果表明,存在于基底表面阴极位置的数目不同是由预处理时间不同引起的。阴极位置的数量影响转化膜在复合材料表面的形成、成长以及颗粒尺寸。不可否认,复合材料表面的前期预处理将影响涂覆复合材料的腐蚀行为。复合材料经 HF 预处理后,基体铝被溶解掉。晶须及基体中的缺陷（孔洞及裂纹）将出现在复合材料表面。随预处理时间增加,更多的铝被腐蚀掉,更多的晶须及基体中的缺陷将暴露在预处理复合材料的表面。预处理时间越长,复合材料中形成的微电池数目越多。因此复合材料基底表面将获得较高的活化程度。基底表面化学成分的不均匀性为 Ce 涂层的沉积提供了可能。

HF 短时间预处理复合材料表面被轻微活化,随后稀土铈转化处理可以获得较薄的膜,如 H10 及 H20;HF 长时间预处理复合材料表面被高度活化,稀土转化膜的沉积速率大大增加,在相同的成膜条件下复合材料表面可以获得较厚的膜。因此,随预处理时间增加,复合材料表面所获膜层的厚度逐渐增大。在这种情况下,复合材料的腐蚀抗力应随预处理时间的增加而增加,因为基底上形成了更厚的防护膜。但实际上 H180 呈现出的却是较差的耐蚀性能（无论是极化曲线测试结果还是阻抗谱测试结果）,这是因为厚膜存在大量缺陷。高度活化的表面可以获得极快的转化速率,导致涂层不均匀的形核与长大,随之而来得到的是较厚且不均匀的涂层,从而大大促进了涂层的内应力增加,最终导致涂层开裂。H20 由于表面涂层与基底结合好,缺陷较少,其耐蚀性要远远高于 H180。从腐蚀形貌照片中可以得出上面的结论:相比 H20,H180 呈现更多的腐蚀区域,因为后者表面涂层裂纹较多且与基底之间存在空隙。

EIS 结果表明,H20 与 H180 的腐蚀机制是不一样的。尽管它们的阻抗谱呈现出相似的演化规律:随着浸泡时间的延长,从一个容抗弧演化为两个容抗弧,但演化过程是不一样的。

H20 的容抗弧浸泡前期先增大随后又减小,而 H180 的容抗弧在整个浸泡过程中一直减小。随着浸泡时间的延长,H20 和 H180 均出现两个容抗弧,高频容抗弧对应外层稀土铈转化膜,低频容抗弧对应内侧双电层。H20 浸泡到 100 h 才出现两个容抗弧,而 H180 在 24 h 就已经出现,这也说明 H20 具有更好的耐蚀性。

当涂层浸入 NaCl 溶液时,外侧稀土铈转化膜的溶解以及腐蚀介质中 Cl^- 沿着缺陷向内侧渗透同时发生。随着涂层的溶解,Ce^{4+} 可以释放到涂层表面。文献中已经报道自由的 Ce^{4+} 具有自修复作用,Paussa 等人研究了 AA2024 表面以 Ce 作为缓蚀剂的硅烷涂层的腐蚀行为,充分证明了此腐蚀防护体系的作用机制是含 Ce 物质迁移到基底与涂层界面;Resero –Navarro 等人通过 EIS 研究了含 Ce^{3+} 溶胶凝胶涂层,他们发现阻抗模值从浸泡开始在 0.01 Hz 处的升高是 Ce^{3+} 的自修复作用引起的。

电化学交流阻抗谱已被 Zheludkecich 等证明是研究涂层自修复过程的强有力工具。尽管在我们的实验中没有事先在涂层上制造人工缺陷而是直接去研究自修复,因我们所获得的涂层本身就不可避免地存在裂纹,即使是短时间预处理对应的薄膜也存在微裂纹。这样在浸泡过程中,一些 Ce^{4+} 迁移到涂层缺陷处形成含铈沉积物,进而修复涂层。所以 H20 在 2.5 ~ 10 h 出现阻抗模值升高,这是缺陷处涂层自修复作用引起的。随后阻抗模值连续下降,表明基底的腐蚀无法被有效地抑制。尽管 Ce^{4+} 具有一定的自修复作用,一旦涂层被 Cl^- 穿透,涂层防护性能就会大大降低。阻抗模值的降低以及低频容抗弧的出现,是由于 H20 太薄了,以至于在长期浸泡过程中不能提供足够的起到自修复作用的 Ce^{4+}。在整个浸泡过程中,H180 连续降低,并没有展示出任何自修复作用。H180 无法进行自修复是由于其表面存在大量裂纹缺陷,为 Cl^- 提供了穿透通道,所以低频容抗弧出现得较早。

9.5.3　铝合金表面的腐蚀与控制

铝合金在航空、航天以及民用领域应用广泛,是目前应用量最大的轻金属工程材料。铝合金常用的表面防护方法有阳极氧化、化学转化膜等。目前很多铝合金表面腐蚀防护方面的研究工作都集中在寻求六价铬酸盐的替代物上,像 20 世纪 80 年代兴起的稀土转化膜、硅烷涂层、导电聚合物涂层等以及近十多年来随着纳米技术蓬勃发展并以此为基础的腐蚀自修复涂层体系都表现出了较好的耐蚀性。以下介绍用硅烷、导电聚合物和稀土离子复合工艺对铝合金表面进行处理,获得较好耐蚀性能的相关研究。

硅烷是至少包含一个碳硅键的单体硅分子。一个典型的硅烷分子包含可以水解的基团(甲氧基、乙氧基),一个间隔基团(芳基或者烷基链),可能含有一个或不含官能团(氨基酸或硫酸根)。硅烷一旦水解,其可在与有机或者无机基体之间形成致密的中间层,这一层可以起到一个障碍层的作用,减缓浸蚀性电解液对基底的破坏。然而,这种中间层只是作为一种被动的物理屏障,一旦水分与基底接触,腐蚀依然会发生。因此,单凭硅烷涂层无法提供相应的腐蚀自修复作用。但可以通过向其中加入有机或无机缓释离子、纳米粒子等赋予硅烷涂层腐蚀自修复效果。所添加的纳米粒子可以提高硅烷涂层的厚度和力学性能,同时可以作为储藏器控制缓蚀剂的释放以达到延长涂层防腐的作用。无论是缓蚀剂还是纳米粒子,它们在涂层中的添加量都至关重要。

γ – 氨丙基三乙氧基硅烷(APS)和 1,2 – 双三甲氧基硅基乙烷(BTMS)是常用的两种典型硅烷。APS 是一种单硅烷,含有三个水解基团和一个氨基酸功能团;BTMS 是一种非功能化的双硅烷,含有六个水解基团,选择这两种硅烷可以比较结构和功能不同的硅烷的性能优劣。我们向硅烷涂层中引入了载有硝酸铈的纳米氧化铈粒子,并研究其腐蚀自修复性能。聚吡咯涂层通过在酸性电解液中电化学聚合而成,并通过硅烷层改性构成了涂层体系。

初期通过配置低体积分数的硅烷溶液,使其缓慢水解,然后提拉成膜并在 100 ℃ 下处理1 h。在处理过程中硅烷会在金属表面形成 Me—O—Si 键合,而在内部通过缩合的作用形成 Si—O—Si 键。图9.34 所示为不同硅烷涂层的表面形貌。APS 涂层呈不均匀岛状,BTMS

(a) APS涂层岛状形貌（低倍）　　　　　　　(b) APS涂层岛状形貌（高倍）

(c) BTMS涂层（低倍）　　　　　　　　　(d) BTMS涂层（高倍）

(e) 掺铈的BTMS涂层（低倍）　　　　　　(f) 掺铈的BTMS涂层（高倍）

图9.34　不同硅烷涂层的表面形貌

呈均匀分布,铈添加的 BTMS 也相对较为均匀。尽管这两种硅烷均可以完整地覆盖金属表面,但 APS 出现了局部结块现象。所制备的铈盐缓蚀剂掺杂的 BTMS 硅烷涂层(Ce - BTMS)均匀且无缺陷,说明所选用的缓蚀剂的浓度足够低并不会引起微孔或者结块。如图 9.35 所示为硅烷涂层表面处理前后 2024 铝合金的动电位极化曲线。表面处理前,2024 铝合金没有明显钝化现象,经 APS 表面处理后,2024 铝合金呈现出约 500 mV 的钝化区间,但点蚀电位并未呈现明显的提高。BTMS 处理后,2024 铝合金耐蚀性能显著提升。添加稀土元素 Ce 的硅烷 BTMS 表面处理后,耐蚀性能则显著提升,即使在氯化钠中浸泡 2 ~ 4 d,其阳极极化曲线也依然呈现出钝化行为。同时 BTMS 和 Ce - BTMS 涂层可以大幅度的降低腐蚀电流密度,而 APS 涂层对腐蚀电流密度影响不大。Ce - BTMS 浸泡两天后电流密度又呈现出了显著的降低,而在不含有铈离子缓蚀剂的涂层中并没有观察到这种降低的现象,表明硅烷涂层中的铈离子起到了防腐作用。

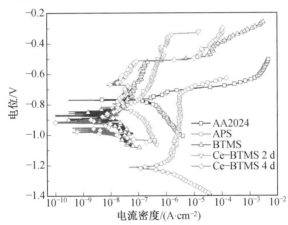

图 9.35　硅烷涂层表面处理前后 2024 铝合金的动电位极化曲线

如图 9.36 所示为几种硅烷涂层表面处理 2024 铝合金的电化学交流阻抗谱演化。Ce - BTMS 硅烷涂层呈现出了较高的阻抗值,相比之下 APS 硅烷涂层阻抗值较低。APS 硅烷涂层在浸泡 24 h 后出现腐蚀,这主要是氨基酸基团的亲水本质以及涂层的不均匀性导致的,这种特性可以使涂层快速充水饱和形成浸蚀性离子从而腐蚀基底。对于 BTMS 涂层,在连续浸泡过程中涂层的物理阻挡特性缓慢降低。相对于 APS 分子,BTMS 分子中的大量水解基团使其在与铝合金之间形成非常致密的界面层。此界面可以大幅度地降低氯离子对下层金属的破坏。对于 Ce - BTMS 涂覆的金属,阻抗值在开始浸泡时相对于 BTMS 较高,表明了铈离子对涂层防护性能的有利作用。在涂层浸泡初期,由于涂层中电解液逐渐饱和,阻抗值降低得非常缓慢。然而浸泡几天之后阻抗值出现了升高现象,表明铈的氢氧化物的沉积引起了点蚀坑区域的钝化。即使浸泡更长时间涂层的阻抗值相对于其他涂层也能维持一个很高的值,表明 Ce - BTMS 涂层优异的腐蚀防护性能。所有阻抗数据均通过等效电路拟合,结果表明 BTMS 涂层,特别是 Ce - BTMS 涂层具有较高的氧化物电阻和极化电阻。APS 涂层的能谱分析结果表明结块区域是硅烷分子过度缩合导致的较差性能。经能谱分析发现Ce－BTMS涂层试样的点蚀坑区域含有高浓度的铈，证明了铈离子的活性防腐蚀机制，即铈离子从腐蚀坑周围迁移到腐蚀区域形成不溶性的氢氧化物沉淀阻止腐蚀的进一步发展。以上结果表明选择向硅烷中添加合适的缓蚀剂确实可以有效地形成铝合金腐蚀防护体系。

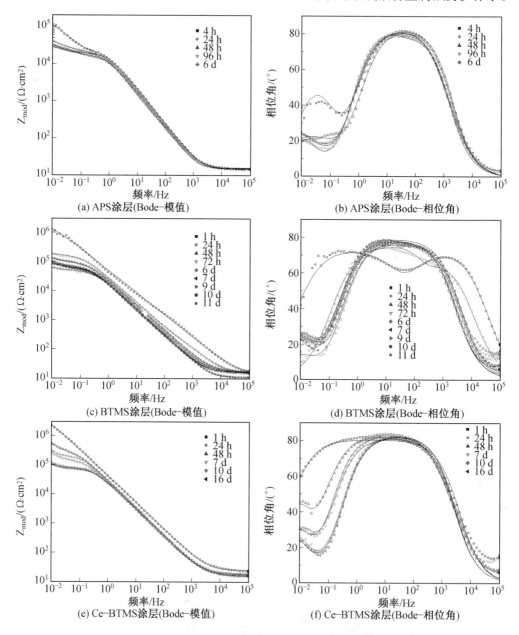

图 9.36　　几种硅烷涂层表面处理 2024 铝合金的电化学交流阻抗谱演化

将硅烷涂层沉积在阳极氧化表面,期望耐腐蚀性能会有进一步提升。阳极氧化层通过在室温下以 20 mA/cm² 的电流密度在草酸溶液中沉积 350 s 获得。制备硅烷涂层的溶液成分和电沉积参数与之前的一样,阳极氧化以及阳极氧化 – 硅烷复合工艺试样标号简称见表9.5。图9.37 所示为几种阳极氧化与硅烷复合涂层表面处理 2024 铝合金的动电位极化曲线。极化曲线表明阳极氧化 – 硅烷复合涂层的腐蚀电流相对于单一硅烷涂层降低了5 个数量级,相对于单一阳极氧化涂层降低了 3 个数量级。铈缓蚀剂和氧化铈纳米颗粒的效果取决于它们的质量分数,当质量分数分别为0.025% 和0.005% 时性能有显著提升。当氧化铈纳米颗粒质量分数高达 0.025% 时耐腐蚀性能相对于未改性硅烷涂层有所降低。这主要是由于高质量分数的纳米颗粒会团聚,因此硅烷涂层形成针孔状缺陷,成为腐蚀介质与基底快速接触的传输通道。但大多数情况下,性能均有所提升。如图9.38 所示,EIS 结果表明120 h 后低频阻抗值仍然高达 $10^7 \, \Omega \cdot cm^2$,表明此涂层体系具有优异的耐蚀性能,硅烷层可以封住阳极氧化的孔,形成更致密的、防止腐蚀介质渗透的障碍层。

表9.5　硅烷阳极氧化复合工艺以及简称

	硅烷(体积分数)/%	铈离子($\times 10^{-6}$)	纳米氧化铈($\times 10^{-6}$)	简称
草酸阳极氧化	×	×	×	AN – 2024
	BTMS(4)	×	×	AN – BTMS
	BTMS(4)	250	250	AN – BTMS(250)
	BTMS(4)	250	50	AN – BTMS(50)

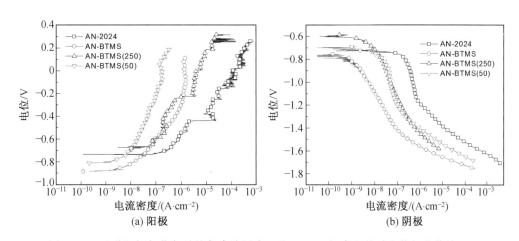

图9.37　几种阳极氧化与硅烷复合涂层表面处理 2024 铝合金的动电位极化曲线

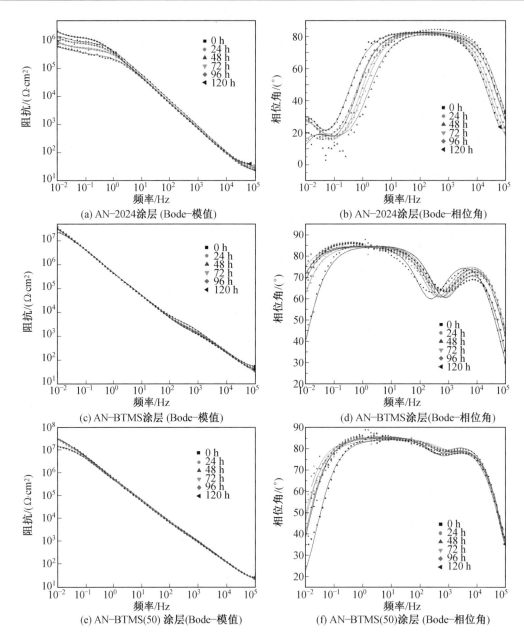

(a) AN-2024涂层 (Bode-模值)
(b) AN-2024涂层(Bode-相位角)
(c) AN-BTMS涂层 (Bode-模值)
(d) AN-BTMS涂层(Bode-相位角)
(e) AN-BTMS(50) 涂层(Bode-模值)
(f) AN-BTMS(50)涂层 (Bode-相位角)

图9.38 几种阳极氧化硅烷复合涂层表面处理 2024 铝合金的电化学交流阻抗谱演化

附　　表

附表 1　常用 SI 单位及其换算关系

量的名称	单位名称	单位符号	与其他单位制的换算关系
长度	米	m	1 m = 3.28 ft(英尺) = 39.37 in(英寸) = 1.093 6 yd(码) = 39.370 mil(密尔)
质量	千克	kg	1 kg = 2.205 Ib(磅)
时间	秒	s	1 a(年) = 365 d(天) = 8 760 h
物质的量浓度	摩每立方米	mol/m^3	1 mol/m^3 = 10^{-3} mol/dm^3 = 10^{-3} mol/L(摩／升)
摩尔熵	焦每摩开	J/(mol·K)	1 J/(mol·K) = J/(mol·℃)
力	牛(顿)	N	1 N = 1 kg·m·s^{-2} = 10^5 dyn(达因) = 0.109 7 kgf(千克力) = 0.224 8 Ibf(磅力)
应力／强度	帕(斯卡)	Pa	1 Pa = 1 N/m^2 1 MPa(兆帕) = 10^6 Pa = 0.101 97 kgf/mm^2 = 0.145 1 ksi(千磅／英寸^2) 1 atm(标准大气压) = 760 mmHg = 0.101 325 MPa 1 at(工程大气压) = 1 kgf/cm^2 = 98 066.5 Pa 1 Torr(托) = 1 mmHg = 133.322 Pa 1 bar(巴) = 10^5 Pa = 0.1 MPa
功、能、热量	焦(耳)	J	1 J = 1N·m = 1 (kg·m^2)/s^2 = 10^7 erg(尔格) = 0.238 9 cal(卡) = 9.478 × 10^{-4} BTU(英热单位) = 0.101 97 kgf·m = 2.777 8 × 10^{-4} W·h(瓦小时) = 1 W·s(瓦秒) 1 eV(电子伏特) = 1.602 19 × 10^{-19} J
电量	库(伦)	C	1 C = 1 W·s
电流	安(培)	A	1 A = 1 C/s
电位、电压	伏(特)	V	1 V = 1 J·A^{-1}·s^{-1} = 1 (kg·m^2)/A·s
电阻	欧(姆)	Ω	1 Ω = 1 V/A = 1 (kg·m^2)/(s^3·A^2)
电导	西(门子)	S	1 S = 1 A/V = 1 $Ω^{-1}$

附表 2　常用物理常数

1 个电子的电荷 $e = 1.602 \times 10^{-19}$ C $=$ 　　　　　　1.602×10^{-20} 电磁单位 $=$ 　　　　　　4.803×10^{-10} 静电电位	热功当量 1 cal $= 4.186\ 8$ J
	玻耳兹曼常数 $k = R/N_A = 1.380 \times 10^{-23}$ J/K
	普朗克常数 $h = 6.626 \times 10^{-34}$ J·s
阿伏伽德罗常数 $N_A = 6.022 \times 10^{23}$ mol^{-1}	25 ℃ 时,$RT = 2\ 479$ J/mol $= 592$ cal/mol
法拉第常数 $F = eN_A = 96\ 484.56$ C/mol(电子) $=$ 　　　　　　$23\ 060$ cal/(V·mol) 电子	25 ℃ 时,$2.303RT = 5\ 709$ J/mol $=$ 　　　　　　　　$1\ 363$ cal/mol
气体常数 $R = 8.314$ J/(mol·K) $=$ 　　　　　1.987 cal/(mol·K) $=$ 　　　　　$8\ 314\ 472$ m^3·Pa/(mol·K)	25 ℃ 时,$2.303RT/F = 0.059\ 1$ V

附表 3　腐蚀速率单位换算因子

腐蚀速率单位	g/(m²·d)	mg/(dm²·d)	mm/a	ipy	mpy
g/(m²·d)(gmd)	1	10	$0.365/\rho$	$0.044/\rho$	$14.4/\rho$
mg/(dm²·d)(mmd)	0.1	1	$0.036\ 5/\rho$	$1.44 \times 10^{-3}/\rho$	$1.44/\rho$
mm/a	2.74ρ	27.4ρ	1	$0.039\ 4$	39.4
ipy	69.6ρ	696ρ	25.4	1	$1\ 000$
mpy	$0.069\ 6\rho$	0.696ρ	$0.025\ 4$	0.001	1

注:表中 ρ 为金属的密度(g/cm³)。

附表 4　常用金属的相对原子质量、化合价和密度

金属	相对原子质量 A	化合价 n	密度 ρ /(g·cm^{-3})	$A/n\rho$ /(cm^3·mol^{-1})	熔点 /℃	$v_{深}/i_{corr}$ /(mm·A·(a^{-1}·m^{-2}))
Mg	24.31	2	1.74	6.98	651	2.3
Al	26.98	3	2.699	3.33	660	1.1
Ti	47.90	2	4.505	5.32	1 688	1.7
Cr	52.00	2	7.19	3.62	1 890	
Mn	54.95	2	7.44	3.69	1 245	
Fe	55.85	2	7.87	3.55	1 539	1.2
Co	58.93	2	8.84	3.33	1 492	
Ni	58.70	2	8.91	3.29	1 455	1.1
Cu	63.55	2	8.96	3.55	1 083	1.2
Zn	65.38	2	7.13	4.58	420	1.5
Ag	107.87	1	10.50	10.27	960	3.4
Cd	112.4	2	8.65	6.49	321	
Sn	118.69	2	5.85(α) 7.29(β)	10.14	232	2.7 3.0
Pb	207.2	2	11.34	9.14	327	

附表 5　实验用腐蚀介质

腐蚀介质	成分
人造海水	NaCl 27 g/L,无水 MgCl$_2$ 6 g/L,无水 CaCl$_2$ 1 g/L,无水 KCl 1 g/L,pH = 6.5 ~ 7.2
代海水	质量分数为 3% 的 NaCl 水溶液,质量分数为 3.5% 的 NaCl 水溶液
代淡水	质量分数为 0.001% 的 NaCl 水溶液
人造汗液	NaCl 0.70 g,尿素 0.10 g,乳酸 0.40 g,蒸馏水 49.4 mL,甲醇 49.4 mL
不锈钢晶间腐蚀实验	(1)CuSO$_4$·5H$_2$O 110 g,H$_2$SO$_4$(相对密度 1.84)55 mL,H$_2$O 1 L,沸腾溶液 (2)CuSO$_4$·5H$_2$O 160 g,H$_2$SO$_4$(相对密度 1.84)100 mL,H$_2$O 1 L,铜屑,沸腾溶液 (3)质量分数为 10% 的 HNO$_3$,质量分数为 3% 的 HF,60 ~ 80 ℃ (4)质量分数为 65% 的 HNO$_3$,沸腾溶液 (5)质量分数为 10% 的草酸
铝合金晶间腐蚀实验	(1)质量分数为 3% 的 NaCl,质量分数为 0.1% 的 H$_2$O$_2$ (2)质量分数为 3% 的 NaCl,质量分数为 1% 的 HCl(相对密度 1.19),H$_2$O 1 L (35 ±2)℃
铝合金剥蚀连续浸泡实验	(1)NaCl 1.0 mol/L,NH$_4$NO$_3$ 0.25 mol/L,(NH$_4$)$_2$C$_2$H$_4$O$_6$ 0.01 mol/L,H$_2$O$_2$(30%)10 mL,pH = 5.3,(66 ±1)℃,24 h(适合 Al – Mg 系合金) (2)NaCl 4.0 mol/L,KNO$_3$ 0.5 mol/L,HNO$_3$ 0.1 mol/L,pH = 0.4,(25 ±3)℃,48 h(适合于 Al – Zn – Mg – Cu 系合金),96 h(适合于 Al – Cu – Mg 系合金)
不锈钢浸蚀剂	HNO$_3$: HCl = 3 : 1 HNO$_3$ 5 mL,HF(质量分数为 48%)1 mL,H$_2$O 44 mL
铝合金浸蚀剂	(1)质量分数为 0.5% 的 HF,质量分数为 1.5% 的 HCl,质量分数为 2.5% 的 HNO$_3$,质量分数为 95.5% 的 H$_2$O (2)质量分数为 0.5% 的 HF,质量分数为 95.5% 的 H$_2$O

附表6　标准摩尔生成自由能 $\Delta G_{m,f}^{\ominus}$

物质	$\Delta G_{m,f}^{\ominus}/(kJ \cdot mol^{-1})$	物质	$\Delta G_{m,f}^{\ominus}/(kJ \cdot mol^{-1})$
Mg(s)	0	Co(s)	0
Mg^{2+}(aq)	−456.01	Co^{2+}(aq)	−54.39
$Mg(OH)_2$(s)	−833.75	$Co(OH)_2$(s)	−456.1
$MgCO_3$	−1 029.30	$CoCO_3$(s)	−651.0
MgO(s)	−569.37	CoO(s)	−213.4
Al(s)	0	Co_3CO_4(s)	−761.5
Al^{3+}(aq)	−485	CoS(s)	−82.8
AlO(OH)(s)	−910.7	Ni(s)	0
$Al(OH)_3$(s)	−1 157	Ni^{2+}(aq)	−46.44
Al_2O_3(s)	−1 582	$Ni(OH)_2$(s)	−453.1
Ti(s)	0	NiO(s)	−216.3
TiC(aq)	−205.7	NiS(s)	−79.5
TiN(s)	−294.4	$NiCl_2$(s)	−272.4
TiO(s)	−573.4	$NiCO_3$(s)	−613.8
Ti_2O_3(s)	−1 431.0	Cu(s)	0
TiO_2(s)	−852.7	Cu^+(aq)	50.0
Cr(s)	0	Cu^{2+}(aq)	65.32
Cr^{2+}(aq)	−164.8	$Cu(NH_3)_2^{2+}$(aq)	−30.5
Cr^{3+}(aq)	−205.0	$Cu(NH_3)_4^{2+}$(aq)	−111.3
CrO_4^{2-}	−726.3	$Cu(OH)_2$(s)	−359.4
$Cr_2O_7^{2-}$(aq)	−1 301.2	Cu_2O(s)	−142.3
Cr_3C_2(s)	−81.2	CuO(s)	−127.2
Cr(s)	−103.5	Cu_2S(s)	−86.2
Cr_2O_3(s)	−1 046.8	CuS(s)	−49.0
Mn(s)	0(α),1.38(β)	CuCl(s)	−118.8
Mn^{2+}(aq)	−223.4	$CuCl_2$(s)	−116.5
Mn^{3+}(aq)	−105	Zn(s)	0
$Mn(OH)_2$(s)	−618.7	Zn^{2+}(aq)	−147.2
$MnCO_3$(s)	−817.6	$Zn(OH)_2$(s)	−155.9
MnO(s)	−363.2	ZnO(s)	−318.19
Mn_2O_3(s)	−879.9	ZnS(s)	−198.3
MnO_4(s)	−1 282.9	$ZnCO_3$(s)	−731.4
MnO_2(s)	−466.1	$ZnCl_2$(s)	−369.23
MnS(s)	−208.8		

续附表 6

物质	$\Delta G_{m,f}^{\ominus}/(kJ \cdot mol^{-1})$	物质	$\Delta G_{m,f}^{\ominus}/(kJ \cdot mol^{-1})$
$Fe(s)$	0	$Ag(/s)$	0
$Fe^{2+}(aq)$	-84.94	$Ag^+(aq)$	77.12
$Fe^{3+}(aq)$	-10.54	Ag_2P	-11.3
$Fe(OH)_2(s)$	-483.54	$Ag_2O_3(s)$	$-1\,576.41$
$Fe(OH)_3(s)$	-699.54	$Ag_2S(s)$	-40.8
$HFeO_2^-(aq)$	-397.18	$Ag_2CO_3(s)$	-437.2
$Fe_3C(s)$	18.8	$Cd(s)$	0
$FeCO_3(s)$	-668.1	$Cd^{2+}(aq)$	-77.73
$FeCl_2(s)$	-302.1	$Cd(OH)_2(s)$	-743.8
$FeCl_3(s)$	-334.1	$CdO(s)$	-225.06
$FeO(s)$	-179.1	$CdS(s)$	-140.6
$Fe_3O_4(s)$	$-1\,015.5$	$CdCO_3(s)$	-670.3
$Fe_2O_3(s)$	-742.2	$Sn(s)$	$0(\alpha),0.13(\beta)$
$FeS(s)$	-97.57	$Sn^{3+}(aq)$	-26.25
$FeS_2(s)$	-166.69	$Sn(OH)_2(s)$	-492.0
$Au(s)$	0	$SnO(s)$	-257.3
$Au^{3+}(aq)$	433.46	$SnS(s)$	-82.4
$Au(OH)_3(s)$	-349.8	$SnS_2(s)$	-74.1
$Au_2O_3(s)$	78.7	$Pt(s)$	0
$H_2(g)$	0	$PtO_2(s)$	-84
$H(g)$	206.5	$Pb(s)$	0
$H^+(aq)$	0	$Pb^{2+}(aq)$	-24.3
$H_3O^+(aq)$	-241.9	$Pb(OH)_2(s)$	-420.9
$O_2(g)$	0	$PbO(s)(黄)$	-188.49
$O(g)$	231.75	$PbO(s)(红)$	-190.04
$O_3(g)$	163.43	$Pb_3O_4(s)$	-617.6
$OH^-(aq)$	-158.28	$PbO_2(s)$	-218.99
$OH(g)$	34.23	$PbS_2(s)$	-92.68
$H_2O(l)$	-237.19	$S(s)$	$0(\alpha),0.19(\beta)$
$H_2O(g)$	-228.6	$S^{2-}(aq)$	83.7
$H_2O_2(l)$	-120.4	$SO_3^{2-}(aq)$	-482.6
$C(石墨)(g)$	0	$SO_4^{2-}(aq)$	-741.9
$C(g)$	671.3	$S_2O_3^{2-}(aq)$	-532
$CO(g)$	-137.2	$S_2O_4^{2-}(aq)$	-600
$CO_2(g)$	-394.38	$SO_2(g)$	-300.37
$CO_2(aq)$	-336.02	$SO_3(g)$	-370.37
$HCO_3^-(aq)$	-586.86	$H_2S(g)$	-33.0
$CO_3^{2-}(aq)$	-527.9	$HS^-(aq)$	-12.05
$N_2(g)$	0	$Cl_2(g)$	0
$NH_3(g)$	-16.64	$Cl(g)$	-16.64
$NH_4^+(aq)$	-79.37	$Cl^-(aq)$	-79.37
		$HCl(aq)$	-94.79

附表 7　参比电极电位

电极	组成	电位 /V (SHE)
甘汞电极	$Hg/Hg_2Cl_2(s)$, 饱和 KCl	0.244
	$Hg/Hg_2Cl_2(s)$, 1 mol/L KCl	0.283
	$Hg/Hg_2Cl_2(s)$, 1 mol/L KCl	0.366
氧化汞电极	$Hg/HgO(s)$, 1 mol/L KOH	0.110
	$Hg/HgO(s)$, 1 mol/L NaOH	0.114
	$Hg/HgO(s)$, 0.5 mol/L NaOH	0.169
氯化银电极	$Ag/AgCl(s)$, 饱和 KCl	0.198
	$Ag/AgCl(s)$, 0.1 mol/L KCl	0.236
	$Ag/AgCl(s)$, 0.1 mol/L KCl	0.290
	$Ag/AgCl(s)$, 0.1 mol/L KCl	0.289
	$Ag/AgCl(s)$, 海水	0.25
铜电极	Cu/Cu^{2+}(饱和 $CuSO_4$ 水溶液)	0.32

附表 8　25 ℃ 下金属／水溶液体系的塔费尔常数 b 和交换电流密度 i^0

体系	金属表面	b/V	$i^0/(A \cdot m^{-2})$
H_2/H^+	Pt	0.13	10^2
	Fe, Cu	0.12	$10^{-3} \sim 10^{-2}$
	Ni	0.10	10^{-7}
	Zn	0.12	10^{-7}
	Pb	0.11	10^{-9}
	Hg	0.11	10^{-11}
O_2/OH^-	Pt	$0.10 \sim 0.15$	10^{-6}
	Fe	> 0.12	约 10^{-10}
HNO_3/NO	Pt	约 0.12	约 1
Fe^{2+}/Fe^{3+}	Pt	约 0.12	$5 \sim 50$
Zn/Zn^{2+}	Zn	$0.03 \sim 0.06$	$10^{-3} \sim 10^{-1}$
Fe/Fe^{2+}	Fe	$0.05 \sim 0.08$	$10^{-5} \sim 10^{-4}$
Cu/Cu^{2+}	Cu	约 0.06	$1 \sim 10$
Ag/Ag^+	Ag	$0.03 \sim 0.12$	10^4

附表9　与饱和溶液平衡的空气相对湿度(20 ℃)

饱和盐溶液	相对湿度 /%	饱和盐溶液	相对湿度 /%
K_2SO_4	99	NaCl	76
$CuSO_4 \cdot 5H_2O$	98	Na_2CO_3	75
$Na_2SO_4 \cdot 10H_2O$	93	NH_4NO_3	67
$Na_2SO_4 \cdot 10H_2O$	92	$NaNO_2$	66
$FeSO_4 \cdot 7H_2O$	92	$NaBr \cdot H_2O$	58
$ZnSO_4 \cdot 7H_2O$	90	$NiCl_2$	54
K_2CrO_4	88	$FeCl_2$	50
KCl	86	$K_2CO_3 \cdot 2H_2O$	44
KBr	84	$MoCl_2 \cdot 6H_2O$	34
$(NH_4)_2SO_4$	81	$CaCl_2 \cdot 6H_2O$	32
NH_4Cl	80	$ZnCl_2 \cdot xH_2O$	10

附表10　国内外不锈钢牌号对照表

中国 YB	苏联 ГОСТ	美国 AISI	日本 JIS	德国 DIN	法国 AFNOR	英国 EN	瑞典 SIS	瑞典
Cr5Mo2	X5M	501, 502			Z12CD5			
Cr13Si3				X10CrSi13				
0Cr13	0X13	405		X7Cr13	Z6C13	56A		393M
1Cr13	1X13	403	SUS50	X10Cr3	Z12C13	56A	2302	393
2Cr13	2X13	410	SUS51	X20Cr3	Z20C13	56B	2303	739
0Cr17Ti	0X17T			X8CrTi17				
Cr17Ni2	X17H2	431	SUS44	X22CrNi17	Z15CN16 – 2	57		249FN
Cr17Mo2Ti	X17M2T			X9CrMoTi17				
0Cr18Ni9	0X18H9	304	SUS27	X5CrNi18 9	Z6CN18 – 10	58E	2333	832M
1Cr18Ni9	1X18H9	302	SUS40	X12CrNi18 8	Z12CN18 – 10	58A	2335	832
1Cr18Ni9Ti	1X18H9T	321	SUS29	X10CrNiTi18 9	Z10CNT18 – 10	58C	2338	832MVT
00Cr18Ni10	00X18H10	304L	SUS28	X3CrNi18 9	Z3CN18 – 10			
Cr18Ni12Mo2Ti	X18H12M2T	316	SUS32	X10CrNiMoTi18 12	Z8CNDT18 – 12	58H	2340	832SKT
Cr18Ni12Mo3Ti	X18H12M3T	317	SUS64			58J		
00Cr17Ni13Mo2		316L	SUS33	X2CrNiMo18 10	Z3CND18 – 12			832SKR
00Cr17Ni14Mo3		317L	SUS65		Z3CND17 – 13			832SFR
1Cr18Ni11Nb	X18H11	347	SUS43	X10CrNiNb18 9	Z10CNNNb18 – 10	58F		

续附表 10

中国 YB	苏联 ГОСТ	美国 AISI	日本 JIS	德国 DIN	法国 AFNOR	英国 EN	瑞典 SIS
Cr18Mn8Ni5N	X17ГAH4	204			Z10CMN19 – 9		
Cr18Mn10NiMo3N							
Cr17Mn13Mo2N							
Cr23Ni13	X20H13	309S	SUS41	X12CrNi22 12	Z10CNS25 – 13		
Cr23Ni18	X20H18	310S	SUS42	X12CrNi25 21	Z10CNS25 – 20		
Cr25Ti	X25T						
Cr25Ni20		310		X15CrNi25 20	Z15CNS25 – 13		

附表 11　去除金属表面腐蚀产物的溶液

金属	腐蚀产物	溶液、清洗条件
钢、铁	$FeO, Fe_2O_3, Fe_3O_4,$ $Fe_2O_3 \cdot H_2O,$ $FeO \cdot OH, Fe_3O_4 \cdot H_2O$	(1) 质量分数 10% 的酒石酸铵 + NH_4OH, 25 ~ 70 ℃ (2) 质量分数 10% 的柠檬酸铵 + NH_4OH, 25 ~ 70 ℃ (3) 质量分数 10% 的 H_2SO_4 + 质量分数 5% 的硼酸(或甲醛水 1%), 25 ℃ (4) 质量分数 5% 的 NaOH + Zn 粒, 80 ~ 90 ℃, 30 ~ 40 min (5) 质量分数 8% 的 NaOH, 阴极处理 (6) 质量分数 10% 的柠檬酸铵, 阴极处理 (7) 质量分数 20% 的盐酸 + 有机缓蚀剂, 30 ~ 40 min
铝及铝合金	$Al_2O_3, Al(OH)_3$	(1) 质量分数 5% 的 HNO_3, 10 ~ 15 min (2) 质量分数 65% 的 HNO_3, 10 ~ 20 min (3) 质量分数 5% 的 HNO_3(相对密度 1.4) + 质量分数 1% 的 　　$K_2Cr_2O_7$, 15 ~ 20 ℃, 30 ~ 120 min (4) 质量分数 20% 的偏磷酸 + 质量分数 8% 的 CrO_3, 20 ℃, 15 ~ 20 min
铜及铜合金	$Cu_2O, CuO, CuSO_4,$ $3Cu(OH)_2,$ $Cu(OH)_2, CuCl,$ $Cu(OH)_2, CuCO_3,$ $Cu(OH)_2$	(1) 质量分数 5% 的 H_2SO_4, 15 ~ 20 ℃ (2) 质量分数 15% ~ 20% 的盐酸, 室温
不锈钢		质量分数 10% 的 HNO_3, 60 ℃
镁	$MgO, MgCO_3$	质量分数 20% 的 CrO_3 + 质量分数 1% 的 $AgNO_3$, 沸腾, 10 min
锡及锡合金	SnO, SnO_2	(1) 质量分数 5% 的盐酸 (2) 质量分数 15% 的偏磷酸, 沸腾, 10 min
铅	$PbO, PbSO_4, Pb(OH)_2,$ $2PbCO_3 \cdot Pb(OH)_2$	(1) 质量分数 5% 的醋酸溶液, 沸腾, 10 min (2) 质量分数 5% 的醋酸铵溶液, 热, 5 min

附表 12　几种金属在各种环境中的耐蚀性

金属	介质	耐蚀	不耐蚀
Al	酸溶液	醋酸(室温),柠檬酸(室温),酒石酸(室温),硼酸(室温),$w(HNO_3) > 80\%$(小于50 ℃),脂肪酸	HCl、HBr、H_2SO_4、H_3PO_4、甲酸、草酸、三氯乙酸
	碱溶液	浓 $Ca(OH)_2$,$w(NH_4OH) > 10\%$(小于50 ℃),$(NH_4)_2S$,Na_2SiO_3	LiOH、NaOH、KOH、$Ba(OH)_2$、$w(NH_4OH) < 10\%$、Na_2S、NaCN
	盐溶液	硝酸盐,K、Na、NH_4、Ca、Ba、Mg、Mn、Zn、Cd、Al 的硫酸盐,磷酸盐,醋酸盐,有 Na_2SO_4 缓蚀剂的 NaClO,无 Cl^- 的 $NaClO_4$、$KMnO_4$(室温,质量分数 1% ~ 10%)	Hg、Sn、Cu、Ag、Pb、Co、Ni 等重金属盐类,$NaClO_4$(含有 Cl^- 时),NaClO、$Ca(ClO)_2$
	气体	多数干燥气体如 Br_2、Cl_2(小于 125 ℃),F_2(小于230 ℃),HCl、HBr、O_2、S_2、SO_2、SO_3、H_2S、CO_2、NO、NO_2、NH_3,氟利昂,大多数氧化烃	湿的 SO_2、SO_3、Cl_2、HCl、NH_3 等,CCl_4、CH_3Cl、CH_3Br
Mg	酸溶液	$w(HF) > 2\%$,纯的 H_2CrO_4,任意质量分数下含有 Cl^- 和 SO_4^{2-} 的酸	左面所述的无机酸以外的酸,各种有机酸
	碱溶液	NaOH、KOH(小于 60 ℃),NaClO,浓 NH_4OH	NaOH、KOH(大于 60 ℃)
	盐溶液	铬酸盐,氟化物,硝酸盐,Na、K、Ca、Ba、Mg、Al 等的磷酸盐	氯化物、溴化物、碘化物、硫酸盐、过硫酸盐、氯酸盐、次氯酸盐、Mg 可以置换的重金属盐类
	气体	某些干燥气体如 F_2、Br_2、S_2、H_2S、SO_2,干氟利昂	Cl_2、I_2、NO_2、NO,烷基卤 RX,碱式卤化物,湿的氟利昂
Zn	酸溶液		任何普通的无机酸和有机酸
	碱溶液	pH < 12	pH > 12
	盐溶液	Na_2CrO_4,$Na_4B_2O_7$,Na_2SiO_3,$(NaPO_3)_6$ 缓蚀剂(1 g/L,室温)	充气的盐溶液
	气体	N_2、CO_2、CO、N_2O、干 Cl_2、干 NH_3	湿 Cl_2 及 C_2H_2
Sn	酸溶液	稀、除气的非氧化性的无机酸和有机酸	氧化性酸,充气的无机酸和有机酸
	碱溶液	pH < 12,pH > 12 时有硅酸盐、磷酸盐和铬酸盐存在的碱液	pH > 12 的碱液
	盐溶液	磷酸盐类、铬酸盐类、硼酸盐类	氯化物,硫酸盐,硝酸盐(黑斑点),比锡更"贵"的金属盐类
	气体	F_2(小于 100 ℃)	Cl_2、Br_2、I_2(室温),F_2(大于 100 ℃),O_2(大于 100 ℃),H_2S(大于 100 ℃)

续附表 12

金属	介质	耐蚀	不耐蚀
Fe	酸溶液	浓 HNO_3，H_2CrO_4，$w(H_2SO_4) > 70\%$，$w(HF) > 70\%$	左侧所述以外的酸
	碱溶液	大多数碱性溶液	如果在受应力的状态下，在热的碱溶液中引起脆化
	盐溶液	$KMnO_4$（大于 1 g/L），H_2O_2（大于 3 g/L），K_2CrO_4	$KMnO_4$（小于 1 g/L），H_2O_2（小于 3 g/L），氧化性盐如 $FeCl_3$、$CuCl_2$、$NaNO_3$，水解性盐如 $AlCl_3$、$Al_2(SO_4)_3$、$ZnCl_2$、$MgCl_2$
	气体	空气（小于 450 ℃），Cl_2（小于 200 ℃），干 SO_2（小于 300 ℃），NH_3（小于 200 ℃），H_2O（气）（小于 500 ℃），H_2S（小于 300 ℃）	空气（大于 450 ℃），Cl_2（大于 200 ℃），湿 SO_2，NH_3（大于 500 ℃），H_2O（气）（大于 500 ℃），H_2S（大于 300 ℃）
Ni	酸溶液	稀的非氧化酸，硫酸（不充气，小于 80%，室温），盐酸（不充气，小于 15%，室温），HF（室温），稀的有机酸（不充气），纯 H_2PO_4（不充气，室温）	氧化性酸，HNO_3，$w(H_2SO_4) > 80\%$，HF（高温），H_3PO_4（热的，浓的），充气的有机酸
	碱溶液	LiOH，NaOH，KOH 沸点以上 $w(NH_4OH) < 70\%$	$w(NH_4OH) > 1\%$
	盐溶液	大多数非氧化性盐类，$NaClO_4$，$KMnO_4$（室温）	多数氧化性盐类，如 $FeCl_3$，$CuCl_2$，NaClO，$K_2Cr_2O_7$
	气体	干卤素，干卤化氢（小于 200 ℃），H_2O（气）（小于 500 ℃），H_2（小于 550 ℃），SO_2（小于 400 ℃），S（小于 300 ℃）	湿卤素及卤化氢，H_2O（气）（大于 500 ℃），Cl_2（大于 450 ℃），H_2S（大于 65 ℃），NH_3（高温），S_2（大于 300 ℃）
Cr	酸溶液	$w(HNO_3) < 50\%$（小于 70 ℃），$H_2SO_4 + CuSO_4$，$H_2SO_4 + Fe_2(SO_4)_3$，$w(H_2SO_4) < 50\%$（充气，室温），SO_2 的溶液，H_2PO_3（充气，室温）	HCl，HBr，HI，浓 HNO_3（高温），$w(H_2SO_4) > 5\%$，HF，H_2SiF_6，$HClO_3$，$w(H_3PO_4) > 60\%$（大于 100 ℃），H_2CrO_4
	碱溶液	室温、除气、稀的碱溶液	高温充气浓的碱溶液
	盐溶液	大多数非卤化物盐	卤盐，氧化性盐 $CuCl_2$、$HgCl_2$、NaClO，酸性盐 $ZnCl_2$、$AlCl_3$ 引起全面腐蚀，其他卤盐引起孔蚀和缝隙腐蚀，硫代硫酸盐和连二亚硫酸盐
	气体	O_2（小于 1 100 ℃），H_2O（小于 850 ℃），SO_2（小于 650 ℃），H_2S，S_2（小于 500 ℃），NH_3（小于 500 ℃），Cl_2、HCl（小于 300 ℃），F_2、HF（小于 250 ℃）	O_2（大于 1 100 ℃），H_2O（大于 850 ℃），SO_2（大于 650 ℃），NH_3（大于 500 ℃），Cl_2、HCl（大于 300 ℃），F_2、HF（大于 250 ℃）

续附表 12

金属	介质	耐蚀	不耐蚀
Ti	酸溶液	HNO_3 任意质量分数（至沸腾），王水（室温），$w(H_2SO_4) < 10\%$，$w(HCl) < 10\%$（室温），$w(H_3PO_4) < 30\%$（35 ℃），$w(H_3PO_4) < 5\%$（沸腾），H_2CrO_4，醋酸，草酸（室温），乳酸和甲酸（室温）	$w(H_2SO_4) > 10\%$，$w(HCl、HF) > 10\%$，发烟 HNO_3（高温），$w(H_3PO_4) > 30\%$（35 ℃），$w(H_3PO_4) > 5\%$（沸腾），三氯醋酸（沸腾），草酸（沸腾），甲酸（沸腾）
	碱溶液	稀碱溶液（室温），NaClO	热的浓盐
	盐溶液	大多数盐溶液如氯化物、氧化性盐类直到沸点以下，如 $FeCl_3$，$CuCl_2$	氟化物，如 AlF_3，浓 $AlCl_3$（沸腾），浓 $MgCl_2$（沸腾），浓 $CaCl_2$（沸腾）
	气体	湿的 Cl_2、ClO_2、空气、O_2（小于 425 ℃），N_2（小于 700 ℃），H_2（小于 750 ℃）	F_2，干氯气，空气、O_2（大于 500 ℃），N_2（大于 800 ℃），H_2（大于 750 ℃）
Cd	酸溶液		任何一般的无机酸和有机酸
	碱溶液	稀 LiOH、NaOH、KOH、NH_4OH	浓 LiOH、NaOH、KOH
	盐溶液	Na_2CrO_4、$Na_4B_2O_7$、Na_2SiO_3、$(NaPO_3)_6$ 缓蚀剂（1 g/L，室温）	在一般情况下充气盐溶液
	气体	干 NH_3、H_2、N_2、空气、O_2（小于 250 ℃），干 SO_2（室温）	Cl_2、Br_2、湿 SO_2
Pb	酸溶液	$w(H_2SO_4) < 96\%$（室温），$w(H_2SO_4) < 80\%$（100 ℃），工业 H_3PO_4（含有一些 H_2SO_4），H_2CrO_4，H_2SO_3，$w(HCl) < 60\%$（室温）	$w(H_2SO_4) > 96\%$（室温），$w(H_2SO_4) > 70\%$（沸腾），纯 H_3PO_4，HCl，有机酸
	碱溶液	pH < 11 碱溶液，$w(NH_4OH) < 1\%$，Na_2CO_3，混凝土	LiOH、NaOH、KOH，pH > 12，$w(NH_4OH) > 1\%$
	盐溶液	硫酸盐，碳酸盐，重碳酸盐，纯 $NaClO_4$	$FeCl_3$，Na_2CrO_4 和 NaCl，硝酸盐类，乙酸盐类
	气体	湿或干的 $Cl_2 < 100$ ℃，干 Br_2，SO_2，SO_3，H_2S	$Cl_2 > 100$ ℃，湿 Br_2 或较高温度下 HF
Cu	酸溶液	除气非氧化酸，$w(HCl) < 10\%$，小于 75 ℃、$w(HF) < 70\%$，小于 100 ℃、$w(H_2SO_4) < 60\%$，小于 100 ℃，H_3PO_4（室温），乙酸（室温）	HNO_3，热浓 H_2SO_4，充空气的酸，$w(HCl) > 10\%$
	碱溶液	稀的 NaOH，KOH，Na_2CO_3，K_2CO_3	强碱性溶液 NaOH、KOH、NH_4OH、NaCN、KCN、NaClO
	盐溶液	$KMnO_4$、K_2CrO_4、$NaClO_3$，除气，静置的硫酸盐溶液及硝酸盐和氯化物溶液，海水	大多数氧化性盐如 $FeCl_3$、$Fe_2(SO_4)_3$、$Hg(NO_3)_2$、$AgNO_3$，充气和有搅动的盐溶液
	气体	大多数干燥气体 CO，CO_2，F_2，Cl_2，Br_2，SO_2，纯 H_2、O_2（小于 200 ℃），OF_2，ClF_3，ClO_3F	湿的气体如 SO_2，H_2S，CS_2，CO_2，F_2，Cl_2，Br_2，H_2（含有 O_2 时），干的 O_2（大于 200 ℃）

续附表 12

金属	介质	耐蚀	不耐蚀
Ag	酸溶液	稀 HCl(室温)，低温 HF(除气)，H_3PO_4(室温)，H_2SO_4(室温)，有机酸类	浓 HCl(高温)，HF(充气高温)，稀 HNO_3(室温)，浓、热 H_3PO_4，浓 H_2SO_4(高温)
	碱溶液	任意质量分数 LiOH，NaOH，KOH(沸点以上)	NH_4OH，Na_2S，NaCN
	盐溶液	大多数非氧化性盐类，$KMnO_4$(室温)	氧化性盐类如 $K_2S_2O_3$、$FeCl_3$、$CaCl_2$、$HgCl_2$ 及氰化物、铵盐、硫代硫酸盐、多硫化物
	气体	F_2，Cl_2，Br_2(室温)，HCl(小于 200 ℃)，SO_2(室温)，空气，O_2	HCl 和 Cl_2(大于 200 ℃)，H_2S 和 S_2(室温)，SO_2 较高温度

附　　图

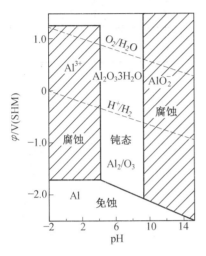

附图 1　铝的电位 – pH 图

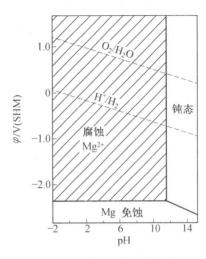

附图 2　镁的电位 – pH 图

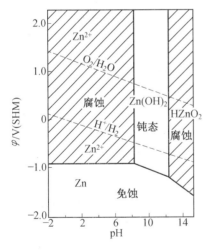

附图 3　锌的电位 – pH 图

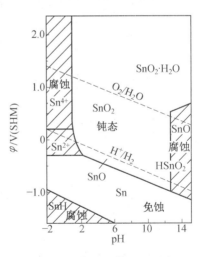

附图 4　锡的电位 – pH 图

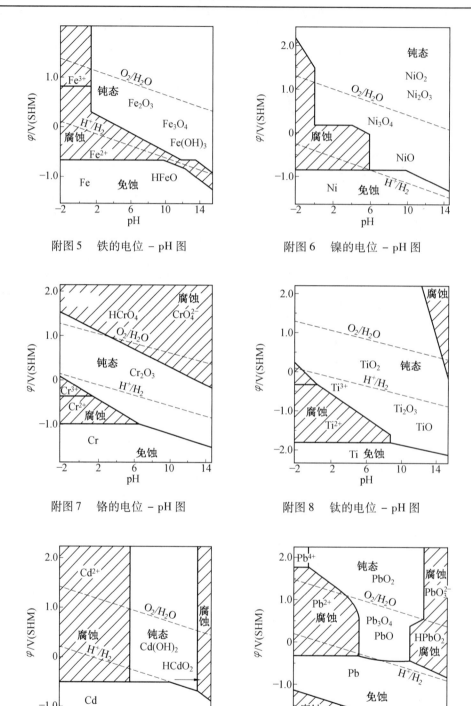

附图 5　铁的电位 – pH 图　　　　　　附图 6　镍的电位 – pH 图

附图 7　铬的电位 – pH 图　　　　　　附图 8　钛的电位 – pH 图

附图 9　镉的电位 – pH 图　　　　　　附图 10　铅的电位 – pH 图

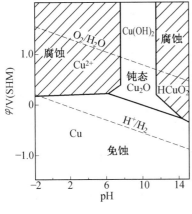

附图 11　铜的电位 – pH 图

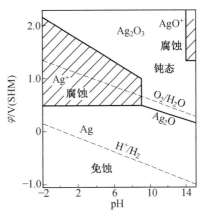

附图 12　银的电位 – pH 图

参考文献

［1］刘永辉. 金属腐蚀学原理［M］. 北京：航空工业出版社，1993.

［2］黄永昌. 金属腐蚀与防护原理［M］. 上海：上海交通大学出版社，1989.

［3］蒋金勋. 金属腐蚀学［M］. 北京：国防工业出版社，1986.

［4］黄建中，左禹. 材料的耐蚀性和腐蚀数据［M］. 北京：化学工业出版社，2003.

［5］魏宝明. 金属腐蚀理论及应用［M］. 北京：化学工业出版社，1984.

［6］曹楚南. 腐蚀电化学原理［M］. 北京：化学工业出版社，1985.

［7］EVANS U R. 金属腐蚀基础［M］. 赵克清，译. 北京：冶金工业出版社，1987.

［8］WEST J M. Basic corrosion and oxidation［M］. 2nd ed. Ellis Horwood Ltd. ，1986.

［9］UHLIG H H，REVIE R W. Corrosion and corrosion control［M］. 3rd ed. Hoboken：John Wiley & Sons，1985.

［10］BARRETT R. Corrosion newsand views［J］. Corrosion Journal，1995，30（2）：81-92.

［11］托马晓夫 Н Д. 金属腐蚀及其保护理论［M］. 华保定，译. 北京：机械工业出版社，1965.

［12］MANSFELD F. Corrosion mechanisms［M］. New York：Marcel Dekker，1987.

［13］PARKINS P N，Corrosion processes［M］. London：Applied Science Publishers，1982.

［14］FRANKENTHAL R P，MANSFELD F. Corrosion and corrosion protection［M］. Electrochemical Society ，1981.

［15］克舍. 金属腐蚀［M］. 吴荫顺，译. 北京：化学工业出版社，1984.

［16］查全性. 电极过程动力学导论［M］. 北京：科学出版社，1976.

［17］ANTROPOV L I. 理论电化学［M］. 吴仲达，译. 北京：高等教育出版社，1984.

［18］李荻. 电化学原理［M］. 北京：北京航空航天大学出版社，1989.

［19］BOCKRIS O′ M. 电化学科学［M］. 夏熙，译. 北京：人民教育出版社，1980.

［20］ALBERY W J. Electrode kinetics［M］. Oxford：Clarendon Press，1975.

［21］曹楚南. 腐蚀试验数据的统计分析［M］. 北京：化学工业出版社，1988.

［22］顾浚祥，林天辉，钱祥荣. 现代物理研究方法及其在腐蚀科学中的应用［M］. 北京：化学工业出版社，1990.

［23］田昭武. 电化学研究方法［M］. 北京：科学出版社，1984.

［24］刘永辉. 电化学测试技术［M］. 北京：北京航空航天大学出版社，1987.

［25］宋诗哲. 腐蚀电化学研究方法［M］. 北京：化学工业出版社，1988.

［26］BABOIAN R. Electrochemical techniques for corrosion［M］. Houston：NACE，1977.

［27］SELLEY N J. Exprimental approach to electrochemistry ［M］. London：Edward Arnold，1977.

［28］BARD A J，TAULKNER L R. 电化学方法-原理和应用［M］. 谷林英，译. 北京：化学工

业出版社,1986.

[29] MICHAEL M S, RADHAKRISHNA S. Effect of heat treatment on the corrosion performance of electrdeposited zinc alloy coatings[J]. Anti-Corrosion Methods and Materials, 1998 ,45 (2): 113 -119.

[30] 张德康. 不锈钢的局部腐蚀[M]. 北京:科学出版社,1982.

[31] 左景伊. 应力腐蚀破裂[M]. 西安:西安交通大学出版社,1985.

[32] 肖纪美. 应力作用下的金属腐蚀[M]. 北京:化学工业出版社,1990.

[33] 陆世英,张德康. 不锈钢应力腐蚀破裂[M]. 北京:科学出版社,1977.

[34] 陆世英. 不锈钢应力腐蚀事故分析与耐应力腐蚀不锈钢[M]. 北京:原子能工业出版社,1985.

[35] 褚武扬. 氢损伤与氢致开裂[M]. 北京:冶金工业出版社,1985.

[36] 肖纪美. 不锈钢的金属学问题[M]. 北京:冶金工业出版社,1983.

[37] 于福洲. 金属材料的耐腐蚀性[M]. 北京:科学出版社,1982.

[38] 陆世英,康喜范. 镍基及铁镍基耐蚀合金[M]. 北京:化学工业出版社,1989.

[39] 余宗森. 钢的高温氢腐蚀[M]. 北京:化学工业出版社,1987.

[40] 曾兆民. 实用金属防锈[M]. 北京:新时代出版社,1989.

[41] 杨文治. 缓蚀剂[M]. 北京:化学工业出版社,1989.

[42] 火时中. 电化学保护[M]. 北京:化学工业出版社,1988.

[43] 于芝兰. 金属防护工艺原理[M]. 北京:国防工业出版社,1990.

[44] 顾国成,吴文森. 钢铁材料的防蚀涂层[M]. 北京:科学出版社,1987.

[45] 吴纯素. 化学转化膜[M]. 北京:化学工业出版社,1988.

[46] 李金挂,赵闰彦. 腐蚀和腐蚀控制手册[M]. 北京:国防工业出版社,1988.

[47] 中国腐蚀与防护学会. 金属防腐蚀手册[M]. 上海:上海科学技术出版社,1989.

[48] 化工机械研究院. 腐蚀与防护手册——耐蚀金属材料及防蚀技术[M]. 北京:化学工业出版社,1990.

[49] 沈宁一. 表面处理工艺手册[M]. 上海:上海科学技术出版社,1991.

[50] 曾华梁. 电镀工艺手册[M]. 北京:机械工业出版社,1989.

[51] 王增品,姜安玺. 腐蚀与防护工程[M]. 北京:高等教育出版社,1990.

[52] 李仁顺. 金属的延迟断裂及防护[M]. 哈尔滨:哈尔滨工业大学出版社,1992.

[53] 乔利杰,王燕斌,褚武扬. 应力腐蚀机理[M]. 北京:科学出版社,1993.

[54] 王光雍,王海江,李兴濂,等. 自然环境的腐蚀与防护[M]. 北京:化学工业出版社,1996.

[55] 杨武,顾潜祥,黎樵燊,等. 金属的局部腐蚀[M]. 北京:化学工业出版社,1995.

[56] 朱祖芳. 有色金属的耐腐蚀性及其应用[M]. 北京:化学工业出版社,1994.

[57] 胡茂圃. 腐蚀电化学[M]. 北京:冶金工业出版社,1989.

[58] 周德惠,谭云. 金属的环境氢脆及其试验技术[M]. 北京:国防工业出版社,1989.

[59] TRETHEWEY K R, CHAMBERLAIN J. Corrosion for science and engineering [M]. Beijing:World Book,2000.

［60］ HU J,XU L X,YAO C K,et al. Location corrosion of alumina borate whisker reinforced AA2024T6 composite in aqueous 3.5% NaCl solution［J］. Mater Chem Phys,2002,76(3): 290-294.

［61］ HU J,CHEN C S,XU L X,et al. Effect of whisker orientation on the stress corrosion cracking behavior of alumina borate whisker reinforced pure Al composite Mater［J］. Lett, 2002,56:642-646.

［62］ HU J,LUO R S,FEI W D,et al. Effect of annealing treatment on the microstructure of matrix in SiC whisker reinforced aluminum composite［J］. J Mater Sci Lett,1999(18): 1525-1527.

［63］ HU J,SONG M,FEI W D,et al. Effect of hydrogen on the stress corrosion cracking behavior of Al18B4O33w/Al composite［J］. J Mater Sci Lett,1999,18: 1521-1523.

［64］ HU J,LUO R S,YAO C K,et al. Effect of annealing treatment on the stress corrosion cracking behaviors of SiCw/ Al composite［J］. Mater Chem Phys, 2001,2: 160-163.

［65］ ZHONG Y X,HU J,ZHANG Y F,et al. The one-step electroposition of superhydrophobic surface on AZ31 magnesium alloy and its time-dependence corrosion resistance in NaCl solution［J］. Applied Surface Science,2018,427:1193-1201.

［66］ TANG S W, HU J. Corrosion behaviour of cerium-based conversion coating on alumina borate whisker-reinforced AA6061 composite pre-treated by hydrogen fluoride［J］. Corrosion Science, 2011,53:2636-2644.